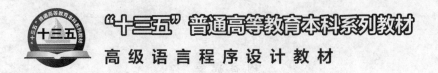

"十三五"普通高等教育本科系列教材

高级语言程序设计教材

C语言程序设计

（第三版）

李新华　梁　栋　迟成文　编著

中国电力出版社
CHINA ELECTRIC POWER PRESS

内 容 提 要

本书为"十三五"普通高等教育本科系列教材。全书共分 10 章，主要内容包括程序设计概述、数据与运算、流程控制、数组、指针、函数、结构体、文件、程序设计基本编程规范等。针对 Visual C++ MFC，书中精心安排了三个基于 Windows 对话框的程序设计实例。

本书采用 Visual C++ 2010 作为高级语言开发环境，系统地介绍了高级语言程序设计的基础语法知识和程序设计方法。书中语言通俗易懂、简洁流畅；内容叙述深入浅出、突出重点；精选大量典型例题，讲解由浅入深、细致详尽；独特的"想一想"进一步引导读者独立思考，培养从程序设计的角度思考和解决问题的能力；每一章的开头都有学习要点和学习难点介绍，每一章结尾都有小结来提纲挈领，强化知识点、编程方法和常用算法。习题类型和数量丰富，便于练习和自我考查。与本书配套的《C 语言程序设计习题解答与上机指导》不仅对全部习题给出了解答，还安排了相应的上机指导，上机考试模拟试卷，基于 Easy X，Open CV 的图形图像课程设计示范等内容。

本书作为 C 语言程序设计精品课程的配套教材，不仅可以作为普通高校本、专科学生学习 C 语言的教材，也可以作为相关工程技术人员的自学与参考用书。

图书在版编目（CIP）数据

C 语言程序设计/李新华等编著．—3 版．—北京：中国电力出版社，2018.7（2021.8 重印）

"十三五"普通高等教育本科规划教材

ISBN 978-7-5198-1626-1

Ⅰ．①C… Ⅱ．①李… Ⅲ．①C 语言－程序设计－高等学校－教材 Ⅳ．①TP312

中国版本图书馆 CIP 数据核字（2017）第 330345 号

出版发行：中国电力出版社

地　　址：北京市东城区北京站西街 19 号（邮政编码 100005）

网　　址：http://www.cepp.sgcc.com.cn

责任编辑：张富梅（010-63412548）

责任校对：常燕昆

装帧设计：赵姗姗　王红柳

责任印制：钱兴根

印　　刷：北京天字星印刷厂

版　　次：2009 年 2 月第一版　2018 年 2 月第三版

印　　次：2021 年 8 月北京第十二次印刷

开　　本：787 毫米×1092 毫米　16 开本

印　　张：21.25

字　　数：523 千字

定　　价：53.00 元

序

　　程序设计是目前大学本、专科学生需要掌握的一种技能，理工科学生多数选择 C 语言作为程序设计的平台。学生通过对 C 语言程序设计的学习，不但能掌握一种操控计算机的能力，而且可以使用这种技能来完成其他课程的计算性习题与实验中的数据处理，还能锻炼自己严密的逻辑思维能力、培养自己一丝不苟的科研精神。

　　C 语言程序设计的教材比较多，内容也很广泛，章节顺序的安排也有不同。本书的作者精心选取了最主要的必备知识点，采用比较顺畅的章节安排，使得知识点串联得比较合理。概念清楚准确，前后呼应，逐步深化和拓展，适合读者由简到繁、由浅入深的学习习惯。行文流畅、通俗易懂，便于读者学习掌握。配备的大量例题，既可以帮助读者加深对概念的理解，又具有实用程序的雏形，对于读者把 C 语言程序设计能力应用到其他课程很有指导性的作用。章末习题数量适中，从内容上看，既有例题的模仿，也有例题的拓展，还有少量考察读者算法设计和程序设计独创性能力的题目，对于读者掌握基本知识、开拓程序设计的能力均有帮助。

　　本书的作者中既有承担过全国自学考试统编教材的主编，也有写过多本 C 语言程序教材的作者，还有长期使用 C 语言开发软件的科研人员，所有作者均多年从事 C 语言程序设计课程的主讲工作。相信他们的丰富经验和辛勤劳动一定会减轻读者学习的难度，提高学习的效果，增加学习的兴趣。

　　希望本书的所有读者能不断地"挑刺"，并将所有的"刺"反馈给作者，也希望作者能不断修改和完善本书，使其最终成为一本真正的"精品教材"。

中国科学院院士

陈国良

于中国科学技术大学

前　言

C 语言以功能丰富、表现力强、实用方便灵活、目标程序效率高、可移植性好一举成为国内外软件开发中的一种主流计算机语言。使用 C 语言不仅开发出了 Windows、UNIX 等操作系统和面向底层硬件的应用程序，还派生出了 C++、Java、C#等高级程序设计语言。学好 C 语言，就可以很容易通过进一步学习掌握这些派生语言。学习并掌握 C 语言来理解计算机程序设计，培养计算机编程解决问题的能力，已成为广大计算机从业人员和高等院校学生的迫切需求。

走进书店，C 语言图书琳琅满目，但随着全国计算机等级考试二级 C 语言程序设计考试环境选用 Visual C++ 2010 学习版之后，有些内容出现冲突，部分示例程序甚至在新环境下运行出错。有鉴于此，编者组织精品课程中长期主讲 C 语言程序设计课程、多年使用 C 语言开发软件、出版过 C 语言全国统编教材的教师，精心编排了本书的内容。在书中的第 1、2 章，介绍了程序设计及算法的基本概念和 C 语言的基础知识；第 3、4、5 章介绍了 C 语言的基本程序设计技术，处理内存中成批连续存储同种类型数据的数组，借助内存地址间接访问数据的指针；第 6 章详细讨论了 C 语言程序的基本单位——函数，着重介绍了函数的各种调用、数据传递和变量的存储特性，避免了 C 语言学习中先讲函数容易导致概念模糊甚至出错的老毛病；第 7 章介绍了根据具体问题构造具体数据类型的结构和链表技术；第 8 章介绍了 C 语言文件的操作方法；第 9 章针对 Visual C++ MFC，精心策划了三个基于 Windows 对话框的应用实例（适用于 Visual C++ 6.0，Visual C++ 2010 学习版不包括 MFC），最后就 C 语言程序设计的编程规范进行了介绍。读者通过阅读本书，不仅可以轻松掌握 C 语言基本编程技术，还可以在课本一步步详细引导下编写基于对话框的 Windows 应用程序。

本书本着打造精品课程的先进教学理念，每一章的开头都有学习要点和学习难点，明确本章应掌握的知识点，程序设计技能，指导读者的学习；通过具体问题分析引入相关概念的学习，精心设计大量典型例题和常用算法，讲解由浅入深，细致详尽，独特的［想一想］进一步引导学生独立思考，培养从程序设计的角度出发看问题、想问题的能力；每一章结尾都有本章小结提纲挈领，强化知识点、算法、编程方法。书中所有例题均在 Visual C++ 2010 环境下调试通过，并提供运行结果的贴图。另外，本书参考全国计算机等级考试二级 C 语言程序设计无纸化考试模式，课后习题改编为选择、阅读程序写结果、程序填空、程序纠错和编程实战，类型丰富，涵盖全部关键知识点。过于抽象的数组、指针一直是学习 C 语言的难点，书中首次引入了 Memory 视窗描述它们在内存中的存储映像，真实易懂、便于调试查看，这也是本书的一大特色。

本书作为 C 语言程序设计省级精品课程主讲教材，语言通俗易懂、简洁流畅，内容叙述深入浅出、突出重点，不仅适合作为普通高校本、专科学生学习 C 语言的教材，也可以作为计算机编程人员、教师和一般工程技术人员自学 C 语言的参考用书，同时还可作为工具书以备编程时参考常用算法。

本书配套有《C 语言程序设计习题解答与上机指导》，对各章学习给出了详尽的指导，并提供了全部习题解答，还同步安排了相应的上机实践和模拟试卷。

第三版教材由李新华、梁栋主持编写，李新华完成全部章节的编著、修订工作。在三版书稿的校对、修订过程中，迟成文、张晶晶、杨扬、黄林生、寻丽娜、倪双舞等老师做了大量工作。在此一并向他们表示衷心的感谢。

使用本书的教师可从中国电力出版社教材服务网站 http：//jc.cepp.sgcc.com.cn 免费下载配套教学课件、例题、习题的源程序，也可以进一步和作者（http：//www.baidu.com/p/ahulxh）联系，了解教学大纲、教学学时安排，免费获取单机版考试系统。因编著者水平所限，书中不妥之处在所难免，恳请读者批评指正，我们会及时予以纠正。

编著者

于安徽大学

目　　录

第1章 程序设计概述

本章学习要点

1. 了解程序和程序设计
2. 了解算法及 N-S 流程图表示法
3. 掌握 C 源程序的构成和书写规则
4. 掌握 C 语言标识符的概念
5. 掌握 C 语言基本数据输入输出的方法
6. 掌握 Visual C++ 2010（简称 VC++、VC）开发环境下 C 程序的开发

本章学习难点

1. 模仿例题，学会正确书写 C 源程序
2. 掌握 VC++开发环境下 C 程序的调试

1.1 程序与程序设计

1.1.1 程序

计算机是由硬件和软件两部分构成的。硬件是计算机的物质基础，而软件则是计算机的灵魂。没有软件，计算机就是一台裸机，什么也干不了。计算机在安装了软件，也就是人们通常使用的程序和资料以后，才能真正动起来，成为一台真正的"电脑"。程序就是一组计算机指令的有序集合。通常，人们使用计算机语言编写程序都是为了解决某个特定的问题。计算机用户之所以在自己的电脑中安装不同的应用程序就是为了解决不同的问题。

随着计算机技术及其应用的迅猛发展，计算机被广泛地应用于人类生产、生活的各个领域。从信息的收集、整理、加工一直到传输，人们已经越来越离不开计算机。信息时代要求人们学习和掌握编写计算机程序的基本知识和基本技能，并把它作为自己应该具备的基本素质。

1.1.2 程序设计

程序设计就是编制程序的过程。一般要先分析待解决的问题，提出解决问题的方法和步骤，然后再选用一门合适的计算机程序设计语言实现上述算法。

随着计算机技术的发展，计算机程序设计语言逐渐从机器语言、汇编语言发展到了高级语言。

1. 机器语言

机器语言是第一代计算机语言，它的运算效率是所有语言中最高的。

计算机的大脑——CPU 所使用的指令是由"0"和"1"组成的二进制序列。用机器语言编写程序，就是直接书写二进制指令代码。虽然计算机可以理解、执行机器语言编写的代码，但这类程序难写、难记、难理解，而且由于各种计算机的二进制指令代码不尽相同，所以在一台计算机上顺利执行的程序很难在另一台计算机上顺利运行，必须重新编写。

2．汇编语言

为了减轻使用机器语言编程的麻烦，人们开始尝试用一些简洁的"助记符号"："ADD A，B"、"SUB A，B"等来替代对应于"A=A＋B"、"A=A－B"等含义的由 0、1 组成的二进制指令代码，这样一来，不仅编写程序变得方便了，而且别人也能很容易读懂程序在干什么。

这就是第二代计算机语言——汇编语言。用汇编语言编写的程序被称为源程序，不能直接在计算机上运行，需要一个专门的程序负责将这些"助记符号"翻译成二进制的机器目标代码才能在计算机上运行。

虽然汇编语言仍然面向计算机硬件，移植性不好，但用汇编语言编写的程序精练，执行效率非常高，能准确发挥计算机硬件的性能和优势，所以汇编语言至今仍是一种常用而强有力的软件开发工具。

3．高级语言

随着人类生产、生活的各个领域对计算机程序的需求不断增多，许多接近于数学语言或人的自然语言，不依赖于计算机硬件，编出的程序能在所有机器上通用的第三代计算机语言——高级语言不断涌现，影响较大、使用较普遍的有 FORTRAN、BASIC、Pascal、C、C++、Visual C++、VB、Delphi、JAVA、C#等。

刚开始开发软件时，大家都是各自为战，缺乏科学规范的系统规划与测试、评估标准，这种个体手工作坊的闭门造车方式导致了大批耗费巨资开发好的软件由于含有太多的错误而无法使用，甚至带来巨大损失，这就是在计算机发展史上最早出现的"软件危机"。人们认识到程序的设计应易于保证正确性，便于验证正确性，高级语言从早期语言发展到了面向过程的结构化程序设计语言。

用高级语言编写的源程序需要将其翻译成目标代码才能在计算机上运行。完成编译任务的程序分为两类：一类是编译一句，执行一句，被称为"解释程序"；一类是先将源程序全部翻译成目标代码以后，直接执行在磁盘上产生的目标程序，被称为"编译程序"。解释程序不会在磁盘上产生目标程序。

作为一名身处信息时代的大学生，学习并掌握一门程序设计语言，培养自己运用语言编写一些小规模的应用程序程解决实际问题的能力是必需的。而从中学会分析问题、解决问题，进而锻炼科学的思维方法，培养严谨踏实的科研能力尤为重要。本书正是希望通过对 C 语言的语法规则、数据类型、数据运算、语句、程序控制结构、函数的介绍和学习，培养读者掌握 C 语言程序设计的方法和技能，培养使用高级语言编程解决具体问题的计算机应用能力，为进一步学习程序开发奠定良好的基础。

1.1.3　C 语言的发展

C 语言是在 20 世纪 70 年代初美国贝尔实验室在开发 UNIX 操作系统时推出的程序设计工具。由于 C 语言简洁明了，使用方便、灵活，大多数操作系统和系统软件，如 Windows、UNIX、Linux 等都采用 C 语言开发，许多新的语言，如 C++、JAVA 等也由 C 语言衍生而来，因而 C 语言成为国内外程序开发人员广泛使用的程序设计工具之一。

随着 C 语言的风靡世界，各种版本的 C 编译系统层出不穷。虽然 Brian W. Kernighan 和 Dennis M. Ritchie 于 1988 年合著了著名的《The C Programming Language》一书（简称《K&R》），奠定了 C 语言的基础，但是在《K&R》标准中并没有定义一个完整的 C 语言标准，后来由美国国家标准协会（American National Standards Institute）在此基础上不断发展和扩充，制定了

ANSI C 标准。1990 年国际标准化组织（ISO）公布了以 ANSI C 为基础制定的 ISO C，这就是人们通常所称的标准 C。

目前在微机上广泛使用的 C 语言编译系统有 Turbo C、Turbo C++、Microsoft Visual C++ 等。它们基本上相同，但还是存在一些差异。请读者在开发 C 程序时注意自己所使用的 C 编译系统的特点和规定。本书将以标准 C 为基础叙述 C 语言语法知识，以目前使用最广泛的 Visual C++ 2010 作为 C 语言程序开发平台，书中例题均在该平台上通过验证。

C 语言的主要特点可以概括如下：

（1）C 语言既可面向计算机硬件和系统，像汇编语言一样直接访问硬件，程序效率高；又有高级语言面向用户、容易记忆、容易书写、更容易阅读、代码质量高的优点。

（2）C 语言程序设计是结构化程序设计，不仅具有顺序、选择、循环三种基本结构，还利用函数将整个程序分割成若干独立的功能模块，为软件开发模块化和多人协同开发提供了有力的支持。

（3）C 语言数据类型十分丰富，不仅具有字符、整数、浮点等基本数据类型，还具有数组、指针、结构等导出数据类型，可以根据用户需要自行定义所需的数据结构。C 语言还利用指针统一了对各种不同类型数据的访问。

（4）C 语言运算符极其丰富，不仅具有四则运算符、关系运算符、逻辑运算符，还具有 ++（自增）、--（自减）、位与、位或、移位等位运算。而括号、赋值号、逗号等符号也可以作为运算符处理，从而使 C 语言的运算简洁、紧凑、方便、灵活。

（5）C 语言程序移植性较汇编语言要好。C 语言本身不提供依赖于硬件的输入/输出功能，而是通过调用统一语法但独立于 C 语言之外的编译系统函数库来实现此功能。这样便可以很容易地在不同硬件架构的计算机上实现源程序代码的移植。

1.2　算法及其描述

1.2.1　算法

PASCAL 之父 Niklaus Wirth 在解释程序设计时提出了"算法+数据结构=程序"这一著名公式。程序设计先要分析待加工的数据对象，通过在程序中指定数据的类型和数据的组织形式来描述数据对象。而算法则是程序设计中为解决实际问题而采取的方法和步骤。

程序设计的主要任务就是分析问题，提出解决问题的算法。学习高级语言，一方面要熟练掌握语言的语法规则，这是实现算法的基础，另一方面必须训练自己的思维，锻炼自己分析问题、分解问题，归纳整理出算法，最终写出高质量的程序的能力。

下面通过示例来介绍如何设计一个算法。

【例 1-1】　输入三个整数，然后输出其中最大的数。

对于求最大数这类问题，我们不仅要定义三个整型变量 first、second、third 存放从键盘输入的三个整数，还要再准备一个整型变量 max 存放找到的最大数，这便完成了本问题的数据结构设计。

从键盘输入三个整数之后，由于计算机一次只能对两个数进行比较，我们可以先将 first 的值赋给 max，然后依次将 max 与后面的每一个数比一遍：先将 max 与 second 比，如果 second 大，则将 second 的值赋给 max；再将 max 与 third 比，如果 third 大，则将 third 的值赋给 max。

最后，在屏幕上输出 max 的值，这便完成了本问题的算法设计。

上述算法写起来有些繁琐，可以简化描述如下：（S 表示 step）

S1：输入三个整数 first、second、third

S2：max = first

S3：若 second > max，则 max = second

S4：若 third > max，则 max = third

S5：输出 max。

这样的算法逻辑简洁明了，可以很方便地转化为相应的 C 语言程序。

【例 1-2】 输入四个浮点数，然后输出其中最小的数。

求最小数和求最大数实际上是同一类问题，只要对［例 1-1］稍作修改即可：

S1：输入四个浮点数 first、second、third、fourth

S2：min = first

S3：若 second < min，则 min = second

S4：若 third < min，则 min = third

S5：若 fourth < min，则 min = fourth

S6：输出 min。

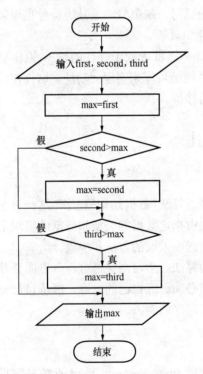

图 1-1 ［例 1-1］传统流程图的算法描述

一个算法的优劣，可以用以下指标衡量：

（1）可行性。算法必须是可行的，即算法所描述的操作可以通过执行有限次已知基本运算来实现。

（2）有穷性。算法必须能在有穷时间内执行有穷步后完成。

（3）确定性。算法中每一条指令都必须有确切的含义，不存在二义性。算法只有一个入口和一个出口。

1.2.2 算法的描述

描述算法的方法有很多，通常可以使用自然语言、传统流程图、N-S 流程图、PAD 流程图等。在［例 1-1］和［例 1-2］中，所使用的便是自然语言描述。虽然自然语言描述的算法通俗易懂，但算法结构很不清晰。对于一些比较复杂的问题，很难用自然语言描述清楚解决问题的方法和步骤。

传统流程图利用不同形状的几何图形来代表各种不同性质的操作，用流程线来指示算法的执行方向，图 1-1 为［例 1-1］的传统流程图算法描述。由于传统流程图简单直观，可以简洁明了地表述算法，所以在早期程序设计阶段成为程序员们交流的重要手段，得到了广泛的应用。

传统流程图的流程线允许程序从一个地方直接跳转到另一个地方去。执行这样操作的好处是程序设计十分方便灵活，降低了程序的复杂度，但也使得程序的流程变得复杂紊乱，容易出现歧义，也难以验证程序的正确性，如果有错，排起错来更是十分困难。这种转来转去的程序设计正是导致软件危机的一个重要原因。

经过研究，人们发现，任何复杂的算法都可以由顺序结构、选择结构和循环结构这三种基本结构组成，并且基本结构之间可以并列、相互包含，但不允许交叉，不允许从一个结构直接转到另一个结构的内部去。当整个算法都由三种基本结构组成时，算法结构清晰，易于书写、阅读、实现、纠错。遵循这种方法的程序设计被称为结构化程序设计。

N-S 流程图是美国学者 I.Nassi 和 B.Shneiderman 提出的一种无流程线的结构化描述方法。N-S 图描述的算法是一个大矩形框，大框内又包含若干基本结构的矩形框，三种基本结构的 N-S 流程图描述如下所示：

1. 顺序结构

顺序结构如图 1-2 所示，它是一种最常用的线性结构，各框自上而下顺序执行。图 1-2 的执行顺序为：先 A 后 B。

2. 选择结构

选择结构如图 1-3 所示，这种结构是对给定条件 A 进行判断，当条件 A 为真时执行 B，当条件 A 为假时执行 C。

　图 1-2　顺序结构的 N-S 图　　　图 1-3　选择结构的 N-S 图　　　图 1-4　while 循环结构的 N-S 图

3. 循环结构

循环结构有两种基本形态：while 型循环和 do～while 型循环。

while 型循环的 N-S 图如图 1-4 所示，当条件 A 为真时反复执行循环体 B，当条件 A 为假时结束循环。do～while 型先执行循环体 B，当条件 A 为真时继续循环，当条件 A 为假时结束循环。

［例 1-1］的算法 N-S 流程图如图 1-5 所示。比较图 1-1 和图 1-5 可发现，N-S 图比流程图更加简练，更加形象直观。由于没有流程线，N-S 图比流程图更易于实现，特别适合结构化程序设计，所以推荐初学者在一开始学习程序设计时就使用 N-S 流程图来分析、研究算法。

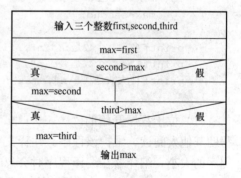

图 1-5　［例 1-1］的算法 N-S 流程图

1.3　C 语言程序的构成

学习 C 语言，首先要学习 C 语言特定的语法规则和规定的表达方法。一个严格按照 C 语言语法和表达方式的规定编写出来的 C 语言程序，不仅容易阅读、理解，还能保证编写的程序能在 Visual C++环境中正确地执行。

一个标准的 C 程序结构一般包括以下内容：

```
/* 注释 */
#include <……>                              //文件包含说明
Global declarations;                        //全局变量/函数说明
type  functionname( type variable, …)      //函数说明
{
     local variable declarations;           //函数体：局部变量说明
     statements;                            //函数体：执行语句
}
void main( void )                           //主函数说明
{
     local variable declarations;           //函数体：局部变量说明
     statements;                            //函数体：执行语句
}
```

下面结合几个程序实例来了解 C 语言的基本程序结构。

【例 1-3】 简化 [例 1-1] 的要求：输入两个整数，然后输出其中大的数。

```
/* Program: EG0103.c */
/* Description: Comparing first and second, see which is the bigger. */
#include <stdio.h>                          // 包含标准 I/O 库函数的说明
void main( void )                           // 主函数说明
{
    int first, second, max;                 // 局部变量说明

    printf("请输入两个整数:");               // 显示输入提示文字
    scanf("%d,%d", &first, &second);        // 从键盘输入数据存入变量

    max=first;                              // 将 first 作为初值赋给 max
    if( max < second )                      // 比较 max 和 second
        max=second;                         // 将较大的 second 值赋给 max

    printf("第一个数是 %d\n", first );       // 输出结果
    printf("第二个数是 %d\n", second );
    printf("大数是 %d\n", max);
}
```

（1）位于程序开始的"/* …… */"表示程序注释，用于说明算法、标明变量的用途、帮助其他人阅读、维护该程序。注释文字可以是英文，也可以是中文。注释不会增加可执行程序的大小。编译器在编译程序时会忽略所有注释。

我们可以根据需要在程序的任意位置添加注释，比如 [例 1-2] 中的程序注解和末尾的运行结果。通常在要解释的代码上方或右侧放置注释。

"/* …… */"被称为块注释或多行注释，书写时可以跨行；但"/* …… */"不能嵌套，"/*"和"*/"必须成对使用，且"/"和"*"以及"*"和"/"之间不能有空格。

在 Visual C++ 中有两种类型的注释，除了块注释之外，还提供了以双斜线（//）开头的单行注释。单行注释中双斜线右侧的所有内容都是注释，它的作用范围只能到本行结束，不允许跨行。由于单行注释简洁明了，允许在注释文字中再次出现双斜线，不易出错，在现代 C

语言程序设计中得到了广泛应用。

（2）"#include <stdio.h>"（或 "#include "stdio.h""）是预处理命令中的文件包含命令，其意义是把尖括号或引号内指定的文件包含到本程序来，成为本程序的一部分。被包含的文件通常是由系统提供的，其扩展名为.h。因此也称为头文件或首部文件。C 语言的头文件中包括了编译系统提供的各个标准库函数的有关说明（详见附录三）。如果在程序中调用了某个库函数时，就必须包含对应的头文件。在［例 1-3］中，使用了两个库函数：标准输入函数 scanf，标准输出函数 printf，对应的头文件为 stdio.h，所以需要用 include 命令包含 stdio.h 文件。

（3）"void main(void){……}" 是每个 C 语言程序有且只能有一个的主函数，C 程序总是从 main()函数开始执行；当主函数执行结束时，程序执行结束。

main 是主函数名，main 后的括号()是函数的标志，括号()中的 void 表示没有入口参数，即调用 main 函数时不需要什么已知条件，main 前的 void 表示调用完 main 函数不返回任何数据。void main(void)是主函数说明。"{……}" 中包含的是函数的函数体。

（4）"int first, second, max;"定义了三个在 main 函数内部使用的能够存放整数的变量（int：整型），前两个用于存放输入的两个整数，max 用于存放即将找到的大数。语句中的 "，" 为分隔符，"；" 为语句结束符。所有的 C 语句都必须以 "；" 结束。

（5）"printf("请输入两个整数:");"调用了标准输出库函数 printf，在屏幕上显示输入提示文字。

（6）"scanf("%d,%d", &first, &second);"调用了标准输入库函数 scanf 从键盘输入两个整数，存入变量 first、second 对应的内存单元。输入格式字符串 "%d,%d" 表示要输入两个十进制整数，彼此之间用 "，" 分隔。取地址运算符 "&" 可以获得其后变量的内存单元地址。

（7）"max=first;" 将 first 作为初值赋给 max。这一点尤其重要，因为之前定义 max 时没有给它赋初值，max 的内存里存放的内容是随机值（简称乱码）。

（8）"if……" 这两行是一条条件语句。将 max 与 second 进行比较，若 second 大，则将 second 的值放入 max 中。

（9）程序最后的三条 printf 语句在屏幕上显示程序运行结果。输出格式字符串中的"%d"表示在这个位置上输出紧跟输出格式字符串后面的变量的十进制整数值。"\n"是换行符，将本行以后要显示的文字换到下一行显示（回车换行）。

程序的运行结果如图 1-6 所示。

图 1-6　［例 1-3］的程序运行结果

【例 1-4】　用 C 语言编程实现［例 1-2］：输入四个浮点数，然后输出其中最小的数。

```
/* Program: EG0104.c */
```

```
/* Description: 比较输入的四个浮点数，打印最小数 */

#include <stdio.h>                              // 包含标准I/O库函数的说明

void main( void )                               // 主函数说明
{
    float first, second, third, fourth, min;    // 局部变量说明
    printf("请输入四个浮点数:");                 // 显示输入提示文字
    scanf("%f,%f,%f,%f", &first, &second, &third, &fourth); // 输入数据

    min = first;                                //将first作为初值赋给min
    if( second < min )                          //求first、second中的小数
        min = second;
    if( third < min )                           //求third、min中的小数
        min = third;
    if( fourth < min )                          //求fourth、min中的小数
        min = fourth;

    printf("%f、%f、%f、%f 中的最小数是%f \n",
            first, second, third, fourth, min);// 输出结果
}
```

（1）"float first, second, third, fourth, min;" 定义了五个仅在 main 函数内部使用的能够存放浮点数的变量（float:单精度浮点型），前四个用于存放输入的四个浮点数，min 用于存放即将找到的最小数。

（2）"printf("请输入四个浮点数:");" 调用了标准输出库函数 printf，在屏幕上显示输入提示信息。

（3）"scanf("%f,%f,%f,%f", &first, &second, &third, &fourth);"调用了标准输入库函数 scanf 从键盘输入四个浮点数，分别存入变量 first、second 、third、fourth 对应的内存单元。输入格式字符 "%f" 表示要输入一个单精度浮点数。

（4）"min = first;" 表示将 first 的值放入 min 中。

（5）"if(second < min) min = second;……" 依次将后面的每一个数与 min 进行比较，若 min 大，则将 min 的值修改为发现的小值。

（6）程序最后的 printf 调用依次从紧跟输出格式字符串后面的五个变量中取值显示在输出格式字符串中对应 "%f" 的位置上。

程序的运行结果如图 1-7 所示。

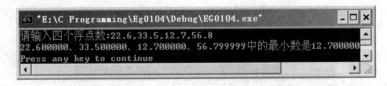

图 1-7 ［例 1-4］的程序运行结果

【想一想】

输入 56.8，怎么打印成 56.799999 了？

float 型变量表示的浮点数是一个有效数字，有效位数是 6~7 位。printf 默认 float 型数输出小数点后 6 位，如果输出小数点后 8 位，fourth 会输出 56.79999924，误差小于 10^{-6}，和 56.8 有效相等。

【例 1-5】　用 C 语言函数编程实现［例 1-1］：输入三个整数，然后输出其中最大的数。

本例题进一步介绍 C 程序的构成和格式，暂时不必深究函数设计的细节问题。有关知识点将在第 6 章详细介绍。

```c
/* Program: EG0105.c */
/* Description: 比较输入的三个整数，打印最大数. */
#include <stdio.h>                               // 包含标准 I/O 库函数的说明
int big( int a, int b )                          // 子函数说明
{
    int c=a;                                     // 局部变量说明
    if(b>c)                                      // 求大数
        c=b;
    return c;                                    // 返回结果
}
void main( void )                                // 主函数说明
{
    int first, second, third, max;               // 局部变量说明

    printf("请输入三个整数:");                    // 显示输入提示文字
    scanf("%d,%d,%d", &first, &second, &third);  // 输入数据
    max = big( first, second );                  // 求 first、second 中的大数
    max = big( third , max );                    // 求 third、max 中的大数

    printf("%d、%d、%d 中的最大数是%d \n",
            first, second, third, max);          // 输出结果
}
```

首先看看 main 函数的函数体：

（1）"int first, second, third, max;" 定义了四个仅在 main 函数内部使用的整型变量，前三个用于存放输入的三个整数，max 用于存放即将找到的最大数。

（2）"printf("请输入三个整数:");" 调用了标准输出库函数 printf，在屏幕上显示输入提示信息。

（3）"scanf("%d,%d,%d", &first, &second, &third);" 调用了标准输入库函数 scanf 从键盘输入三个整数，分别存入变量 first、second 、third 对应的内存单元。

（4）"max = big(first, second);" 表示调用函数 big 求 first、second 中的大数，结果存入 max 中。big 函数接受 first 值到 a 中，接受 second 值到 b 中，然后定义一个在 big 函数内部使用的整型变量 c。先将 a 的值赋给 c，若 b 比 c 大，再将 b 的值赋给 c，最后返回 c 给调用 big 函数的 main 函数，结果存入 max 中。big 函数返回后，big 函数内部使用的变量 a、b、c 不再存在，占用的内存空间也被释放。

（5）"max = big(third , max);" 表示调用函数 big 求 third、max 中的大数，结果存入 max

中。big 函数接受 third 值到 a 中，接受 max 值到 b 中，然后定义一个在 big 函数内部使用的整型变量 c。先将 a 的值赋给 c，若 b 比 c 大，再将 b 的值赋给 c，最后返回 c 给调用 big 函数的 main 函数，结果存入 max 中。

（6）程序最后的 printf 调用依次从紧跟输出格式字符串后面的四个变量中取值显示在输出格式字符串中对应"%d"的位置上。

程序的运行结果如图 1-8 所示。

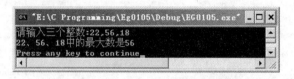

图 1-8 ［例 1-5］的程序运行结果

通过上述几个例题，可以了解到 C 语言程序的以下几个特点：

（1）函数是 C 语言程序的基本单位。一个 C 语言程序至少包含一个 main( )函数或一个 main( )函数和若干个其他函数。

（2）C 语言程序总是从 main()函数开始执行。当主函数执行完毕时，亦即程序执行完毕。其他函数通过 main()函数的调用得以执行。main()函数在程序中的位置任意。习惯上将 main()放在最后面。

（3）除了预处理语句以外，所有 C 语言语句都必须以分号";"结束。预处理语句通常放在 C 语言源程序的开始。

（4）C 语言程序的书写格式自由。一行可以写几个语句，也可以将一个语句写好几行。但为了让程序看起来更加清晰，更容易阅读，建议一行写一条语句，不同结构层次的语句从不同的起始位置开始书写。低一层次的语句可比高一层次的语句缩进若干格后书写。按照锯齿状缩进书写程序是一个优秀程序员必备的素质。

> 函数体内用{}括起来的复合语句，通常表示了条件分支或循环体等结构。{}一般与该结构语句的第一个字母对齐，并单独占一行。{}内的语句缩进对齐（缩进一个制表位或缩进四个空格）。

```
// 对 first, second 按从小到大排序
if( first > second )   // 若 first > second, 交换 first、second 的值
{
    tmp = first;
    first = second;
    second = tmp;
}
```

（5）C 语言程序的标识符有特殊的规定，详见"1.4 C 语言的基本词法"。C 语言习惯用小写字母，且大小写敏感。

（6）块注释/* …… */中"/*"和"*/"必须成对使用，且"/"和"*"以及"*"和"/"

之间不能有空格。单行注释//……中"/"和"/"之间不能有空格。

（7）数据的基本输入、输出可调用系统函数 scanf( )和 printf( )来完成。更进一步说明详见下一章相关内容。

1.4　C 语言的基本词法

1.4.1　C 语言的字符集

字符是组成语言的最基本的元素。C 语言字符集由字母、数字、空格、标点和特殊字符组成。

（1）字母。小写字母 a~z 共 26 个，大写字母 A~Z 共 26 个。

（2）数字。0~9 共 10 个。

（3）分隔符：空白符和","。空格符、制表符、换行符等统称为空白符。空白符只在字符常量和字符串常量中起空白字符作用。在其他地方出现时，只起间隔作用，编译程序对它们忽略不计。因此在程序中使用空白符与否，对程序的编译不发生影响，但在程序中适当的地方使用空白符将增加程序的清晰性和可读性。分隔符","主要用于分隔同类项，如定义多个同类型的变量："int first, second, third, max;"，分隔输入、输出参数："scanf("%d,%d", &first, &second);" 等。

（4）运算符和特殊字符。C 语言提供了极其丰富的运算符（详见附录）。特殊字符是一些有着特定含义的符号：如"{"、"}"、"/*"、"*/"、"//"等。

注　意

（1）在书写注释"/* …… */"、"//……"和字符串（"……"）内容时可以使用汉字或其他特殊符号。

（2）除注释和字符串外，书写程序必须严格使用 C 语言的字符集。比如书写程序时，不得使用中文标点：

scanf（"%d,　%d"，　&first，　&second）;　　　//常见错误：使用中文标点

1.4.2　标识符

标识符是用来标识变量、常量、函数等程序操作对象的有效字符序列。C 语言对标识符有以下规定：

（1）标识符只能由英文字母、数字、下划线组成，且第一个字母必须是字母或下划线。

如 first，Number1，num1，Computer_Book 等标识符是合法的，而以下标识符是非法的：

2num　　　　　　　　　　以数字开头，可改为 num2

Computer Book　　　　　 出现非法字符空格，可改为 Computer_Book

Class-One　　　　　　　　出现非法字符减号，可改为 Class_One

（2）ANSI C 规定标识符最多可以使用 31 个字符作为有效长度。这意味着如果两个标识符前 31 个字符相同，即使后继字符不同，如 HeFeiNoFiveMiddleSchoolStudentName 和 HeFeiNoFiveMiddleSchoolStudentNumber，C 语言会把它们看成同一个标识符。对某些仅前 8 个字符有效的编译程序而言，StudentName 和 StudentNumber 会被当作同一个标识符处理。

（3）C 语言大小写敏感。这意味着 SUM 和 sum、Name 和 name 表示四个独立的标识符。

（4）C 语言规定了下列标识符具有特殊含义（被称为"关键字"、"保留字"）：

auto	break	case	char	const
continue	default	do	double	else
enum	extern	float	for	goto
if	int	long	register	return
short	signed	sizeof	static	struct
switch	typedef	union	unsigned	void
volatile	while			

如 if 在 C 语言中表示选择结构，我们就不能用 if 来命名其他变量了。

（5）建议不要使用预定义标识符。C 语言通过预处理定义了一些函数名和宏名：printf、define、RED 等。虽然可以强制赋予预定义标识符以新的含义，但这样容易引起误解。

（6）用户自定义标识符是用户根据需要自行定义的标识符，通常用作变量名、函数名等，习惯上单词的首字母大写，如 IsLeapYear 等。它不能和 C 语言的关键字、预定义标识符相同，也不能和用户已编写的函数重名。

（7）用户自定义标识符应尽可能做到"见名知意"，即选用英文单词、拼音或其缩写做标识符，如 name/xm、age/nl、salary/gz 等，尽可能避免使用容易引起混淆的单字符变量名：a、s、z 等。

（8）标识符应尽可能避免使用一些容易引起混淆的字符：数字 1 与字母 l（小写 L），数字 1 与字母 I（大写 i），数字 0 与字母 Oo，数字 2 与字母 Zz 等。

1.5　C 语言程序的开发

1.5.1　开发一个 C 语言程序

开发 C 语言程序，一般包括四步：

（1）编辑。可以用任何一种编辑软件将在纸上编写好的 C 语言程序输入计算机，并将 C 语言源程序文件保存在计算机的磁盘上。

 注 意

C 语言源程序文件的扩展名为"*.c"。另外，C 语言源程序文件必须是纯文本，不能排版（设置字体、字号等）。

（2）编译。编译是将编辑好的源程序翻译成二进制目标代码的过程。编译过程是使用 C 语言提供的编译程序完成的。虽然不同编译程序的使用不完全相同，但编译程序都要对源程序逐句检查语法错误，发现错误后，不仅会显示错误的位置（行号），还会告知错误类型信息。我们需要再次回到编辑软件修改源程序的错误，然后再进行编译，直至排除所有语法和语义错误。正确的源程序文件"*.c"经过编译后在磁盘上生成目标文件"*.obj"。

（3）链接。程序编译后产生的目标文件是可重定位的程序模块，不能直接运行。链接将编译生成的各个目标程序模块（可以是一个，也可能有多个）及系统或第三方提供的库函数"*.lib"链接在一起，生成可以在操作系统下直接运行的可执行文件"*.exe"。

（4）运行程序。若运行可执行文件后达到预期目的，则 C 语言程序的开发工作到此完成。否则，要针对程序出现的逻辑错误进一步检查、修改源程序，重复编辑→编译→链接→运行的过程，直到取得预期结果为止。

　　下面，以 Microsoft Visual C++ 2010（简称 VC++）集成开发环境为例，编程求输入两个整数中的大数，体验 C 语言程序的开发过程。详细步骤可以参见实验指导书的第九章上机指南。

1.5.2　用 VC++开发一个 C 语言程序

1. 创建一个新的 C 语言程序

（1）启动 VC++。通过"开始"菜单或桌面快捷方式启动 VC++进入集成开发环境，如图 1-9 所示。

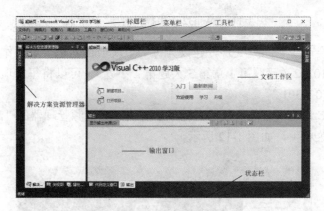

图 1-9　VC++界面

　　跟大多数的 Windows 应用程序一样，VC++界面最上面是标题栏，中央区域是项目工作区和编辑源程序的文档工作区、右下方是显示程序编译、链接等提示信息的消息输出区，最下面一行是状态栏。

　　（2）新建一个项目文件。选择"文件"菜单下的"新建-项目"菜单项，出现如图 1-10 所示的"新建项目"对话框。

图 1-10　"新建项目"对话框

　　选择"Visual C++"下的"Win32 控制台应用程序"在"D:\C Programming\"文件夹中创建项目"EG0103"，单击"确定"进入图 1-11 所示的"Win32 应用程序向导"对话框。

　　单击"下一步"，勾选"空项目"，点击"完成"，新建项目结束。

图 1-11　"Win32 应用程序向导"对话框

　　由于开发过程会产生一系列文件，建议为每一个新项目创建一个工作文件夹，命名要有一定规则，如 EX010302（习题第 1 章第 3 大题第 2 小题）。可以将每章项目文件夹集中到一起，如 D:\EX01\EX010301 等。

　　（3）新建一个 C 语言源程序。鼠标右键单击解决方案资源管理器的"源文件"，选择"添加"→"新建项"菜单项，如图 1-12 所示。

图 1-12　添加源程序

　　在"添加新项"对话框中选择"C++文件"，在"D:\C Programming\EG0103\EG0103"文件夹中添加 C 源程序文件：EG0103.C，如图 1-13 所示。

图 1-13　"添加新项"对话框

　　（4）输入、编辑源程序。注意不要在注释和字符串以外的地方输入中文标点符号，要及时按 Ctrl+S 保存文件。

（5）编译、链接。选择"生成"菜单"生成解决方案（F7）"编译、链接程序。更简捷的方法是直接按键盘上的功能键 F7 编译、链接程序。如图 1-14 所示。

图 1-14　输入、编译程序

如果编译成功，会显示"生成：成功 1 个，失败 0 个，最新 0 个，跳过 0 个"。

如果出现语法错误，则鼠标双击第一个错误返回（4）修改源程序。然后再进行编译，直至排除所有错误。

如果编译时出现类似提示：

error C4996: 'scanf': This function or variable may be unsafe....

VS2010 fatal error LNK1123: 转换到 COFF 期间失败: 文件无效或损坏....

请右击当前解决方案，修改"属性"中"清单工具"的"输入输出"项的"嵌入清单"属性"是"为"否"。

（6）运行。选择"调试"菜单的"开始执行（不调试）"菜单项运行程序。更简捷的方法是直接按功能键 Ctrl＋F5 运行程序。

若运行结果正确，则 C 语言程序的开发工作到此完成。否则，要针对程序出现的逻辑错误返回（4）修改源程序，重复编译—链接—运行的过程，直到取得预期结果为止。

（7）关闭。如果不退出 VC++ 接着开发新项目，需要先选择"文件"菜单的"关闭解决方案"菜单项关闭当前项目，然后再按照（1）～（7）的步骤开发下一个项目。

（8）重新打开程序。程序关闭后如果想再次查看、编辑修改、编译、运行该程序，可到指定文件夹内打开以.sln 为扩展名的项目工作区文件。

2．调试程序

C 语言程序设计的错误可分为语法错误、链接错误、逻辑错误和运行错误［详见配套的《C 语言程序设计习题解答与上机指导》］。程序编译时，如果编译系统给出语法错误或链接错误的出错行和相应"出错信息"，可以双击第一个 error 错误提示，将光标快速定位到出错代码所在的出错行上。根据错误提示修改源程序，排除错误。

而逻辑错误往往是因为程序采用的算法有问题，或编写的程序逻辑与算法不完全吻合。逻辑错误因为程序编译时没有错误提示，很难排除，需要程序员对程序逐步调试，检测循环、分支流程是否正确，函数调用是否正确，变量值是否按照预期产生变化等。

VC++ 可以在程序中设置断点，跟踪程序实际运行流程。设置断点后，可以点击工具栏的"启动调试（F5）"进入 Debug 模式，或直接按"F5"功能键单步执行程序，程序会在断点处停止，可以让程序单步执行，同时观察各变量的值如何变化，确认程序是否按照设想的方式运行。

（1）设置断点。鼠标单击需暂停的程序行首，添加一个断点。如果该行已经设置了断点，那么该断点会被清除，如图 1-15 所示。

（2）进入调试模式。按"F5"功能键进入调试模式，程序运行到断点处暂停。

（3）单步运行。选择菜单或者工具栏的"逐过程（F10）"按钮，可以单步执行程序（跳过所调用的函数）。不断选择"F10"，程序便会一行一行地执行下去。

因此，如果希望能一句一句地单步调试程序，在编写程序时就必须一行只写一条语句。

（4）动态查看变量的值。单步调试程序的过程中，随着程序的逐步运行，VC++会在图 1-16 的局部变量窗口自动显示当前运行上下文中的变量的值。也可以直接将鼠标停在程序中的变量上查看其值。

图 1-15　设置断点　　　　　　　　　　　　图 1-16　动态察看变量的值

随着单步调试的进行，会看到变量的值逐渐变化。如果各变量的值按照设想的方式逐渐变化，程序运行结果无误，本次开发就顺利结束。如果发现各变量值的变化和设想的不一致，说明程序存在逻辑错误，那就需要通过"调试"菜单的"停止调试"菜单项停止调试，返回编辑窗口，纠正程序错误，继续调试。

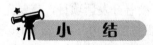

小　结

本章首先简要介绍了什么是计算机程序、如何设计程序以及 C 语言的发展史及其特点，随后叙述了什么是算法及如何利用自然语言和 N-S 流程图描述算法。学习本章，应重点了解 C 程序开发的基本知识，其中包括 C 程序的标准结构，C 语言的字符集和标识符，如何在 Visual C++平台上编辑、编译、链接、运行和调试 C 源程序，等等。

通过本章的学习，对如何利用 C 语言设计程序解决实际问题建立初步的认识。

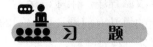

习　题

一、选择题

1．C 程序由_____组成。

A）主程序　　　　B）过程　　　　　C）子程序　　　　　D）函数

2．下面描述不正确的是_____。

A）一个 C 源程序可以由多个函数组成

B）一个 C 源程序必须包含一个 main()函数

C）一个 C 源程序可以由多个重名函数组成

D）函数是 C 程序的基本组成单位

3．下面正确的输入语句是_____。

A）scanf("%d", &a, &d);　　　　　　B）scanf("%d,%f", &a, &b);

C）scanf("%a", a);　　　　　　　　D）scanf("%f", f);

4．下列标识符中，_____是关键字。

A）Int　　　　　B）INT　　　　　C）int　　　　　D）printf

5．下列用户自定义标识符中，_____是正确的。

A）1num　　　　B）num–1　　　　C）num1　　　　D）num　1

6．下列用户自定义标识符中，_____是不正确的。

A）1_Name　　　B）Name1　　　C）Name_1　　　D）NameOne

7．下列用户自定义标识符中，_____是正确的。

A）long　　　　B）Long　　　　C）data*1　　　　D）while

8．以下能正确定义整型变量 a、b、c 的是_____。

A）a, b, c;　　　B）int　a, b, c;　　C）float　a, b, c;　　D）int　a; b; c;

9．下面关于 main( )函数叙述正确的是_____。

A）main()函数必须出现在所有函数之前

B）main()函数必须出现在所有函数之后

C）main()函数必须出现在固定位置

D）main()函数可以出现在任何位置

10．C 源程序的扩展名是_____。

A）*.c　　　　　B）*.exe　　　　C）*.obj　　　　D）*.txt

二、分析程序，写出程序运行结果

```c
#include <stdio.h>

void main( void )
{
    int a, b, c, t;

    printf("Input a,b,c:");
    scanf("%d,%d,%d", &a, &b, &c);
    if( a>b )
    {
        t=a;
        a=b;
        b=t;
    }
    if( a>c )
    {
```

```
        t=a;
        a=c;
        c=t;
    }
    if( b>c )
    {
        t=b;
        b=c;
        c=t;
    }

    printf("%d,%d,%d\n", a, b, c);
}
```

三、找出下面程序中的错误，并予以改正

1. 下列程序求两个数的大数：

```
/******ERROR******/

#include <stdlib.h>

void main( void )
{
    int a=6, b=2, c;
    c=a;
    /***ERROR***/
    if(C<b)
        c=b;
    printf("the bigger is %d\n", c);
}
```

2. 下列程序输入一个浮点数，打印它：

```
#include <stdio.h>

void main( void )
{
    float a;

    /****ERROR****/
    scanf("%d", a);
    /******ERROR******/
    printf("a=%f\n, a)
}
```

四、编程题

1. 输入三个浮点数，然后输出其中的最大数。

2. 编程实现：在主函数中输入三个整数，调用函数 int small(int a, int b)求出其中的最小数，然后返回主函数输出最小数。

3. 选择一种描述方法，描述算法：输入一个自然数，判断它是否为素数，是则输出"Yes"；否则输出"No"。

第2章 数 据 与 运 算

本章学习要点

1. 理解 C 语言的基本数据类型
2. 学会正确书写整型常量、实型常量、字符型常量、字符串常量
3. 学会正确定义及使用基本数据类型变量
4. 学会正确使用算术、关系、逻辑、条件、赋值、逗号等运算符
5. 理解 C 语言表达式的构成与计算
6. 理解数据类型的自动转换
7. 掌握基本数据类型数据的输入/输出

本章学习难点

1. 学会正确书写 C 语言表达式解决常见的数学问题
2. 正确理解含有多个运算的 C 语言表达式运算的优先级
3. 正确理解格式输入/输出函数的"格式字符串"

2.1 C 语言的数据类型

数据类型是指数据存储和加工时的特征。存储特征是指数据存储在内存的什么地方，占有多大字节；加工特征是指数据能参加哪种运算，如何运算。

例如，学生的年龄是整数，在 C 语言中称为整型数据，占用 2 或 4 个字节；成绩是实数，在 C 语言中称为实型数据，占用 4 或 8 个字节；学生的性别可以用单个字符表示（例如用 M 表示男性，F 表示女性），在 C 语言中称为字符型数据，只占用 1 个字节；而姓名是由多个字符组成的，在 C 语言中称为字符串数据，占用多个字节。这些都属于数据的存储特征。

年龄和成绩可以进行各种算术运算，而学生的姓名是具有文字特征的字符串，可以合并或删除某个子串，不能进行乘、除之类的算术运算。这些都属于数据的加工特征。

我们把整型和实型数据合称为"数值型"，把数值型和字符型数据合称为"基本数据类型"。C 语言还有一些复杂的数据类型，具体如图 2-1 所示。

指针型数据是一种表示内存地址的数据，将在第 5 章介绍。

构造类型是由若干个相关的基本类型数据组合在一起形成的一种复杂的数据类型。

数组是一批在内存中连续存放的类型相同的数据，例如，若干名学生的年龄组合在一起，就是一个整型数组；若干名职工的工资连续存放在一起，就是一个实型数组。数组型数据将在第 4 章介绍。

结构体型是由不同类型的数据组合而成的。例如一名学生的编号（整型）、姓名（字符串）、性别（字符型）、年龄（整型）、成绩（实型）组合在一起，就是一个结构体型数据。

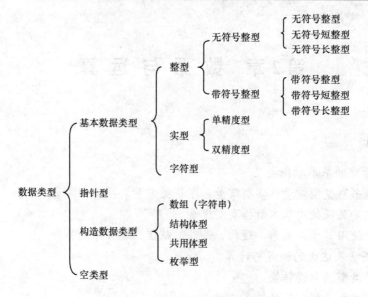

图 2-1   C 语言的数据类型

共用体型也是由不同类型的数据组合而成的，这些数据占用相同的内存，目的是为了节省内存。结构体型和共用体型数据将在第 7 章介绍。

空类型是从语法完整性的角度给出的一种数据类型，表示该类型数据尚未确定具体的数据类型。

程序中用到的每个数据都要首先确定它们的数据类型，任何一种数据类型的数据都要在内存中分配若干个字节，用于存放该数据。数据占用的内存字节数称为该数据的"数据长度"，不同类型数据的数据长度是不同的。

2.2   常   量

常量也称常数，是程序运行过程中值不改变的数据。例如，一个学生的姓名为 Liming，性别为 F（常用字母 F 表示女、字母 M 表示男），年龄 18 岁，考试成绩 689.5 分，其中的"Liming"、"F"、"18"、"689.5"都可以看成是常量。

常量是数据，可以在程序中需要的地方直接写出。

常量也有数据类型。C 语言规定常量的类型有五种：整型常量、实型常量、字符常量、字符串常量和符号常量。常量的数据类型不需要描述，由编译系统自动默认。

2.2.1   整型常量

整型常量就是整数，包括正整数、负整数和 0，数据类型是整型。

在 C 语言源程序中，整型常量可以写成下列三种不同数制的形式：

（1）十进制整数。

普通的十进制整数，如 0，–10，+10，123 等。

（2）八进制整数。

以数字 0 开头的八进制整数，如 00，–010，+010，0123 等，它们分别表示十进制整数 0，–8，+8，83。其中，$(123)_8 = 1 \times 8^2 + 2 \times 8^1 + 3 \times 8^0 = (83)_{10}$。

（3）十六进制整数。

以 0x 开头的十六进制整数，如 0x0，–0x10，+0x10，0x123 等，它们分别表示十进制整数 0，–16，+16，291。0x 也可大写成 0X。十六进制与十进制的对应关系是：0-9 对应 0-9，A-F 对应 10-15，字母不区分大小写，如 0X7F 表示十进制整数 127。

> **注　意**
>
> （1）正整数前面的"+"通常省略。
> （2）无符号整型常量可加 U 或 u 作为结尾，如 256u、32768U 等。
> （3）可以在结尾加字母 L、l 表示长整型常量，如 28L、–027L、0x2FL 等。
> （4）实际存储时，正数采用 32 位二进制原码形式存储，正数 1 的原码为：
> 00000000　00000000　00000000　00000001
> 负数采用 32 位二进制补码形式（反码+1）存储，–1 的补码为：
> 11111111　11111111　11111111　11111111
> 其中，最高位为符号位，0 表示正数，1 表示负数。

2.2.2　实型常量

实型常量是带小数点的实数，也称为"浮点数"。

书写实数只使用十进制，它的书写方法有两种：

（1）小数形式：由整数部分、小数点、小数部分组成，其中整数部分、小数部分可以省略，如–99.99、+16.0、–.066、660.、3.14159 等。正数前面的"+"通常省略。

（2）指数形式：$n e\pm m$ 表示 $n\times 10^{\pm m}$，由尾数 n、字母"E"（大小写均可）、指数 m 组成，如+31.4e–1、.314e+1、–314.E–2、1E–5 的小数形式依次为 3.14、3.14、–3.14、0.00001。

> **注　意**
>
> （1）实数为有符号数，是一个有效数字。在 VC++中默认为双精度数（double 型）。
> （2）书写指数形式的实数时：尾数 n 不得省略，指数 m 必须为整数。
> （3）实数实际存储时采取指数形式，其中尾数 n 采用整数为 0，小数点后第一位大于等于 1 的纯小数形式。
> （4）实数可以通过输出函数 printf 的字符格式符"%f"输出默认位数 6 位的小数形式，还可以通过"%e"输出指数形式。

【例 2-1】　常数的使用

```c
// Program: EG0201.C
// Description: 演示常数的使用
#include <stdio.h>
void main( void )
{
    printf("%d,%d,%d\n", 123, 0123, 0x123);
    printf("%f,%e\n", 123.56, 123.56);
}
```

程序的运行结果如图 2-2 所示。

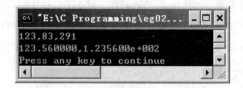

图 2-2　［例 2-1］的程序运行结果

程序首先将十进制整数 123，八进制整数 0123，十六进制整数 0x123 以十进制整数方式输出：123，83，291，换行。在下一行输出小数形式的 123.560000，接着输出指数形式的 1.235600e+002。

2.2.3　字符常量

字符常量是用两个单引号 (') 前后括住的单个字符，如'A'、'y'、'9'、'('、')'、'␣'等，其中的␣表示空格符。ASCII 字符集中的可见字符（字母、数字、标点符号等）都可以使用单引号括住字符形式书写。对于 ASCII 字符集中的不可见字符（如回车、换行、退格等控制字符），C 语言提供了另一种表示方法，即使用转义字符。

转义字符总是由反斜杠字符开始，后跟单个字符或若干个字符组成的，如'\n'、'\a'、'\43'、'\x43'等。转义字符参见表 2-1。

表 2-1　　　　　　　　　　　　　　　　　　转 义 字 符 表

转义字符	对应字符	转义字符	对应字符	转义字符	对应字符
\n	换行	\\	反斜杠	\b	退格
\0	空（字符串结束符）	\'	单引号	\a	响铃符号
\t	水平制表 (Tab)	\"	双引号	\r	回车（不换行）
\ddd	1～3 位八进制数 ddd 对应的 ASCII 字符	\xhh	1～2 位十六进制数 hh 对应的 ASCII 字符	\f	换页符

（1）字符常量在计算机中占用 1 个字节，存放的内容是该字符对应的 ASCII 代码值。字符的 ASCII 代码值参见附录一。例如，'0', '1', 'A', 'B', 'a', 'b' 在内存中存放的分别是十进制整数 48，49，65，66，97，98。因此，C 语言规定，字符常量也可以看成是整型常量，其值就是 ASCII 代码值，可以参加算术运算。例如，'A'+5 等于整数值 70，一个大写字母＋'a'-'A' 可以将其转换为小写字母。同理，凡数值在 0～127 之间的正整数都可以看成是字符常量，例如 70，66，51 可以当作字符常量'F'、'B'、'3'。

（2）ASCII 代码值是 0～127，共计为 128 个符号。但是，在大部分计算机上使用的是扩展的 ASCII 代码，其值为 0～255，共计 256 个符号。其中 128～255 对应的 128 个扩展字符与具体的系统有关，参见附录一。扩展的 ASCII 代码对应的有符号数范围是–128～127，扩展字符对应的有符号数范围是–128～–1。

（3）转义字符书写时由多个字符组成，但在计算机内存中仅占用 1 个字节，在统计字符个数时算作 1 个字符，如'\123'就是字符'S'。

（4）因为"\"代表转义字符标志，"'"是字符常量的定界符，""""是字符串常量的定界符，所以若想用这三个字符，不能直接书写，必须写成转义字符形式，即用\\、\'和\"来表

示字符 "\"、"'" 和 """。

（5）字符常量可以通过输出函数 printf 的字符格式符 "%c" 输出字符，还可以通过 "%d" 输出十进制的 ASCII 代码值。

【例 2-2】 字符常量的使用

```
// Program: EG0202.C
// Description: 演示字符常量的使用
#include <stdio.h>
void main( void )
{
    printf("  abc\tde\n");
    printf("ijk\tL\bM\n");
    printf("\'%c\'=%d\t\'%c\'=%d\n", 'A', 'A', 'a', 'a');
}
```

程序的运行结果如图 2-2 所示。

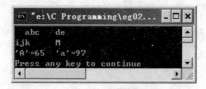

图 2-3 ［例 2-2］的程序运行结果

程序首先输出两个空格，然后输出字符 abc，之后跳过一个制表位（一般每个制表位有 8 列），在第 9 列输出字符 d、e；接着换行到下一行行首输出。下一行开始输出字符 i j k 后跳到下一个制表位输出字符 L，转义字符'\b'将光标回退一格，在字符 L 位置重新输出字符 M，接着换行到下一行行首，输出'A'=和字符 A 的 ASCII 值 65，在下一制表位输出'a'=和字符 a 的 ASCII 值 97。

2.2.4 字符串常量

字符串常量是用两个双引号（"）前后括住的若干个字符（包括转义字符）。字符串常量经常简称为 "字符串"，如："ABC"、"123"、"Hello\n"、"中␣国"等。␣表示空格字符。字符串""中没有字符，称为空字符串。

字符串中字符的个数称为字符串长度。为了便于判断字符串是否结束，C 语言自动在每个字符串的后面添加 ASCII 代码值为 0 的'\0'字符作为字符串结束标记。一般每个字符串在内存中占用的字节数等于字符串长度+1。例如字符串"word"包含字符'w'、'o'、'r'、'd'以及字符串结束符'\0'，字符串长度为 4，在内存中占用 5 个字节。

字符串中每个转义字符只能算做一个字符，每个汉字字符算做两个字符。例如字符串"\41\x42"包含字符'\41'、'\x42'以及字符串结束符'\0'，字符串长度为 2，在内存中占用 3 个字节。

 注 意

（1）字符和字符串是不同的常量：字符'C'是一个字符，在内存中占用 1 个字节；字符串"C"包含字符'C'以及字符串结束符'\0'，字符串长度为 1，在内存中占用 2 个字节。

（2）字符串"\18\08"包含字符'\1'、'8'、'\0'、'8'以及字符串结束符'\0'，因为中途出现了字符串结束符，所以字符串长度为 2，在内存中占用 5 个字节。

2.2.5　符号常量

符号常量是常量的另一种表示方法，又称宏定义、宏常量。通俗地讲，符号常量是给常量取一个名字。程序中凡是使用这个常量的地方，都可以写成对应常量的符号常量。

符号常量的定义格式如下：

#define　符号常量　常量

符号常量是用户自定义标识符，习惯上使用大写字母。常量可以是整型、实型、字符型，也可以是字符串。

符号常量的定义通常是放在程序的开头，每个定义必须独占一行，其后不跟分号。例如：

```
#define  PI  3.14159
```

定义了符号常量 PI，此后 PI 就代表实型常量 3.14159。

【例 2-3】　符号常量的使用

```
// Program: EG0203.C
// Description: 演示符号常量的使用
#include <stdio.h>
#define  PI  3.14159
void main( void )
{
    printf("半径：%f\n", 1.0);
    printf("圆周长：%f\n", 2*PI*1.0);
    printf("圆面积：%f\n", PI*1.0*1.0);
}
```

程序的运行结果如图 2-4 所示。

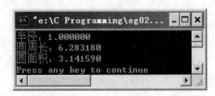

图 2-4　[例 2-3] 的程序运行结果

在程序中使用符号常量有两点好处：

一是为阅读程序提供了方便，例如将 3.14159 定义成 PI，就很容易理解该常量是圆周率。

二是修改程序方便，当源程序中多处使用了某个常量后又要修改该常量时，修改起来十分繁琐，一旦漏改了一处就会导致程序运行结果出错。如果将这样的常量定义成符号常量，今后修改该常量时只要修改常量定义处即可。

2.3　变　　量

变量用来存放程序运行过程中其值允许改变的数据，例如程序运行过程中的输入数据、计算获得的中间结果和最终结果。

为了区别不同的变量，每个变量都要有自己的名称，称为**变量名**。

变量所保存数据的类型称为**变量的数据类型**。

变量要保存数据，必须在计算机中占用连续的若干个内存单元。变量占用的内存单元数目、存储形式、取值范围都由变量的数据类型自动确定的。

变量可以在一开始使用时就有值，称为**变量的初值**。给变量赋予初值称为**变量的初始化**。

用户在程序中使用的每个变量，都必须事先确定变量的名称、数据类型、是否初始化、初始化的初值等于什么。这些工作称为**变量的定义**，是通过数据定义语句来完成的。

2.3.1　变量的数据类型及其定义

C 语言规定，变量的数据类型可以是整型、短整型、长整型、无符号整型、无符号短整型、无符号长整型、单精度型、双精度型、字符型等基本类型，也可以是结构型、共用型等构造类型和指针型。注意，C 语言没有字符串变量。

定义变量数据类型的语句格式如下：

数据类型符　变量名 1，变量名 2，……

其中的"变量名"是程序设计人员自定义的标识符。

其中"数据类型符"是 C 语言规定的，基本数据类型符及其含义如表 2-2 所示。

表 2-2　　　　　　　　　　基本数据类型符（表中"[ ]"部分表示可以省略）

数据类型	数据类型符	占用字节数	数 值 范 围
字符型	[signed] char	1	$-128 \sim +127$
无符号字符型	unsigned char	1	$0 \sim 255$
整型	[signed] int	4（或 2）	同长整型（或短整型）
短整型	[signed] short [int]	2	$-32\,768 \sim +32\,767$
长整型	[signed] long [int]	4	$-2\,147\,483\,648 \sim +2\,147\,483\,647$
无符号整型	unsigned [int]	4（或 2）	同无符号长整型（或无符号短整型）
无符号短整型	unsigned short [int]	2	$0 \sim 65\,535$
无符号长整型	unsigned long [int]	4	$0 \sim 4\,294\,967\,295$
单精度实型	float	4	$-3.4 \times 10^{38} \sim 3.4 \times 10^{38}$（6~7 位有效数字）
双精度实型	double	8	$-1.7 \times 10^{308} \sim 1.7 \times 10^{308}$（15~16 位有效数字）

注 意

　　在 VC++的 32 位编译环境中，整型和无符号整型所占用的字节数是 4 个。本书后面将按照 4 个字节来理解整型和无符号整型所分配的字节数。

例如：

int i1, i2;

定义整型变量 i1 和 i2，每个变量分配 4 个字节内存，用于存放整数。

unsigned short us1;

定义无符号短整型变量 us1，分配 2 个字节内存，用于存放自然数。

float f1, f2;

定义单精度实型变量 f1 和 f2，每个变量分配 4 个字节内存，用于存放实数。

char c1, c2, c3;

定义字符型变量 c1、c2 和 c3，每个变量分配 1 个字节内存，用于存放字符型数据。

在程序中使用变量时要注意下列几点：

（1）变量必须先定义后使用，即只有定义过的变量才能使用。

（2）使用变量参加运算或输出时，变量应该有确定的值。

（3）整型（int、short、long）变量，若其值在−128～127，也可以当做字符型变量使用。例如，上面的整型变量 i1、i2 可以存放字符型数据。

（4）无符号整型（unsigned int、unsigned short、unsigned long）变量，若其值在 0～255 之间，也可以当做字符型变量使用。例如，上面的无符号整型变量 us1 可以存放字符型数据。

（5）字符型变量，其值在−128～127，可以当作整型变量使用；其值在 0～255，也可以当作无符号整型变量使用。例如，上面的字符型变量 c1、c2、c3 可以存放整型数据。

（6）浮点型变量包含精度和范围两个概念：

1）超过精度位数后的位数值不确定。例如：float　a；a=1.2345671111；其中划横线的部分超出精度部分，不确定。

2）超过范围溢出。例如：char　ch；ch=300；超出 127，上溢出。

2.3.2　变量的初始化

变量的初始化是指在定义变量时给其赋初值，是变量获得值的一种方式。

给变量赋初值的语句格式如下：

数据类型符　变量名 1=初值 1，变量名 2=初值 2，……

其中的"初值"是和变量同类型的常量，或由常量和运算符组成的常量表达式。

🔊 **注　意**

（1）如果定义变量时不赋初值，则变量会有一个随机的初值。此时，如果让变量参加运算，运算结果无法确定。

（2）程序中常需要对一些变量预先设置初值。例如：int sum=0；累加器用之前必须清零。

（3）可以对被定义的部分变量赋初值。例如：int a=5, b, c；b、c 初值随机。

（4）可以对几个变量赋同样的值。例如：int a=3, b=3, c=3；但 int a=b=c=3；是错误的。

2.3.3　变量的地址

程序在编译时，对程序中定义的每个变量分配内存，所分配的内存字节数由变量的数据类型决定。把所分配内存中首单元地址称为变量的地址。程序中如果使用这个变量的地址，规定写成"&变量名"。如定义：float f1, f2=1.2；则分配给变量 f1 的内存地址可写成"&f1"，其值不确定；分配给变量 f2 的内存地址可写成"&f2"，对应内存存放的数据为 1.200000。

2.3.4　有名常量

如果定义变量并赋了初值，但不希望后继程序修改其值，可以将其定义为有名常量：

const 数据类型符　变量名 1=初值 1，变量名 2=初值 2，……；

例如，const int ten=10, hun=100;定义了整型有名常量 ten 和 hun，ten 的值为 10，hun 的

值为 100。

有名常量因为其值不变，应视其为常量。有名常量的值只能通过初始化获得，对其不能赋值、改变值。

2.4 运算符与表达式

程序对数据的加工可以分为简单加工和复杂加工。在 C 语言中，简单加工称为运算，可以使用运算符来完成，例如求两数之和就是简单加工；将若干个数排序则是复杂加工，需要使用一段程序来完成。

用来表示各种运算的符号称为运算符。例如，数值运算中经常用到的+加、−减、*乘、/除运算符号，由于它们是进行算术运算的，所以称为算术运算符。

用运算符把运算对象连接起来组成的合法运算式称为**表达式**。每个表达式按照运算规则进行运算，最终获得一个值，称为**表达式值**。

2.4.1 C 语言的运算符

C 语言的运算符十分丰富，有 30 多种，分类大致如图 2-5 所示。

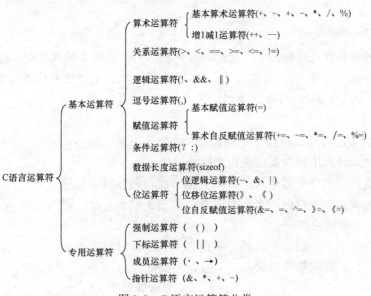

图 2-5 C 语言运算符分类

本章将介绍其中的基本运算符，其他专用运算符将在后续章节中陆续介绍。

C 语言中，运算符的运算对象可以是一个，称单目运算符；也可以是两个，称双目运算符；还可以是三个，称三目运算符。单目运算符若放在运算对象的前面，称为前缀运算；若放在运算对象的后面，称为后缀运算。双目运算符都是放在两个运算对象的中间，称为中缀运算。唯一的三目条件运算符？：是夹在三个运算对象之间的。

此外，下列少数运算符号有多重含义：

+　在算术运算中既表示"取正"运算，又可表示"算术加法"运算；在指针运算中表示"指针加法"运算。

−　在算术运算中既表示"取负"运算，又可表示"算术减法"运算；在指针运算中表示"指针减法"运算。

*　在算术运算中表示"算术乘法"运算；在指针运算中表示"引用"运算。

&　在位逻辑运算中表示"与"运算；在指针运算中表示"取地址"运算。

对这些运算符的理解与当时的运算对象有关，在学习时要注意区分。

2.4.2　运算符的优先级和结合性

当用多个运算符连接了多个运算对象时，就会碰到哪个运算符先算，哪个运算符后算的问题，这样的问题称为运算符的**优先级**。

C 语言规定了每个运算符的优先级别，并规定优先级高的运算符要先计算。例如 a+b*c 运算时，先算优先级高的乘法运算 b*c，然后再加 a。又如(a - b)/c 运算时，**小括号在所有运算里优先级最高**，先算小括号里面的减法运算 a - b，然后再/c。

C 语言运算符的**结合性**决定运算时的结合方向。当一个操作数两侧的运算符具有相同的优先级时，**"自左向右"（左结合性）**的结合性将决定该操作数先与左边的运算符结合，例如 a - b+c 运算时，变量 b 先与减号结合，然后再加 c，即(a - b)+c；而**"自右向左"（右结合性）**的结合性将决定该操作数先与右边的运算符结合，例如 c+++b 运算时，变量 c 先与++结合，然后再加 b，即(c++)+b。

注 意

　　运算符的结合性决定的是运算符的结合方向，而不是运算的优先级。不要误解成谁先结合就先算谁。实际上，"自右向左"（右结合性）改变了"优先级高的运算符先算"的默认规则，c+++b 或(c++)+b 运算时，先算 c+b，再算 c++。

关于 C 语言中所有运算符的优先级和结合性参见附录二。

2.4.3　表达式计算中数据类型的自动转换

如果参加运算的两个运算对象的数据类型一致，则按照运算规则直接运算。如果参加运算的两个运算对象的数据类型不一致，则按照图 2-6 规则进行转换。

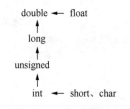

图 2-6　表达式计算时的自动转换规则

其中，横向箭头表示必定先转换，纵向表示当运算对象为不同类型时转换的方向，纵向箭头只表示类型级别的高低。

例如，16+'A'-5.5 运算时，先算 16+'A'，'A'要转成整数 65，运算结果为整数 81；然后再算 81 和双精度数 5.5 相减，整数 81 要转成双精度数 81.0…0，运算结果为双精度数 75.5…0。

上述转换规则可以简称**"就长不就短"**的自动转换规则。即首先将参加运算的两个运算对象中，数据长度短的运算对象自动转换成数据长度长的数据类型，然后进行计算。计算结果当然就是数据长度长的运算对象的数据类型。

注 意

　　使用该转换规则时，参与计算的常量或变量的类型自动转换是仅在数据读到 CPU 内参加运算时临时转换使用，该常量或变量存储在内存中的数据类型和值并未改变。

自动类型转换又称为隐式转换,除了"运算转换"外,还包含"赋值转换"、"I/O 转换"、"函数调用转换"几种情况,这些转变将分别在后续章节里一一介绍。

2.5 算术运算符及算术表达式

算术运算符是对整数、实数、字符型数据进行运算的符号,分为基本算术运算符、增 1 减 1 运算符。用算术运算符连接运算对象组成的表达式称为算术表达式。

2.5.1 基本算术运算符

基本算术运算符对数值型(包括字符型)数据进行加减乘除等运算。

基本算术运算符、运算对象、运算规则、结果类型、结合性如表 2-3 所示。

表 2-3 **基本算术运算符**

名称	运算符	对象数与位置	对象类型	运算规则	结果类型	结合性
取正	+	单目前缀	整型、实型、字符型	取原值	与运算对象的类型相同	自右向左
取负	–			取负值		
加	+	双目中缀		相加		自左向右
减	–			相减		
乘	*			相乘		
除	/			相除或整除		
模	%		整型或字符型	整除取余数	整型	

注 意

(1)除(/)运算的运算规则和运算对象的数据类型有关。若两个对象都是整型数据,除运算称为整除,运算结果只取商的整数部分。例如,28/10 的结果为 2;若两个运算对象有一个或两个都是实型,则运算结果是实型。例如,28/10.0、28.0/10、28.0/10.0 的结果均为 2.8。

(2)模(%)运算的对象必须是整型或字符型,运算结果是整除后的余数。例如,28%10 的结果为 8(商为 2);28%6 的结果为 4(商为 4)。当运算对象中有负整数时,运算结果的符号与被除数相同。例如,28%10、28%–10 的结果均为 8(商分别为 2、–2);–28%10、–28% –10 的结果均为–8(商分别为–2、2)。

算术运算符的优先级别规定如下:

- 小括号 **优先于** 单目+(取正)、–(取负)运算 **优先于** 双目*、/、%运算。
- *、/、% **优先于** +(加)、–(减) **优先于** 关系运算。
- +(取正)、–(取负)是同级别的,结合性是自右向左的。
- *、/、%是同级别的,结合性是自左向右的。
- +(加)、–(减)是同级别的,结合性是自左向右的。

例如(10+2)/3.0*2 先算出小括号里加法的结果 12,类型转换成 12.0 后计算/3.0,结果 4.0 乘以 2,4.0 和类型转换后的 2.0 相乘,结果是 8.0。

2.5.2 增 1 减 1 运算符

增 1 减 1 运算符是对字符型、整型等变量进行加 1、减 1 的运算。

增 1 减 1 运算符、运算对象、运算规则、结果类型、结合性如表 2-4 所示。

表 2-4   增 1 减 1 运 算 符

名称	运算符	对象数与位置	对象类型	运算规则	结果类型	结合性
增 1	++	单目前缀	字符型、整型等变量	变量加 1 后使用变量值	同运算对象的类型	自右向左
	++	单目后缀		使用变量值后变量加 1		
减 1	−−	单目前缀		变量减 1 后使用变量值		
	−−	单目后缀		使用变量值后变量减 1		

注 意

（1）增 1 减 1 运算符的运算对象只能是变量，不能是常量，也不能是表达式。例如：2++和(a+b)++都是错误的。

（2）增 1 减 1 运算符属于单目运算符，优先级高于双目算术运算符。

（3）前置运算规则：**先增减后引用**；后置运算规则：**先引用后增减**（右结合性改变了"优先级高的运算符先算"的规则）。

例如：int i=5, x;
       x=i++;
       先计算 x=i，再计算 i++。最后，x 值为 5，i 值为 6。
       x=i++; 相当于 x=i; i=i+1;
又如：定义：int i=5, x;
       x=++i;
       先计算 i++，再计算 x=i。最后，x 值为 6，i 值为 6。
       x=++i; 相当于 i=i+1; x=i;

2.5.3 应用举例

数学表达式或数学问题	对应的 C 语言表达式
x^3	x*x*x
$2ab$	2*a*b
$\dfrac{1}{xy}$	1.0/(x*y)
a、b、c 的平均值	(a+b+c)/3.0
求十进制正整数 x 的个位数字	x%10
去掉十进制正整数 x 的个位数字	x/10
设 c 为大写字母，求对应的小写字母	c+32 或 c+'a'-'A'
设 c 为小写字母，求对应的大写字母	c-32 或 c+'A'-'a'

2.6　关系运算符及关系表达式

关系运算符的主要功能是判断两个数值的大小，运算结果是"成立"或"不成立"。用关系运算符连接运算对象组成的表达式称为关系表达式。

2.6.1　关系运算符

关系运算符可以用来比较整型、实型、字符型数据的大小，运算的结果是关系"成立"时，关系表达式的值为整数"1"；结果是关系"不成立"时，关系表达式的值为整数"0"。

关系运算符、运算对象、运算规则、运算结果、结合性如表 2-5 所示。

表 2-5 　　　　　　　　　　　　　　关　系　运　算　符

名称	对象数与位置	运算符	对象类型	运算规则	结果类型	结合性
小于	双目中缀	<	整型、实型、字符型等	关系式成立，则结果为1；关系式不成立，则结果为0	整型	自左向右
小于或等于		<=				
大于		>				
大于或等于		>=	整型、实型、字符型等	关系式成立，则结果为1；关系式不成立，则结果为0	整型	自左向右
等于		==				
不等于		!=				

整型或实型数据的大小是按照数值的大小来判定。字符型数据比较大小时，是按该字符对应的 ASCII 代码值的大小进行比较，其实质也是对两个数值进行比较。

关系运算符的优先级如下：

- 算术运算符　**优先于**　关系运算符　**优先于**　赋值运算符。
- <、<=、>、>=　**优先于**　==、!=。
- <、<=、>、>=是同级别的，结合性是自左向右的。
- ==、!=是同级别的，结合性是自左向右的。

书写关系运算符时，要注意区别数学中的关系符号和 C 语言中的关系运算符是不完全一致的，要特别注意"="在 C 语言中不是表示"相等"的关系运算符"=="，而是赋值运算符。

例如，定义：char c1='A', c2='b';　　('A'、'b'的值依次为 65、98)

则：c1<c2 的值是 1，c1!=c2 的值是 1。

c1+1==c2−32 先算加法，结果为 66；再算减法，结果为 66；66 等于 66，结果为 1。表达式 c1+1==c2−32 的值是 1。

又如，定义：int i1=2, i2=4, i3=6;　i3>i2>i1 先算 i3>i2，结果为 1；再算 1>i2，结果为 0。表达式 i3>i2>i1 的值为 0。

2.6.2　关系表达式

关系表达式是由关系运算符连接表达式构成的，规则如下：

表达式 1　关系运算符　表达式 2

> **注 意**
> 　　表达式可以是数值型常量或变量，也可以是算术表达式、赋值表达式、关系表达式，还可以是其他表达式，但不能是字符串常量。

关系表达式的数据类型是整型，其值只能为 1（关系成立）或 0（关系不成立）。

2.6.3　应用举例

数学表达式	对应的 C 语言表达式
$x^2+y^2=100$	x*x+y*y==100
$a\neq 1$	a!=1
$x^2+2xy-5\leqslant 1$	x*x+2*x*y-5<=1
$x^3\geqslant 1$	x*x*x>=1
$b^2-4ac>0$	b*b-4*a*c>0
$b^2-4ac<0$	b*b-4*a*c<0

2.7　逻辑运算符及逻辑表达式

　　逻辑运算符的主要功能是对关系式或逻辑值（"真"、"假"）进行运算，运算结果是逻辑"真"或逻辑"假"。

　　逻辑运算符连接运算对象组成的表达式称为逻辑表达式。

　　在 C 语言中没有设置表示逻辑值的数据类型。参加逻辑运算的对象，用"非 0"表示逻辑"真"，用"0"表示逻辑"假"；而逻辑运算的结果用"1"表示逻辑"真"，用"0"表示逻辑"假"。

> **注 意**
> 　　关系运算符的运算结果是"成立"或"不成立"，也是逻辑意义上的"真"或"假"，都是用"1"或"0"来表示。

2.7.1　逻辑运算符

逻辑运算符对两个表达式进行逻辑运算，运算结果是逻辑值。逻辑表达式构成规则如下：
- 单目逻辑运算符　表达式
- 表达式 1　双目逻辑运算符　表达式 2

> **注 意**
> 　　其中的表达式常见的是关系表达式。当用逻辑运算符对运算对象进行逻辑运算时，C 语言规定，运算对象"非 0"即真，只有运算对象值为"0"时才表示"假"。所以，任何数值型的数据都可以看成逻辑值，逻辑运算符的运算对象除了关系运算结果以外，可以是整型、实型、字符型等数值型常量、变量、表达式。

逻辑表达式的数据类型是整型，其值只能为 1（真）或 0（假）。

逻辑运算符、运算对象、运算规则、结果类型、结合性如表 2-6～表 2-8 所示。

表 2-6 逻辑运算符

名称	对象数与位置	运算符	对象类型	运算规则	结果类型	结合性
逻辑非	单目前缀	!	字符型、整型、实型等	参见表 2-9	整型	自右向左
逻辑与	双目中缀	&&		参见表 2-10		自左向右
逻辑或		||				

表 2-7 逻辑非的运算规则表

对象	!对象
0	1
非 0	0

表 2-8 逻辑与、或的运算规则表

对象 1	对象 2	对象 1&&对象 2	对象 1||对象 2
0	0	0	0
0	非 0	0	1
非 0	0	0	1
非 0	非 0	1	1

逻辑运算符的优先级如下：

- **!优先于**双目算术运算 **优先于**关系运算 **优先于&&** **优先于\|\|** **优先于**赋值运算。

使用逻辑运算符时需要注意下列几点：

（1）!优先于双目算术运算，因此和!(a%2)不同，!a%2 不能判断 a 为偶数。

（2）逻辑表达式求解时，并非所有的运算都执行（**再次改变了"优先级高的运算符先算"** 的规则）。

计算 **表达式 a && 表达式 b** 时，若表达式 a 的值为"0"，则&&运算的结果为"0"，与 表达式 b 的值无关，所以 C 语言不计算表达式 b。

例如 0 && ++a 的运算结果为 0，a 值不加 1。

计算 **表达式 a \|\| 表达式 b** 时，若表达式 a 的值为"1"，则\|\|运算的结果为"1"，与表 达式 b 的值无关，所以 C 语言不计算表达式 b。

例如 1 \|\| --a 的运算结果为 1，a 值不减 1。

（3）在使用关系和逻辑运算符表示数学中的关系时，需要注意数学关系的内在含义。

例如，数学表达式"3<2<1"表示"2 大于 3 且 2 小于 1"，这显然是不成立的，但如果 在 C 语言中写关系表达式"3<2<1"，相当于"（3<2）<1"，而"3<2"的结果为"0"；再计算 "0<1"的结果是"1"，表示"3<2<1"是成立的，这显然与数学中的含义不符。数学表达式 "3<2<1"的内在含义是表示"3<2 与 2<1"同时成立的一种关系，在 C 语言中必须写成 "3<2&&2<1"。这一点请初学者特别注意。

2.7.2 应用举例

数学表达式或数学问题	对应的 C 语言表达式
$a<b<c$	a<b&&b<c
ch 中是数字字符	ch>='0'&&ch<='9'
ch 中是大写字母	ch>='A'&&ch<='Z'
ch 中是小写字母	ch>='a'&&ch<='z'

ch 中是字母	ch>='A'&&ch<='Z'‖ch>='a'&&ch<='z'
ch 中是数字字符	ch>='0'&&ch<='9'
ch 中是字符串结束标记	ch=='\0'
ch 中不是回车换行符	ch!= '\n'
整型变量 *a* 中是奇数	a%2 或 a%2= =1 或 a%2!=0
整型变量 *a* 中是偶数	!(a%2)或 a%2= =0 或 a%2!=1

2.8　条件运算符与条件表达式

条件运算符是 C 语言中唯一的三目运算符，三个运算对象都是表达式。第一个运算对象通常是关系或逻辑表达式，后两个运算对象是类型相同的任何表达式。

2.8.1　条件运算符

条件运算符由"?"和":"两个符号组合而成的，条件表达式构成规则如下：

逻辑表达式?真值表达式:假值表达式

条件运算符的执行顺序是先求解"逻辑表达式"；若为真，则求解"真值表达式"，将"真值表达式"的计算结果作为整个条件表达式的值；若为假，则求解"假值表达式"，将"假值表达式"的计算结果作为整个条件表达式的值。

条件运算符、运算对象、运算规则、结果类型、结合性如表 2-9 所示。

表 2-9　　　　　　　　　　　　　　　条 件 运 算 符

名称	对象数与位置	运算符	对象类型	运算规则	结果类型	结合性
条件	三目中缀	? :	任何类型的表达式	设有 e1?e2:e3 则 e1 为非 0，获得 e2；e1 为 0，获得 e3	e2（或 e3）的类型	自右向左

条件运算符的优先级如下：

- 逻辑运算符　**优先于**　条件运算符　**优先于**　赋值运算符　**优先于**　逗号运算符
- 条件表达式求解时，并非真值表达式、假值表达式都执行（**即使出现了优先级更高的运算符也不计算**）。

例如，char i, c1='A'; ('A'的值为 65) 则　c1>='A' && c1<='Z' ? (i=1) : (i=0)　相当于：

```
((c1>='A')&&(c1<='Z'))?(i=1):(i=0)
```

判断变量 c1 中的字符是否大写字母，是则令 i 为 1（真），否则令 i 为 0（假）。这里因为逻辑表达式为真，仅求解真值表达式，i 最后的值为 1。即使假值表达式出现了运算级最高的小括号，也不计算假值表达式 i=0。

2.8.2　应用举例

数学表达式	对应的 C 语言表达式
取 *a* 的绝对值	a>0?a: −a 或 a<0? −a:a
取 *a*、*b* 中大者	a>b?a:b
取 *a*、*b*、*c* 中小者	a<d?a:(b<c?(d=b):(d=c))

2.9 赋值运算符及赋值表达式

C 语言中有三种赋值运算符：基本赋值运算符（简称赋值运算符）、算术自反赋值运算符、位自反赋值运算符。后两种运算符可以合称为"复合赋值运算符"。本节介绍基本赋值运算符和算术自反赋值运算符，位自反赋值运算符将在 2.12 中介绍。

2.9.1 赋值运算符

赋值运算符的主要功能是计算表达式的值，赋予某个变量：

变量 = 表达式

赋值运算符、运算对象、运算规则、结果类型、结合性如表 2-10 所示。

表 2-10   赋 值 运 算 符

名称	对象数与位置	运算符	对象类型	运算规则	结果类型	结合性
赋值	双目中级	=	任何类型	表达式的结果赋予变量	同变量	自右向左

注 意

赋值运算符的左边必须是变量，右边是表达式（或常量、变量），运算规则是将表达式（或变量、常量）的值赋予左边变量。

由于任何运算符和运算对象组成的式子都是表达式，所以由赋值运算符连接运算对象组成的式子"变量=表达式"也是表达式，称为赋值表达式。每个表达式都有值，**赋值表达式的值等于左边变量所赋予的值**。赋值表达式的数据类型就是左边变量的类型。

赋值运算符的优先级如下：

- 条件运算 **优先于** 赋值运算、算术复合赋值运算   **优先于** 逗号运算。

例如 char c1; 计算 c1='A'+16*2; 时，'A'的值为 65，赋值表达式先算 16*2，结果 32 再加 65，得到 97，即 'a'，c1 的值是 'a'，赋值表达式的值也是 'a'。

- 赋值运算符的结合方向是"**自右向左**"，且可嵌套。

例如 int i1, i2, i3; 计算 i3= i2 = i1 = 1 时，按照运算符的结合性，该表达式相当于"i3 = (i2 = (i1=1))"，先将 i1 赋 1，赋值表达式 i1 = 1 的值也为 1；再计算 i3= i2 = 1 ，将 i2 赋 1，赋值表达式 i2 = 1 的值也为 1；再计算 i3=1 ，将 i3 赋 1，整个赋值表达式 i3= i2 = i1 = 1 的值也为 1。

- **赋值运算符的左侧必须是变量，不能是常量或表达式。**

例如，a + 5 = 6 是一个错误的赋值表达式，a + 5 的结果与 a 的初值有关，不能将 6 赋给 a + 5。

2.9.2 算术自反赋值运算符

算术自反赋值运算符是将变量和表达式进行指定的某个算术运算，并将结果存回变量。由于运算符是某个算术运算符和赋值运算符组合而成的，所以也称为复合赋值运算符。

变量 复合赋值运算符 表达式

算术自反赋值运算符、运算对象、运算规则、结果类型、结合性如表 2-11 所示。

表 2-11   算术自反赋值运算符

名称	对象数与位置	运算符	对象类型	运算规则	结果类型	结合性
加赋值	双目中缀	+=	字符型、整型、实型等	a+=b 相当于 a=a+(b)	同左边变量的类型	自右向左
减赋值		−=		a−=b 相当于 a=a−(b)		
乘赋值		*=		a*=b 相当于 a=a*(b)		
除赋值		/=		a/=b 相当于 a=a/(b)		
模赋值		%=	整型	a%=b 相当于 a=a%(b)		

注 意

（1）算术自反赋值运算符的左边必须是变量，右边是表达式（或常量、变量）。

（2）自反赋值运算符右边的表达式是自动加括号的。例如 "a*=b−3" 不能理解为 "a=a*b−3"，应该理解为 "a=a*(b−3)"。

【想一想】

（1）int a=3; a+=a*=a−=a*=3; 等价于 a=a+(a=a*(a=a−(a=a*3))); 运算结果是 0.

（2）int a=12; a+=a−=a*a; 等价于 a=a+(a=a−(a*a)); 运算结果是 −264

2.9.3　赋值时的自动转换规则

无论是赋值运算符，还是复合赋值运算符，运算规则都是首先计算一个值，然后赋予左边的变量。

如果计算结果的数据类型和左边变量的数据类型不一致，则遵守下列数据类型自动转换规则：将表达式值自动转换成左边变量的数据类型，然后，再赋予左边的变量。该规则简称为"**就左不就右**"的自动转换规则。如果转换时数据类型长度变小，将丢失一部分数据，降低精度。

例如表达式的运算结果为单精度实型，而要赋予的变量是双精度实型，则先将单精度实型结果自动转换成双精度实型，再赋予双精度实型变量。

又如表达式的运算结果为长整型，而要赋予的变量是短整型，则先将长整型结果自动转换成短整型，再赋予短整型变量（注意，这种转换要避免，如果转换前的整数超过短整型数据的范围，则结果会出错）。

2.10　逗号运算符及逗号表达式

逗号运算符的主要功能是将若干个表达式连接起来，又称为"顺序求值运算符"。

逗号运算符连接运算对象组成的表达式称为逗号表达式。

表达式 1，表达式 2，……，表达式 *n*

逗号表达式的求解过程：

先求解表达式 1，再求解表达式 2……，再求解表达式 *n*。整个逗号表达式的值是表达式 *n* 的值。

2.10.1　逗号运算符

逗号运算符、运算对象、运算规则、结果类型、结合性如表 2-12 所示。

表 2-12　　　　　　　　　　　　　　逗 号 运 算 符

名称	对象数与位置	运算符	对象类型	运算规则	结果类型	结合性
逗号	双目中级	,	任何类型的表达式	先算前一个表达式、再算后一个表达式	表达式 n 类型	自左向右

逗号运算符的优先级如下：

- 任何运算符　**优先于**　逗号运算符。

例如 char c1, c2, c3; 计算　c1 = c2 = c3 , c3 − 1　时，赋值运算优先于逗号运算，先完成给 c2、c1 的赋值运算，再计算表达式 2：　c3 − 1 ；而不是这样计算；c1 = (c2 = c3 , c3 − 1) 。

- 表达式 1，……，表达式 n 可以是算术表达式、赋值表达式、关系表达式、逻辑表达式、逗号表达式，也可以是其他表达式。

注 意

在 C 语言中不是所有的逗号都是运算符。例如数据定义语句 "char c1='A', c2='0', c3;" 中的逗号为分隔符，不是逗号运算符。

- 逗号运算符的运算结果是表达式 n 的值，逗号表达式的数据类型和表达式 n 的数据类型相同。

例如，定义变量 int a=1, b=2, c=3, x; 则有：

a=3*5, a*4;	a 的值为 15，逗号表达式的值为 60
a=3*5, a*4, a+5;	a 的值为 15，逗号表达式的值为 20
x=(a=3, 6*3);	逗号、赋值表达式和 x 的值均为 18
x=a=3, 6*a;	逗号表达式的值为 18，x 的值为 3
printf("%d,%d,%d", a, b, c);	输出结果分别是 1， 2， 3
printf("%d,%d,%d", (a, b, c), b, c);	输出结果分别是 3， 2， 3

- 逗号表达式求解时先求解前一个表达式，**即使后一个表达式出现了优先级更高的运算符，也要先算前一个表达式再算后一个表达式。**

例如，求解 a=3*5, a*4; 时，先算 3*5，再将乘法结果 15 赋值给 a；求解完表达式 1 后，再计算表达式 2：a*4。即使表达式 2 中 a*4 的乘法运算优先级高于表达式 1 中的赋值运算，也不会因此优先计算乘法。

2.10.2　应用举例

数学表达式或数学问题	对应的 C 语言表达式
令 *a*、*b*、*c* 的值依次为 1、2、3	a=1, b=2, c=3
交换 *a*、*b* 的值	方法一：x=a, a=b, b=x
	方法二：a=a+b, b=a−b, a=a−b

2.11　长度运算符和数据类型转换

2.11.1　长度运算符

长度运算符是用来测试数据类型符（或变量）所分配的内存字节数，被测试的对象必须用圆括号括住。

长度运算符、运算对象、运算规则、结果类型、结合性如表 2-13 所示。

表 2-13　　　　　　　　　　　　　　　长 度 运 算 符

名称	对象数与位置	运算符	对象类型	运算规则	结果类型	结合性
长度	单目前缀	sizeof	数据类型符或变量	测试类型或数据所占用的字节数	整型	自右向左

长度运算符的优先级如下：

sizeof 和单目运算：!、++、--是**同级别**的。

长度运算符组成的表达式结构如下：

sizeof（数据类型符或变量名）

注　意

其中的"数据类型符"可以是已经介绍的各种基本数据对应的数据类型符，也可以是后续章节介绍的其他数据类型符。

例如，设变量定义为：char c;　int i;　short s;　long l;　float f;　double d;

则：sizeof(c)的值是 1　　　　　　　sizeof(i)的值是 4

　　sizeof(s)的值是 2　　　　　　　sizeof(l)的值是 4

　　sizeof(f)的值是 4　　　　　　　sizeof(d)的值是 8

　　sizeof(unsigned int)的值是 4　　sizeof(unsigned short)的值是 2

　　sizeof(unsigned long)的值是 4

上述结果是在 VC++环境下运行的结果。不同环境运行结果可能不同。

2.11.2　数据类型转换

数据类型转换运算符是将某个表达式的运算结果转换成另外一种数据类型。相对于自动类型转换、隐式转换，数据类型转换又称为强制类型转换、显式转换。

数据类型转换运算符、运算对象、运算规则、结果类型、结合性如表 2-14 所示。

表 2-14　　　　　　　　　　　　　　数据类型转换运算符

名称	对象数与位置	运算符	对象类型	运算规则	结果类型	结合性
数据类型转换	单目前缀	（数据类型符）	任何数据类型的表达式	计算表达式的值，转换成指定的数据类型	数据类型符确定的类型	自右向左

数据类型转换运算符的优先级如下：

（数据类型符）、sizeof、单目算术运算符、!、++、−−是**同级别**的，结合性是**自右向左**的。

数据类型转换运算符组成的表达式如下：

（数据类型符）（表达式）

注　意

　　表达式加圆括号。C 语言先按就长不就短的自动转换规则计算表达式值，然后将计算结果转换成"数据类型符"指定的数据类型。如果表达式不加圆括号，则仅对表达式中的第 1 个对象进行转换。

例如，设变量定义为：　char c=1;　　short s=3;　　float f=5.0;

则：(float)c 的值是 1.0，表达式的数据类型为单精度实型；　c 仍然是字符型，值仍为 1。

　　(int)(s/f) 的值是 0，表达式的数据类型为带符号整型；　s 和 f 的类型、值均不改变。

　　(int)s/f 的值是 0.6，表达式的数据类型为双精度实型；　s 和 f 的类型、值均不改变。

进行数据类型转换时，要注意下列两点：

- 如果转换时数据类型长度变小，将降低精度，丢失一部分数据，这有可能导致程序出错。
- 类型转换将占用系统时间，过多的转换将降低程序的运行效率。因此，在进行程序设计时，除必要的类型转换外，应尽量选择好数据类型，以减少不必要的类型转换。

2.12　位 运 算 符

C 语言中的数据实际上都是由二进制数组成的。例如字符型数据是 1 字节的 8 位二进制整数，短整型和无符号短整型数据是 2 字节的 16 位二进制整数，长整型和无符号长整型是 4 字节的 32 位二进制整数。

C 语言除了提供对整个数据按照十进制数进行加工的运算符外，还提供了对数据按照二进制位 0 和 1 进行加工的运算符，即位运算符。

位运算符分为位逻辑运算符、位移位运算符和位复合赋值运算符三种。

位运算符的运算对象只能是整型数据（包括字符型），运算结果仍是整型数据。注意，所有的位运算符是按照二进制位对整个数据进行加工，不能只加工某一位或某几位。

2.12.1　位逻辑运算符

位逻辑运算符是将数据中每个二进制位"0"或"1"看成逻辑值，逐位进行逻辑运算的位运算符。位逻辑运算符包括按位求反、按位与、按位或和按位异或。

位逻辑运算符、运算对象、运算规则、结果类型、结合性如表 2-15 所示。

表 2-15　　　　　　　　　　　　　　　位 逻 辑 运 算 符

名称	对象数与位置	运算符	对象类型	运算规则	结果类型	结合性
按位求反	单目前缀	~	整型	~1 为 0　~0 为 1	整型	自右向左
按位与	双目中缀	&		参见表 2-16		自左向右

续表

名称	对象数与位置	运算符	对象类型	运算规则	结果类型	结合性
按位异或	双目中缀	^	整型	参见表 2-16	整型	自左向右
按位或		|				

表 2-16   **双目位逻辑运算符的运算规则表**

对象 1（a）	对象 2（b）	按位与（a&b）	按位异或（a^b）	按位或（a | b）
0	0	0	0	0
0	1	0	1	1
1	0	0	1	1
1	1	1	0	1

其中的"按位异或"是对 0 或 1 进行加法，如果有进位，则不加到高位上。

位逻辑运算符的优先级如下：

- **~** **优先于** **双目算术运算** **优先于** **关系运算** **优先于** **&** **优先于** **^** **优先于** **|** **优先于** **逻辑运算**。

- 如果运算对象的数据长度不相等，则按"就长不就短"自动转换数据类型。

例如，定义 char a='A', b=0x50, c=0xA0;

a = 01000001	b = 01010000	c = 10100000
~a = 10111110	~b = 10101111	~c = 01011111
a & b = 01000000	a | b = 01010001	a ^ b = 00010001
b & c = 00000000	b | c = 11110000	b ^ c = 11110000

- 对某个对象进行位逻辑运算运算，位逻辑运算表达式的值获得位逻辑运算的运算结果，但是，该对象本身的数值不发生改变。

2.12.2 位移位运算符

位移位运算符是将数据看成二进制数，对其进行向左或向右移动若干位的运算。第一个运算对象是要移位的数据，第二个运算对象是所移的二进制位数。

位移位运算符、运算对象、运算规则、结果类型、结合性如表 2-17 所示。

表 2-17   **位 移 位 运 算 符**

名称	对象数与位置	运算符	对象类型	运算规则	结果类型	结合性
位左移	双目中缀	<<	整型	a<<b, a 向左移 b 位	整型	自左向右
位右移		>>		a>>b, a 向右移 b 位		

移位时，移出的位数全部丢弃，移出的空位补入的数与左移还是右移有关。

如果是位左移，则规定补入的数全部是 0。

如果是位右移，还与被移位的数据是否带符号有关。若是不带符号数，则补入的数全部为 0；若是带符号数，则补入的数全部等于原数最左端位上的数（即符号位）。

位移位规则具体如图 2-7 所示。

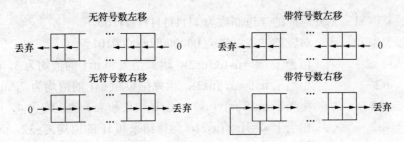

图 2-7　无符号数和带符号数的左移和右移规则

位移位运算符的优先级如下：

- 算术运算　**优先于**　位移位运算　**优先于**　关系运算。
- 对某个对象进行位移位运算，位移位表达式的值获得移位后的运算结果，但是，该对象本身的数值不发生改变。

例如，设变量定义如下：short i1= –4, i2=5;

带符号短整数 i1　对应的二进制数为 11111111 11111100。

带符号短整数 i2　对应的二进制数为 00000000 00000101。

则：i1<<1　　　　运算结果为 11111111 11111000，对应十进制数是–8，i1 不变。

　　i1>>2　　　　运算结果为 11111111 11111111，对应十进制数是–1，i1 不变。

　　i2<<1　　　　运算结果为 00000000 00001010，对应十进制数是 10，i2 不变。

　　i2>>2　　　　运算结果为 00000000 00000001，对应十进制数是 1，i2 不变。

所以，不管是无符号数，还是带符号数，右移 K 位，相当于整除 2^K；左移 K 位，相当于乘以 2^K。

2.12.3　位复合赋值运算符

位复合赋值运算符是由位逻辑运算符、位移位运算符和赋值运算符组成的复合赋值运算符。

位复合赋值运算符、运算对象、运算规则、结果类型、结合性如表 2-18 所示。

表 2-18　　　　　　　　　　　　位 复 合 赋 值 运 算 符

名称	对象数与位置	运算符	对象类型	运算规则	结果类型	结合性
按位与赋值		&=		a&=b 相当于　a=a&(b)		
按位或赋值		|=		a|=b 相当于　a=a|(b)		
按位异或赋值	双目中缀	^=	整型	a^=b 相当于　a=a^(b)	整型	自右向左
位左移赋值		<<=		a<<=b 相当于　a=a<<(b)		
位右移赋值		>>=		a>>=b 相当于　a=a>>(b)		

例如，设变量定义如下：

unsigned short us1=7, us2=3;

short i1=–4, i2=5;

注：无符号短整型 us1 对应的二进制数为 0000000000000111。

无符号短整型 us2　　对应的二进制数为 0000000000000011。

带符号短整型 i1   对应的二进制数为 1111111111111100。
带符号短整型 i2   对应的二进制数为 0000000000000101。
则：us1&=us2   相当于 us1=us1&(us2)，运算结果和 us1 的值均为 3，us2 值不变。
    us1|=us2   相当于 us1=us1|(us2)，运算结果和 us1 的值均为 7，us2 值不变。
    us1^=us2   相当于 us1=us1^(us2)，运算结果和 us1 的值均为 4，us2 值不变。
    i1<<=us2   相当于 i1=i1<<(us2)，运算结果和 i1 的值均为−32，us2 值不变。
    i2>>=us2   相当于 i2=i2>>(us2)，运算结果和 i2 的值均为 0，us2 值不变。

2.13   数 据 的 输 入 、 输 出

在 C 语言中，数据的输入/输出是利用系统函数来实现的。设计人员要调用相关的系统函数完成各种数据的输入输出工作，就必须在程序的开始位置写出文件包含命令：

```
#include <stdio.h>
```

它将把标准输入/输出函数的头文件 stdio.h 包含到用户的源程序文件中，以便链接、调用这些函数：std 是 standard 的缩写，i 为 input 的缩写，o 为 output 的缩写，h 为 head 的缩写。

调用系统函数时，需要注意这样几个问题：系统函数的函数名、函数的形式参数及其数据类型、函数的功能、函数调用的返回值、函数调用格式。

下面用初等数学中的函数来理解系统函数调用时的几个概念，详细解释需要学习本书第 6 章。设有数学函数 $f(x,y)=2x+y$，则 $f(5,8)=2×5+8=18$。其中，f 称为函数名；$2x+y$ 称为 f 函数的功能；x 和 y 称为 f 函数的形式参数，简称形参；$f(5,8)$ 称为函数 f 的调用；5 和 8 称为函数调用时的实际参数，简称实参；18 称为函数调用时的返回值。对于任意函数来说，"函数名（实参 1，实参 2，…）"就是"函数调用格式"。

本节介绍最常用的两组输入/输出系统函数：单个字符的输入/输出函数和格式化输入/输出函数。

单个字符输入/输出函数每次只能输入/输出单个字符。

而格式化输入/输出函数每次能输入/输出若干个基本类型的数据，如带符号和不带符号的整型、短整型、长整型、单精度和双精度实型、单个字符、字符串。这种函数不但能输入/输出各种基本类型的数据，而且还可以控制输入/输出时每个数据的宽度，对实型数据还可以控制小数位数等。

2.13.1   字符型数据的输入函数

字符型数据的输入函数 getchar() 的主要功能是从键盘上读取单个字符，作为函数的返回值。

- 调用格式：getchar()。
- 参数：无。
- 功能：从键盘读取单个字符。
- 返回值：读取的单个字符。

使用 getchar() 时，一般使用字符型或整型变量来接收该函数的返回值，即键盘上输入的单个字符。getchar() 使用方式通常是采用下列语句：

变量=getchar( );

当程序执行中遇到该函数调用时，首先会停止程序的执行，然后等待用户从键盘上输入一个字符作为函数的返回值，再继续执行程序。

注意：必须按 Enter 键（回车键）来确认输入的结束。如果一次输入多个字符，程序中没有使用完，将会留作下次从键盘上读取数据时使用。

例如，下面程序段希望输入'1'给变量 c1，输入'A'给变量 c2：

```
char c1, c2, c3;
c1=getchar();
c2=getchar();
```

程序运行到"c1=getchar();"等待用户从键盘输入一个字符。如果从键盘上输入 1↙（在本书中↙表示回车键 Enter 键，对应字符'\n'），则变量 c1 中将获得字符'1'；变量 c2 中将获得字符'\n'。而且，在输完"1↙"后，程序将不再停下来等待用户输入，即"A↙"将无法输入。

为了解决这个问题，在程序中经常使用下列方法：

```
c1=getchar();
c3=getchar();
c2=getchar();
c3=getchar();
```

当从键盘上输入 1↙A↙后，则字符'1'、'A'依次存入 c1、c2，而 c3 获得字符'\n'。

也可以使用下列方法：

```
c1=getchar();
c2=getchar();
c3=getchar();
```

此时，从键盘上输入 1A↙，则变量 c1 中将获得字符'1'的 ASCII 代码值：49；变量 c2 中获得字符'A'的 ASCII 代码值：65；而 c3 中获得字符'\n'的 ASCII 代码值：10。

2.13.2 字符型数据的输出函数

字符型数据的输出函数 putchar()的主要功能是将字符型常量、字符型变量或字符型表达式值对应的单个字符输出到显示器显示。

- 调用格式：putchar(c)
- 参数：c 可以是字符常量、字符变量、字符型表达式或整型表达式。
- 功能：将参数 c 对应的字符输出到显示器上。
- 返回值：c 对应的字符。

putchar()的使用方式通常是采用下列语句：

putchar(表达式);

其中的表达式计算结果应是某个字符的 ASCII 代码值。

【例 2-4】 将输入的大写字母转换为小写字母。

```
// Program: EG0204.C
// Description: 将输入的大写字母转换为小写字母
#include <stdio.h>
void main( void )
```

```
{
    char c;
    c=getchar();
    c>='A' && c<='Z' ? putchar( c-'A'+'a' ): putchar( c );
}
```

程序的运行结果如图 2-8 所示。

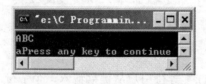

图 2-8　［例 2-4］的程序运行结果

程序运行时取输入的字符'A'赋给字符变量 c，通过三元条件运算判断 c 为大写字母，加上大小写字母的偏移量 32（即'a'-'A'）。

【想一想】

（1）程序运行时输入 ABC√，程序运行结束后输入缓冲区清空了吗？对下一次程序运行有什么影响？

（2）为什么输出 a 后紧跟着出现了 "Press any key to continue"？能不能将它换到下一行输出呢？

2.13.3　格式化输出函数

格式化输出函数 printf()能够将数据输出到显示器上显示，并且可以控制显示数据的类型（即整型、实型、字符型、字符串）、数据的宽度（即输出字符的个数）、实数的小数位数。

- 调用格式：**printf**（输出格式字符串，输出表达式表）
- 参数：输出格式字符串是由控制输出格式的格式字符等组成的字符串。输出表达式表是用逗号分隔的若干个表达式。
- 功能：依次计算"输出表达式表"中诸表达式的值，然后按照"输出格式字符串"中对应的格式字符规定的格式输出到显示器上。
- 返回值：输出数据的个数。

下面解释函数调用时的两个参数。

1．输出格式字符串

输出格式字符串由**格式指示符**、**普通字符**和**转义字符**组成，通常是一个字符串常量。

普通字符和**转义字符**通常是"变量="之类的输出数据说明文字，输出时按原样输出；或","、"\t"、"\n"作为输出数据的间隔符。其中%用%%。例如：printf("Input%%"); 输出结果：Input%。

"**格式指示符**"以%为开始标志，以一个格式字符结束：

%[-][m][.n][l]格式字符

- 输出数据时，严格按照规定的格式输出。格式指示符和输出的表达式一一对应：**个数、类型、顺序均保持一致**，例如：printf("a=%d\nb=%f", 2+3, 5.34); 。
- 格式字符、对应的数据类型和用法如表 2-19 所示。

- 长度字符 l 用于 d, o, x, u 前输出 long 型整数；用于 f, e, g 前输出 double 型实数。
- 标志字符 "-" 控制数据左对齐输出。没有 "-" 时默认右对齐输出。

表 2-19   输 出 格 式 字 符 表

格式字符	对应数据类型	用　　法
%d 或%i	int short unsigned int unsigned short long unsigned long	以带符号的十进制整数形式输出，不输出正号
%o		以无符号八进制整数形式输出，无前导符 0
%x 或%X		以无符号十六进制整数形式输出，无前导符 0x
%u		以无符号十进制整数形式输出
%f	float double	十进制小数
%e 或%E		十进制指数
%g 或%G		自动选 f 或 e 中宽度小的格式
%c	char	输出一个字符
%s	字符串	输出字符串
%%		输出一个百分号

（1）%d：按整型数据的实际长度输出十进制整数形式。%ld 输出长整型数据。

　%md：m 为输出数据的最小宽度。若数据的位数小于 m，在左边补足空格；若大于 m，则按实际位数输出。

　%-md：若数据的位数小于 m，则数据左对齐输出，在右边补足空格。

　例如：printf("%5d,%－5d,%4d\n", 456, 567, 12345);

　输出：␣ ␣456, 567␣ ␣, 12345

（2）%c：用来输出一个字符

（3）%s：用来输出一个字符串。

　%ms：若字符串长度小于 m，在左边补足空格；若大于 m，则按实际长度输出。

　%m.ns：输出占 m 列，但只输出字符串左端 n 个字符。

　%-m.ns：左对齐输出字符串左边的 n 个字符，在右边补足空格。

　例如：printf("%s", "CHINA");

　输出：CHINA　　（不输出双引号）

　例如：printf("%-7.2s, %7.4s", "CHINA", "CHINA");

　输出：CH ␣ ␣ ␣ ␣ ␣, ␣ ␣ ␣ CHIN

（4）%f：输出实数：整数全输出，默认输出 6 位小数（单精度数%f、双精度数%lf）。

　%m.nf：输出占 m 列，其中有 n 位小数。

　例如：float f=123.456;

　　　　printf("%f, %12f, %10.2f, %.2f", f, f, f, f);

　输出：123.456001 , ␣ ␣123.456001 , ␣ ␣ ␣ ␣123.46 , 123.46

（5）% e：以指数形式输出实数。

　例如：printf ("%e", 123.456);

　输出：1.234560 e+002 数值按规范化指数形式输出，即小数点前面有且仅有一位不为零的数字，小数部分占 6 位，指数部分占 5 位，共占 13 位。

%m.ne：输出占 m 列，其中有 n 位小数。

例如：float   f=123.456;

   printf("%10e , %10.2e , %.2e", f, f, f);

输出： <u>1.234560e+002</u> , <u>␣1.23e+002</u> , <u>1.23e+002</u>

   13 列   10 列   9 列

2. 输出表达式表

输出表达式表是若干个用"逗号"分隔的表达式组成的。特别注意，这些表达式虽然用"逗号"分隔，但不是"逗号表达式"。

【想一想】

（1）定义数据：int a=12, b=3456, c=789; 如果一次要输出这 3 个数据怎么分隔它们？

方法一   选用合适的宽度 m 来分隔。

输出语句如下：printf("%6d%6d%6d\n", a, b, c);

输出结果：␣␣␣␣12␣␣3456␣␣␣789✓

方法二   用非格式字符作为分隔符号（常用逗号）。

输出语句如下：printf("%d,%d,%d\n", a, b, c);

输出结果：12, 3456, 789✓

方法三   用非格式字符作为分隔符号（常用变量名=）。

输出语句如下：printf("a=%d b=%d c=%d\n", a, b, c);

输出结果：a=12 b=3456 c=789✓

（2）printf 有哪些常用的输出格式？

带符号整型数据	%d	无符号整型数据	%u
带符号长整型数据	%ld	无符号长整型数据	%lu
单精度型数据	%m.nf	双精度型数据	%m.nlf
字符串数据	%s	字符型数据	%c

【例 2-5】 已知三角形三条边 a，b，c，则由海伦—秦九韶公式可以求出三角形面积：令 p=(a+b+c)/2，三角形面积 S=sqrt[p(p-a)(p-b)(p-c)]。

```
// Program: EG0205.C
// Description: 已知三角形三条边 a,b,c, 求三角形面积 S。
#include <stdio.h>
#include <math.h>
void main( void )
{
    float a=3, b=4,c=6;
    float p, s;
    p=(a+b+c)/2;
    s=sqrt(p*(p-a)*(p-b)*(p-c));
    printf("S(%1.0f, %1.0f, %1.0f)= %6.2f\n", a, b, c, s);
}
```

程序的运行结果如图 2-9 所示。

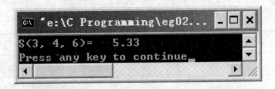

图 2-9　［例 2-5］的程序运行结果

程序运行时先求 p，调用求平方根函数 sqrt()由海伦—秦九韶公式求三角形面积 S，然后打印结果。

【想一想】

适当调用系统提供的库函数可以减低程序设计的难度，但要记住在程序一开始即写上相应的文件包含命令，本例调用了数学类求平方根函数 sqrt( )，需要加上文件包含命令：

```
#include < math.h >
```

有关文件包含命令的详细介绍可参见第 6 章函数及附录三。

2.13.4　格式化输入函数

格式化输入函数 scanf()函数能够从键盘上输入各种基本类型的数据，并且可以控制输入时数据的类型（即整型、实型、字符型、字符串）、数据的宽度（即输入字符的个数）。

- 调用格式：**scanf**(输入格式字符串, 输入变量地址表)
- 参数：输入格式字符串是由控制输入格式的格式字符等组成的字符串。输入变量地址表是用逗号分隔的若干个接收输入数据的变量地址。
- 功能：按照"输入格式字符串"中规定的输入格式，从键盘上读取若干个数据按"输入变量地址表"中变量自左向右的顺序，依次存入对应变量的内存单元里。
- 返回值：从键盘上读数据的个数。

下面解释函数调用时的两个参数。

1. 输入格式字符串

输入格式字符串由**格式指示符**和**普通字符**组成，通常是一个字符串常量。

普通字符必须原样输入。最常用的普通字符是"逗号"，作为输入数据的间隔符。输入格式字符串可以没有普通字符。

格式指示符"以%为开始标志，以一个格式字符结束：

%[*][m][l]类型字符

- 输入数据时，严格按照规定的格式输入。格式指示符和输入变量地址表的变量一一对应：个数、类型、顺序均保持一致。
- 格式字符、对应的数据类型和用法见表 2-20。
- 长度字符 l 用于 d, o, x, u 前输入 long 型整数；用于 f, e 前输入 double 型实数。
- 宽度 m：指定该项输入数据所占列数最多为 m。

例如，定义 char ch1, ch2;

scanf("%3c%3c", &ch1, &ch2);

printf("ch1=%c,ch2=%c\n", ch1, ch2);

输入 "abcdefg"，则系统将读取的 "abc"中的 "a"赋给变量 ch1；将读取的 "def"中的 "d"赋给变量 ch2，所以 printf()函数的输出结果为：ch1=a, ch2=d。

表 2-20　　　　　　　　　　　　　输入格式字符表

格式字符	对应数据类型	用　　法
%d 或%i	int	输入一个十进制整数
%o	short unsigned int	输入一个八进制整数
%x 或%X	unsigned short long	输入一个十六进制整数
%u	unsigned long	输入一个无符号十进制整数
%f 或%e	float double	输入一个十进制小数
%c	char	输入一个字符
%s	字符串	输入一个字符串

● 赋值抑制符*：本输入项对应的数据读入后，不赋给相应的变量。

例如，定义 int n1, n2;

scanf("%2d%*2d%2d", &n1, &n2);

printf("n1=%d, n2=%d\n", n1, n2);

假设输入"123456"，则系统将读取"12"赋值给 n1；读取 "34"，舍弃（赋值抑制符*的作用）；读取"56"赋值给 n2。则 printf()函数的输出结果为：n1=12, n2=56。

2. 输入变量地址表

输入变量地址表是由接受输入数据的变量地址组成的，变量地址之间用逗号分隔。变量的地址必须写成"&变量名"。在基本数据类型中，只有字符串没有对应的字符串变量，如何接受输入的字符串将在第 4 章（数组）中介绍。

【想一想】

（1）如果一次要输入 3 个数据：12、3456、789 给整型变量 a、b、c。输入这些数据时如何分隔？

方法一　用系统规定的分隔符号(空格符、Tab 符、回车换行符)。

　　　　　输入语句如下：scanf("%d%d%d", &a, &b, &c);

　　　　　从键盘上输入：12⎵3456⎵789↙

　　　　　或者输入：12 Tab 符 3456 Tab 符 789↙

　　　　　或者输入：12↙3456↙789↙

方法二　用非格式字符作为分隔符号(常用逗号)。

　　　　　输入语句如下：scanf("%d,%d,%d", &a, &b, &c);

　　　　　从键盘上输入：12, 3456, 789↙

方法三　选用合适的宽度 m 来分隔。

　　　　　输入语句如下：scanf("%2d%4d%3d", &a, &b, &c);

　　　　　从键盘上输入：123456789↙

（2）scanf 有哪些常用的输入格式？

整型数据	%d	长整型数据	%ld
单精度实型数据	%f	双精度实型数据	%lf
字符型数据	%c	字符串数据	%s

使用上述格式输入数据时，整型、实型数据用空格或逗号分隔；字符型数据不分隔；字符串型数据用空格或✓分隔。

（3）输入格式字符串中出现的转义字符形式的字符，系统并不把它当转义字符，而是将其视为普通字符，必须原样输入。

例如：scanf("%d\n", &n1);

正确的输入操作为：12\n✓

所以编程时输入格式字符串内一般不出现普通字符。

【例 2-6】 输入一个华氏温度，根据公式 C=(5/9)(F-32)计算对应的摄氏温度。

```c
// Program: EG0206.C
// Description: Convert Fahrenheit to Celsius
#include <stdio.h>
void main( void )
{
    short temperature;
    printf("Please input Fahrenheit temperature:");
    scanf("%d", &temperature);
    printf("The Celsius temperature is : %d\n", 5/9*(temperature-32));
}
```

程序的运行结果如图 2-10 所示。

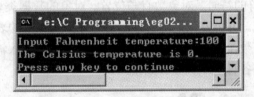

图 2-10　［例 2-6］的程序运行结果

程序运行时先打印输入提示信息，输入一个华氏温度'赋给变量 temperature，然后打印通过公式转换后的摄氏温度。

【想一想】

图 2-10 所示程序运行结果显然是错误的，那么程序错在什么地方呢？

通过公式转换温度时，首先计算的是 5/9，在 C 语言中，两个整数相除，结果仍然是整数，这里就是 0，所以出错了。修改一下程序：

```c
    printf("The Celsius temperature is : %6.2f\n",5.0/9*(temperature-32));
```

程序的运行结果如图 2-11 所示。

图 2-11　［例 2-4］程序修改后的运行结果

注 意

修改后的公式计算结果是一个实数，所以输出对应的格式字符改成了%6.2f。

请进一步思考下列修改方案运行结果是否正确。

```
float temperature;
printf("Please input Fahrenheit temperature:");
scanf("%f", &temperature);              //temperature 变了，这里不能再使用%d 输入
printf("The Celsius temperature is : %6.2f\n", 5*(temperature-32)/9);
```

小 结

本章介绍了 C 语言的数据类型，数据定义语句，基本运算符，表达式，输入输出函数。

对基本数据类型（整型、实型、字符型），要了解其特点，熟练掌握各种类型常量的书写方法。

对数据定义语句，要掌握数据定义语句的格式，能为每个变量选取合适的数据类型符、正确的名称和初值。

对各种基本运算符（算术、关系、逻辑、条件、赋值、逗号、长度、数据类型转换、位运算），要掌握每个运算符的符号、对象数目与位置、对象的数据类型、运算规则、结果数据的类型、优先级和结合性。并能利用运算符和运算对象组成正确的表达式。

对数据的输入输出函数，要了解字符输入输出函数、格式输入输出函数的调用格式和功能。能够正确输入和输出各种基本类型的数据。

习 题

一、选择题

1. 下列常量中，不属于整型常量的是_____。
   A）012L   B）12   C）0x12   D）12.0

2. 下列常量中，不属于实型常量的是_____。
   A）12.   B）12L   C）–12E–1   D）0.12E1

3. 下列字符串中属于 C 语言字符常量的是_____。
   A）'abc'   B）"a"   C）'\n'   D）'a\0'

4. 下列字符串常量中，占用内存字节数为 2 的字符串常量是_____。
   A）"12"   B）"1"   C）"1\0"   D）"\n\n"

5. 能正确地定义符号常量的是_____。
   A）#define n 10   B）#define n=10
   C）#define N 10;   D）#DEFINE N 10

6. 下列说法中错误的是_____。
   A）整型变量可以存放任何字符常量的值

B）字符型变量可以存放任何整型常量的值

C）定义变量的同时可以赋值

D）字符串的长度不等于它占用的字节数

7. 设整型变量 k 的值为 011，下列表达式中，值不为 1 的是_____。

A）k%8　　　　B）k/8　　　　C）++k-8　　　　D）k++-8

8. 设整型变量 a 的值为 1，则表达式++a+a 的值是_____。

A）1　　　　B）2　　　　C）3　　　　D）4

9. 设整型变量 a 为 5，计算下列表达式后，整型变量 b 的值等于 2 的是_____。

A）b=a/2　　　　　　　　B）b=6-(a--)

C）b=a%2　　　　　　　　D）b=a>3?a:2

10. 设有语句 int a=5;，则计算表达式 a=a*=a+=a- =a;后，变量 a 的值是_____。

A）3　　　　B）0　　　　C）9　　　　D）-12

11. 设整型变量 x、y、z 已经定义并赋值，下列表达式中，正确的是_____。

A）x=5++　　B）5=x++　　C）x=y=z==x　　D）x=y+1=z

12. 表达式 "3>2>1" 的运算结果是_____。

A）语法出错　　B）0　　C）1　　D）非 0

13. 设 a、b、c 为整型变量，能正确表达数学关系 "a<b<c" 的表达式是_____。

A）a<b<c　　B）a<b,b<c　　C）a<b&&b<c　　D）!(a>b)&&!(b>c)

14. 设 x 为整型变量，和表达式 "!(!x)" 值完全相同的表达式是_____。

A）x= =0　　B）x= =1　　C）x!=0　　D）x!=1

15. 设整型变量 n 值为 9，下列表达式中值为 1 的表达式是_____。

A）!n　　B）!n>1　　C）!n!=1　　D）!n= =1

16. 不能正确表达数学逻辑关系 "y 在 x 和 z 之间（x<y<z）" 的表达式是_____。

A）(x<y)&&(y<z)　　　　　　B）!((x>=y)||(y>=z))

C）!(!(x<y)||!(y<z))　　　　　　D）x<y<z

17. 设整型变量 m,n,a,b,c,d 均为 1，执行(m=a==b)||(n=a<b)后 m,n 值是_____。

A）0,0　　B）0,1　　C）1,0　　D）1,1

18. 设实型变量 x 的值为 10.0，则表达式 "!!!x" 的值是_____。

A）10.0　　B）13.0　　C）1　　D）0

19. 设有定义语句 "char c='b';"，则下面表达式的值是_____。

```
c=(c>='a'&&c<='z')?(c-32):c
```

A）'A'　　B）'B'　　C）'C'　　D）'b'

20. 设 a=1,b=2,c=3,d=4,则表达式: a>b?a:c>d?a:d 的结果为_____。

A）4　　B）3　　C）2　　D）1

21. 在 VC++中，结果不等于 4 的表达式是_____。

A）sizeof(double)　　　　　　B）sizeof(long)

C）sizeof(float)　　　　　　D）sizeof(unsigned long)

22. 设有定义 char a=3,b=7,c;计算表达式 c=a|b>>2 后 c 的二进制值是_____。

A）11000011   B）00000011   C）00000001   D）00000000

23．表达式"011|~033&077"的运算结果是_____。

A）语法出错   B）055   C）044   D）0344

24．设整型变量 x、y、z 均已赋值，则属于赋值表达式的是_____。

A）x<<3   B）x+=z− y

C）x= =y=z   D）x=y+1, z−2

25．关于运算时的数据类型，下列说法中错误的是_____。

A）表达式计算中，数据要转换成数据长度长的数据类型再运算

B）赋值时，右边表达式的运算结果转换成左边变量的数据类型再赋值

C）赋值时，左边变量的数据类型转换成右边表达式的运算结果类型再赋值

D）(float)(n+m)是先计算 n+m，然后将结果转换成单精度实型

26．在以下一组运算符中，优先级最高的运算符是_____。

A）− −   B）= =   C）|| D）&&

27．设有下列程序段，为使变量 a 获得'A'、变量 b 获得'B'，正确的输入是_____。

```
char a,b;
a=getchar();
b=getchar();
```

A）A✓   B）A,B✓   C）A␣B✓   D）AB✓
　　B✓

说明：答案中的✓代表回车键；␣代表空格符。

28．设有下列程序段，正确的输出是_____。

```
char x='X',y='Y',z='Z';
putchar(x);
putchar(y);
putchar(z);
```

A）X   B）XYZ   C）X,Y,Z   D）X␣Y␣Z
　　Y
　　Z

说明：答案中的␣代表空格符。

29．printf("%d,%d,%d", 012,0x12,12);的输出是_____。

A）12,12,12   B）012,0x12,12   C）8,8,8   D）10,18,12

30．设 a、b 为字符型变量，执行语句"scanf("ab=%c%c", &a, &b);"后使 a 为'A'，b 为'B'，从键盘上的正确输入是_____。

A）AB✓   B）A,B✓   C）ab=AB✓   D）ab=A␣B✓

二、填空题

1．整型常量−017 和−0xf 的十进制表示分别为_____和_____。

2．设 3 位整数 abc 的各位上的数字值存放在整型变量 a、b、c 中，则表示整数 abc 的表达式是_____；设实数 xy.z 的各位上的数字值存放在整型变量 x、y、z 中，则表示实数 xy.z

的表达式是_____。

3. strlen(字符串)可以计算字符串的长度。下面程序的运行结果是_____。

```c
#include <stdio.h>
#include <string.h>
void main( void )
{
    printf("%2d", strlen("\\\048\48"));
    printf("%2d", sizeof("\\\048\48"));
}
```

4. 表达式"13%3"的值是_____，表达式"–13%3"的值是_____。

5. 下面程序的运行结果是_____。

```c
#include <stdio.h>
void main( void )
{
    int i, j=8;
    i=j++;
    printf("%2d%2d", i, j);
}
```

6. 设有定义语句 char a='A',b='a'；则表达式!a>b 的值为_____。

7. 表达式"12==012!=0x0"的运算结果是_____。

8. 表示变量 x、y、z 中至少有一个负数的表达式为：_____。

9. 表示 x 的绝对值大于 5 的表达式是_____。

10. 下面程序的运行结果是_____。

```c
#include <stdio.h>
void main( void )
{
    int a=1, b=2, c=3, d=4, m=1, n=1;
    if(!(( m=a>b ) && ( n=c>d )))
        printf("%d %d\n", m, n);
}
```

11. 表达式"(a>b)? b: a"的作用是获得 a、b 中的_____。

12. 表达式"a=1,2,3"的值等于_____；运算后变量 a 的值等于_____。

13. 表达式"a+=b,b=a–b,a–=b"的作用是_____。

14. 设字符型变量 ch1 和 ch2 的值依次是 0x66、0x44。则~ch1 的值是 0x_____；ch1&ch2 的值是 0x_____；ch1|ch2 的值是 0x_____；ch1^ch2 的值是 0x_____。

15. 下面程序运行时输入_____使得 a1 的值为 12，a2 的值为 34，c1 的值为字符 a，c2 的值为字符 b。

```c
#include <stdio.h>
void main( void )
{
    int a1, a2;
    char c1, c2;
    scanf("%d%c%d%c", &a1, &c1, &a2, &c2);
}
```

```
    printf("%d,%c,%d,%c", a1, c1, a2, c2);
}
```

16. 下面程序运行时输入_____使得 i 的值为 3，j 的值为 6。

```
#include <stdio.h>
void main( void )
{
    int i, j;
    scanf("i=%d,j=%d\n", &i, &j);
    printf("i=%d, j=%d\n", i, j);
}
```

第 3 章　流 程 控 制

本章学习要点

1. 掌握顺序结构程序设计
2. 理解五种类型的 C 语言语句
3. 学会使用 if～else 结构实现条件分支
4. 学会使用 switch～case 结构实现等值分支
5. 理解选择结构的嵌套
6. 学会使用 while、do～while、for 语句实现循环
7. 学会使用循环嵌套和程序转移

本章学习难点

1. 理解用嵌套 if～else 结构实现的多分支选择结构
2. 学会使用 while、do～while、for 语句嵌套实现多重循环
3. 理解程序转移对程序执行顺序的影响
4. 掌握分支、循环结构设计常见算法
5. 学会绘制 N-S 流程图描述算法

前两章里已经介绍的 C 语言程序大部分是顺序结构程序，程序运行时将依次执行各条语句，每条语句都会执行到，也只执行一次。但在很多情况下，顺序结构程序不能满足实际问题的要求。有时需要在满足某一条件的情况下才去执行一些语句，如果条件不满足的时候，程序会执行另一些语句；有时会在满足某一条件的情况下反复执行一些语句。C 语言提供了 if～else 语句实现条件分支，switch～case 语句实现等值分支，while、do～while 和 for 语句反复执行循环体。本章不仅会详细介绍这些语句的使用，还将介绍一些经典的程序设计算法。

3.1　顺　　　序

在第 1 章里已经提到图 3-1 所示的顺序结构，它是一种最简单、最常用的程序控制结构，程序执行完全按照语句出现的先后顺序依次执行。图 3-1 表示的程序执行顺序为：先执行 A 语句，再执行 B 语句。

【例 3-1】 用 C 语言编程实现输入圆的半径，求对应圆的周长和面积。

这道题的要求比较简单，直接给出了图 3-2 所示 N-S 流程图。先输入半径 radius，然后利用公式求出对应圆的周长 perimeter 和面积 area，最后打印输出。注意，这三个量都可能带有小数，所以源程序将它们定义成 double（双精度浮点）型变量。图 3-2 中的 PAI 是一个代表 π 的符号常量。

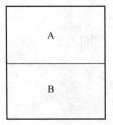

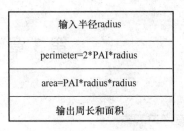

图 3-1　顺序结构的 N-S 图　　　　　　　　图 3-2　［例 3-1］的 N-S 图

将图 3-2 所示 N-S 流程图转换成的 C 语言源程序如下：

```c
// Program: EG0301.C
// Description：输入圆的半径，求对应圆的周长和面积
#include <stdio.h>                          // 包含标准 I/O 库函数的说明
#define PAI 3.141593                        // 定义符号常量 PAI
void main( void )                           // 主函数说明
{
    double radius, perimeter, area ;        // 局部变量说明
    printf("请输入圆的半径:");              // 显示输入提示文字
    scanf("%lf", &radius);                  // 输入半径
    perimeter = 2 * PAI * radius;           // 求圆周长
    area = PAI * radius * radius;           // 求圆面积
    printf("周长是%5.2lf, 面积是%5.2lf\n",
            perimeter, area);               // 输出结果
}
```

程序运行结果如图 3-3 所示。

图 3-3　［例 3-1］的程序运行结果

顺序结构通常由以下语句组成：

1. 表达式语句

合法的 C 语言表达式后面加 "；" 就构成了一条表达式语句。

- 赋值语句，如 sum = sum + i；i += 2;
- 增 1、减 1 语句，如 i++；++j；
- 三元条件语句，如 a > b ? max = a : max = b;
- 逗号语句，如 i = 0, sum = 0 ;

注　意

要避免书写一些没有意义的表达式语句，如 a+b;

2. 函数调用语句

在函数调用的后面加"；"就构成了一条函数调用语句，如：

```
scanf("%lf", &radius);
printf("周长是%lf, 面积是%lf\n", perimeter, area);
```

3. 空语句

空语句仅由"；"组成。C 语言程序执行到空语句时，什么也不做。空语句常常用于空的条件分支或空的循环体。

4. 复合语句

用一对花括号括起来的语句组被称为复合语句。由于条件分支、循环体只能是一条语句，因此，可以将若干条语句括起来，构成一条复合语句。

```
// 对 first, second 按从小到大排序
if( first > second )    // 若 first > second, 交换 first, second 的值
{
    tmp = first;
    first = second;
    second = tmp;
}
```

复合语句后面不需要加"；"作为结束符。如果在复合语句后面出现了分号，则表示两条语句：一条复合语句、一条空语句。

【例 3-2】　用 C 语言编程实现输入一个五位正整数，要求顺序打印出各位的数字，具体格式为：假设输入的数是 51268，则打印 5，1，2，6，8。

这道题实际上是要求设计从一个五位正整数分离出它的个位、十位、百位、千位、万位数字的算法。我们可以先将这个五位正整数对 10 求余，51268%10=8，得到个位数字 8；然后再将这个五位正整数对 10 整除，得到 51268/10=5126；对 5126 再一次对 10 求余，5126%10=6，得到原先的十位数字 6；然后再次将 5126 对 10 整除，得到 5126/10=512；再一次将 512 对 10 求余和整除，得到原先的百位数字 512%10=2 和 512/10=51；再一次将 51 对 10 求余和整除，得到原先的千位数字 51%10=1 和万位数字 51/10=5。图 3-4 所示是上述算法对应的 N-S 流程图，其中输入的五位正整数存放在整型变量 num 中，求出的个位、十位、百位、千位、万位数字分别存放在 e，d，c，b，a 中。

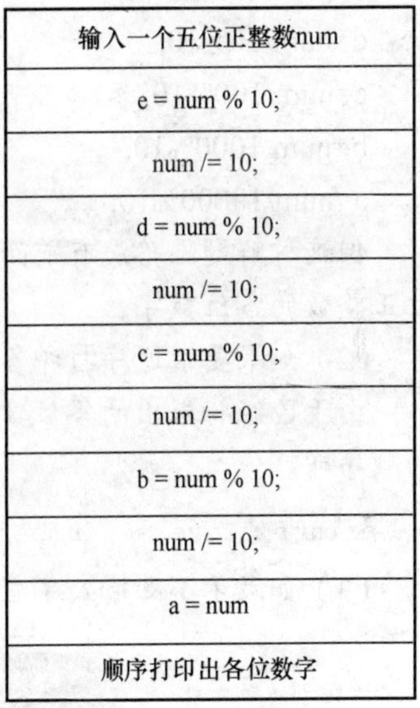

输入一个五位正整数num
e = num % 10;
num /= 10;
d = num % 10;
num /= 10;
c = num % 10;
num /= 10;
b = num % 10;
num /= 10;
a = num
顺序打印出各位数字

图 3-4　［例 3-2］的 N-S 流程

将图 3-4 所示 N-S 流程转换成的 C 语言源程序如下：

```
// Program: EG0302.C
// Description: 输入一个五位正整数，要求顺序打印出各位数字
#include <stdio.h>
void main( void )
{
    int num;
```

```
    int a, b, c, d, e;

    printf("Input a integer number (10000-99999):");
    scanf("%d", &num);
    e = num % 10;  num /= 10;
    d = num % 10;  num /= 10;
    c = num % 10;  num /= 10;
    b = num % 10;  num /= 10;
    a = num;
    printf("Each digit is %2d,%2d,%2d,%2d,%2d\n", a, b, c, d, e);
}
```

程序运行结果如图 3-5 所示。

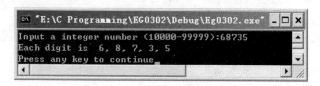

图 3-5　［例 3-2］的程序运行结果

【想一想】

（1）也可以这样将五位数分解为五个数字：

e=num%10;

d=num/10%10;

c=num/100%10;

b=num/1000%10;

a=num/10000%10;

但这种解题思路没有前面的清晰。前面的解题思路不仅容易理解，还很容易拓展到求 N 位正整数的各位数字。

（2）如果要求逆序打印各位数字，程序应该怎样修改？

由于已经将求出的各位数字存放在各个变量中，要逆序打印各位数字，只需要修改输出的顺序即可：

```
printf("Inverse numberis %d%d%d%d%d\n", e, d, c, b, a);
```

（3）如果不小心输入了三位正整数，程序运行结果会怎么样呢？见图 3-6。

图 3-6　［例 3-2］的程序运行结果

很显然，程序不会只求出个位、十位、百位数字就自动结束。对于这种不符合题意要求的输入，显然不能直接求个位、十位、百位、千位、万位数字，必须进一步引入选择结构来处理这种异常情况。

（4）在本题程序中反复出现了求余和整除操作，那么，能否在程序中重复执行同一条求余和整除操作来求各位数字呢？

这种思路非常好，可以很容易想到求 N 位正整数的各位数字的算法。这里不仅牵涉到循环结构，即在 num 大于 0 的情况下反复执行求余和整除操作；还需要在循环结构中保存各位数字，这是一组类型相同的数据。第 4 章数组的［例 4-2］讲解了这种思路的实现。

【例 3-3】　用 C 语言编程实现下述功能，从键盘输入一个一元二次方程 $ax^2+bx+c=0$ 的三个系数 a、b、c，要求计算并打印出方程的两个实数根。

题意明确要求将输入的三个系数存放在浮点型变量 a、c 中。求解一元二次方程有很多方法：直接开平方法、配方法、公式法和因式分解法。本题选择公式法来求解本题。公式法求解一元二次方程，首先要求解判断式 b^2-4ac，然后计算判断式的平方根，计算（$-b+$平方根）/2a、（$-b-$平方根）/2a 分别存入两个浮点型变量，打印输出两个解。见图 3-7。

图 3-7 所示是上述算法对应的 N-S 流程图，其中输入的三个系数存放在 double 型变量 a、b、c 中，求出的判断式存放在 double 型变量 deta 中，deta 的平方根存放在 double 型变量 deta2 中，求出的两个实数根存放在 double 型变量 root1、root2 中。

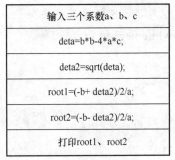

图 3-7　［例 3-3］的 N-S 图

将图 3-7 所示 N-S 流程图转换成的 C 语言源程序如下：

```c
// Program: EG0303.C
// Description: 输入一元二次方程的三个系数 a、b、c,要求计算并打印出方程的两个实数根
#include <stdio.h>
#include <math.h>
void main( void )
{
    double a, b, c, deta, deta2, root1, root2;

    printf("Input a, b, c:");
    scanf("%lf,%lf,%lf", &a, &b, &c );

    deta = b * b - 4 * a * c;
    deta2 = sqrt( deta );
    root1 = ( - b + deta2 ) / 2 / a;
    root2 = ( - b - deta2 ) / 2 / a;
    printf("Root1= %5.2lf Root2=%5.2lf\n", root1, root2 );
}
```

程序运行结果如图 3-8 所示。

图 3-8　［例 3-3］的程序运行结果

程序中调用了求平方根的标准库函数 sqrt( )，所以必须嵌入相应的头文件：math.h。

【想一想】求解一元二次方程判断式时，deta>0，方程有两个不相等的实数根；deta=0，方程有两个相等的实数根；deta<0，方程没有实数根。本题没有对 deta 作判断就计算判断式的平方根，然后将（−b+平方根）/2a、（−b−平方根）/2a 分别存入两个浮点型变量，这样做是否妥当？

很不妥当，因为无法保证运行程序时输入的 a、b、c 使 deta>0。一旦 deta<0，程序便会出错。因此，必须引入选择结构来处理 deta=0、deta<0 这两种情况。

实际上，C 语言的语句除了表达式语句、函数调用语句、空语句、复合语句这四种类型以外，还包括第五种类型——控制语句：if～else 语句、switch～case 语句、while 语句、do～while 语句和 for 语句等。

3.2　选　　择

设计选择结构程序时，首先要对给定的条件进行判断，根据判断的结果决定执行哪一种操作。

3.2.1　if～else 结构

C 语言提供的选择结构是 if～else 结构。if～else 结构的语法是：

```
if(条件表达式)
     语句1;
else
     语句2;
```

图 3-9　选择结构的 N-S 图

if～else 结构的执行过程：首先要对给定的条件表达式进行计算，如果计算结果是 1，则执行语句 1，语句 1 通常被称为 if 分支（真分支）；否则执行语句 2，语句 2 通常被称为 else 分支（假分支）。if～else 结构的执行过程的 N-S 流程图如图 3-9 所示。

其中，条件表达式既可以是逻辑表达式、关系表达式，也可以是任何合法的 C 语言表达式。需要说明，设计程序时，书写的条件表达式值非 0 时即为逻辑真（C 语言将所有的非 0 值均视为逻辑真处理）。而逻辑运算的结果只有 0（假）和 1（真）两种可能。

【例 3-4】　用选择结构改进［例 3-2］：输入一个五位正整数，要求顺序打印出各位数字。如果输入的数字不是五位正整数，则给出出错提示。

当程序接收到键盘输入的整数后，需要判断它是否是五位正整数，如果不是五位正整数，则给出相应的输入错误提示：Error input! 如果是五位正整数，则按照［例 3-2］解题思路求出各位数字，并顺序打印输出。

最小的五位正整数是 10000，最大的五位正整数是 99999，如果输入的整数比 10000 小，或者比 99999 大，都不可能是五位正整数，翻译成 C 语言的逻辑表达式即为： num > 99999 || num < 10000，这便是 if～else 结构入口的条件表达式；打印输入错误提示 Error input!则是 if 分支（真分支），分解各位数字并打印输出则是 else 分支（假分支）。

图 3-10 所示是上述算法对应的 N-S 流程图，数据结构同［例 3-2］。

将图 3-10 所示 N-S 流程图转换成的 C 语言源程序如下：

```
// Program: EG0304.C
// Description: 输入一个五位正整数，要求顺序打印出各位数字。
#include <stdio.h>
void main( void )
{
    int num;
    int a, b, c, d, e;

    printf("Input a integer number (10000-99999):");
    scanf("%d", &num);

    if( num > 99999 || num < 10000 )
        printf("Error input!\n");
    else
    {
        e = num % 10;  num /= 10;
        d = num % 10;  num /= 10;
        c = num % 10;  num /= 10;
        b = num % 10;  num /= 10;
        a = num;
        printf("Each digit is %2d%2d%2d%2d%2d\n", a, b, c, d, e);
    }
}
```

输入一个五位正整数num	
num > 99999 || num < 10000?	
T	F
打印输入错误 提示: Error input!	e = num % 10;
	num /= 10;
	d = num % 10;
	num /= 10;
	c = num % 10;
	num /= 10;
	b = num % 10;
	num /= 10;
	a = num
顺序打印各位数字	

图 3-10 ［例 3-4］的 N-S 图

程序运行结果如图 3-11 所示。

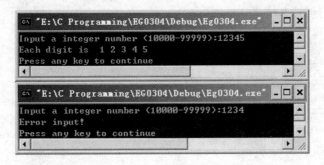

图 3-11 ［例 3-4］的程序运行结果

【例 3-5】 用 C 语言的选择结构实现下述功能：从键盘输入一个年份，要求判断出它是否是平年。

本题考核关于平年、闰年的知识。一年的时间长短是根据地球绕太阳转一圈所用的时间来定的。经过科学家精确计算，得出地球绕太阳转一周的精确时间为 365 天 5 小时 48 分 46 秒。如果每年按 365 天来计算，每过四年就多出将近一天的时间。因此，规定每四年的二月份增加一天，以补上少算的时间。由于每到公元整百年时将多算近一天时间，所以公元整百年的二月份仍然是 28 天。但这样实际上又要亏一点，每 400 年又亏了将近一日，所以整 400年份的二月也要加一天。二月份 28 天的年份叫做平年，二月份 29 天的年份叫做闰年。不能被 4 整除的非整百年份、不能被 400 整除的整百年份都是平年。

图 3-12 所示是上述算法对应的 N-S 流程图，其中输入的年份存放在整型变量 year 中。根据平年的知识，可以设计出关于输入的年份 year 是否是平年的条件表达式：((year % 100 != 0) && (year % 4 != 0)) || ((year % 100 == 0) && (year % 400 != 0))，当条件表达式为真时，year 是平年；当条件表达式为假时，year 不是平年。条件表达式首先计算年份 year 是否不能被 100 整除，即 year 被 100 求余，余数是否不为 0，如果余数不为 0，还要进一步计算非整百年份 year 是否不能被 4 整除，

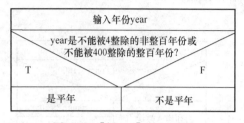

图 3-12　［例 3-5］的 N-S 图

即 year 被 4 求余，余数是否仍不为 0，如果余数仍不为 0，则说明非整百年份 year 是平年；否则再进一步计算年份 year 是否能被 100 整除，即 year 被 100 求余，余数是否为 0，如果余数为 0，再计算整百年份 year 是否不能被 400 整除，即 year 被 400 求余，余数是否不为 0，如果余数不为 0，则说明整百年份 year 是平年。

将图 3-12 所示 N-S 流程图转换成的 C 语言源程序如下：

```c
// Program: EG0305.C
// Description: 从键盘输入一个年份，要求判断出它是否是平年
#include <stdio.h>
void main( void )
{
    int year;

    printf("请输入一个年份:");
    scanf("%d", &year );

    if( ( ( year % 100 != 0 ) && ( year % 4 != 0 ) ) ||
      ( ( year % 100 == 0 ) && ( year % 400 != 0 ) ) )
        printf("%d 是平年。\n", year );
    else
        printf("%d 不是平年。\n", year );
}
```

程序运行结果如图 3-13 所示。

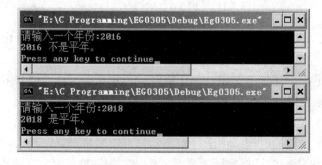

图 3-13　［例 3-5］的程序运行结果

【想一想】

（1）本题设计的关于年份 year 是否是平年的条件表达式太长了，能否简洁点？

我们注意到在书写条件表达式时，C 语言将所有的非 0 值均视为逻辑真处理，而不能被 4 整除的年份肯定是非整百年份，再除去了为明确运算顺序的冗余括号，条件表达式可以简化为：year % 4 || !(year % 100) && year % 400。请模仿前面对原条件表达式的分析，参照 C 语言运算的优先级分析简化后的条件表达式的执行情况。

（2）条件表达式 year % 4 || ! year % 100 && year % 400 能否判断年份 year 是否是平年？请参照 C 语言运算的优先级分析本条件表达式的执行情况。

（3）如果要求判断输入的年份是否是闰年，应该如何设计条件表达式？

根据上述关于平年、闰年的知识可知，能被 4 整除的非整百年份、能被 400 整除的整百年份都是闰年，可以设计出判断年份是否是闰年的条件表达式：

((year % 100 != 0) && (year % 4 = = 0)) || ((year % 100 = =0) && (year % 400 = = 0))

(year % 100 && (year % 4 = = 0)) || (year % 400 = =0)

(year % 100 && (!(year % 4)) || (!(year % 400))

year % 100 && !(year % 4) || !(year % 400)

请参照 C 语言运算的优先级分析这几个条件表达式的执行情况。

year % 100 && ! year % 4 || ! year % 400 和（2）中表达式犯了同样的错误，是什么错呢？

输入 n 个数，从中寻找最大数、最小数或将它们按照一定规律排序等经典问题也都需要使用选择结构来解决问题。

如果 if~else 结构仅在条件满足时执行一些语句，可以缺省 else 以及 else 分支。

```
min = first;
if( second < min )                    /*求 first、second 中的小数*/
    min = second;
...
```

但绘制缺省了 else 以及 else 分支的选择结构 N-S 图时必须画出空白 else 分支，如图 3-14 所示。

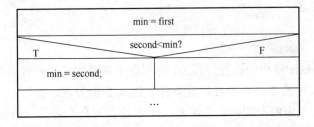

图 3-14　缺了 else 分支的选择结构 N-S 图示范

包含 if 分支和 else 分支的 if~else 结构是一条选择语句。缺省了 else 以及 else 分支的 if 结构仍然是一条选择语句。

使用 if~else 结构最容易出现的错误是：

```
if(条件表达式)
    语句1;
    语句2;
```

```
else
    语句 3;
```

上述程序在 if 和 else 之间出现了两条语句。这种错误多半是因为试图将多于一条的语句充当 if 分支或试图将 else 以及 else 分支作为语句单独使用。可是 if～else 结构是一条完整的选择语句。虽然 if～else 结构允许省略 else 以及 else 分支，但 else 必须和 if 配对出现，不能作为语句单独使用。

if 分支和 else 分支都只能是一条语句。如果真的需要在分支里书写多条语句，可以将多条语句用"{}"括起来组成一条复合语句充当 if 分支或 else 分支：

```
if(条件表达式)
{
    语句 1;
    语句 2;
    ……
}
else
{
    语句 n;
    ……
}
```

3.2.2　if 嵌套

if 分支和 else 分支可以是简单的语句，也可以是控制结构。当 if～else 结构充当 if 分支或 else 分支时，就构成了 if～else 结构的嵌套：

```
if(条件表达式 1)
    if(条件表达式 2)
        语句 1;
    else
        语句 2;
else
    if(条件表达式 3)
        语句 3;
    else
        语句 4;
```

上述嵌套的 if～else 结构的执行过程为：先判断条件表达式 1 是否为真？若条件表达式 1 为真，再判断条件表达式 2 是否为真？若条件表达式 2 也为真，执行语句 1，否则，执行语句 2；若条件表达式 1 为假，则判断条件表达式 3 是否为真？若条件表达式 3 为真，执行语句 3，否则，执行语句 4。

当语句 1、语句 2、语句 3、语句 4 也是 if～else 结构时，这就构成了 if～else 结构的多重嵌套。if～else 结构的嵌套使得程序的执行逻辑变得非常复杂，特别是其中的某些 if～else 结构还可能省略了 else 以及 else 分支。要注意 if 和 else 的配对问题。

例如：

```
if(条件表达式 1)
if(条件表达式 2)
    语句 1;
```

```
else
    语句 2;
```

其中的 else 究竟和第一个 if 配对呢？

```
if(表达式 1)
    if(表达式 2)
        语句 1;
else
    语句 2;
```

还是和第二个 if 配对呢？

```
if(表达式 1)
    if(表达式 2)
        语句 1;
    else
        语句 2;
```

C 语言规定：else 总是与它前面最近的且无 else 配对的 if 配对，因此，上面程序段的 else 只能和第二个 if 配对，前一种理解是错误的。

再例如：

```
if(条件表达式 1)
if(条件表达式 2)
    语句 1;
else
    语句 2;
else
    语句 3;
```

这里的 else 与 if 的配对情况是第一个 else 与第二个 if 配对，第二个 else 与第一个 if 配对：

```
if(条件表达式 1)
    if(条件表达式 2)
        语句 1;
    else
        语句 2;
else
    语句 3;
```

显然，这种缩进书写的程序逻辑要比前面的清晰。

C 语言还允许使用 "{}" 来限定内嵌 if 的使用范围：

```
if(条件表达式 1)
{
    if(条件表达式 2)
        语句 1;
}
else
    语句 2;
```

由于使用 "{}" 限定了第二个 if 的使用范围，所以这里的 else 与第一个 if 配对。

【例 3-6】 用 C 语言的选择结构实现符号函数 sign(x)：从键盘输入一个浮点数 x，要求输出它的符号。

sign(x)是一个分段函数：

$$\text{sign}(x) = \begin{cases} -1 & x < 0 \\ 0 & x = 0 \\ 1 & x > 0 \end{cases}$$

本题定义了一个 double 型变量 x 接受键盘输入的浮点数，定义了一个 short 型变量 sign 存放求出的符号，运用嵌套选择结构编写的程序如下：

```c
// Program: EG0306.C
// Description: y=sign(x)?
#include <stdio.h>
void main( void )
{
    double x;
    short sign;

    printf("Input x:");
    scanf("%lf", &x);
    if( x>=0 )
        if( x>0 )
            sign = 1;
        else
            sign = 0;
    else
        sign = -1;

    printf("sign(%lf)=%d\n", x, sign);
}
```

例题程序的 if 分支嵌套 if~else 结构，构成 3 个分支处理 x>0, x==0, x<0 三种情况。不过这显然没有下面使用缺省 else 分支的 if 结构求 x 的符号的程序段简洁明了：

```c
sign = 0;
if( x<0 )
    sign = -1;
if( x>0 )
    sign = 1;
```

个别书上提出了 else if 结构处理多分支：

```c
if( x<0 )           sign = -1;
else if( x==0 )     sign = 0;
else if( x>0 )      sign = 1;
```

实际上，这只是在 else 分支里嵌套了 if-else 结构：

```c
if( x<0 )
    sign = -1;
else
```

```
if( x==0 )
    sign = 0;
else
    if( x>0 )
        sign = 1;
```

初学程序设计，应重点掌握基本的 if-else 结构，书写程序简洁明了，不要过多嵌套，逻辑过于抽象、枯涩难懂。

【例 3-7】 用嵌套 if～else 结构实现下述功能，从键盘输入一个一元二次方程 $ax^2+bx+c=0$ 的三个系数 a、b、c，要求计算并打印出方程的实数根。

本题将输入的三个系数存放在浮点型变量 a、b、c 中，首先要求解公式法的判断式：deta = b^2 – 4ac，当 deta=0 时，方程有两个相等的实数根：–b/2a；当 deta <0 时，方程没有实数根；当 deta>0 时，计算判断式的平方根，然后计算两个不相等的实数根：(–b+平方根)/2a、(–b–平方根)/2a。N-S 图如图 3-15 所示。

图 3-15 所示是算法对应的 N-S 流程图，其中输入的三个系数存放在 double 型变量 a、b、c 中，求出的判断式存放在 double 型变量 deta 中，deta 的平方根存放在 double 型变量 deta2 中，求出的两个实数根存放在 double 型变量 root1、root2 中。

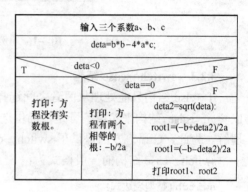

图 3-15　[例 3-7] 的 N-S 图

将图 3-15 所示 N-S 流程图转换成的 C 语言源程序如下：

```
// Program: EG0307.C
// Description: 输入一元二次方程的三个系数 a、b、c,要求计算并打印出方程的两个实数根。
#include <stdio.h>
#include <math.h>
void main( void )
{
    double a, b, c, deta, deta2, root1, root2;

    printf("请输入一元二次方程的三个系数 a, b, c:");
    scanf("%lf,%lf,%lf", &a, &b, &c );

    deta = b * b-4 * a * c;
    if(deta<0)
        printf("方程没有实数根。\n");
    else
        if(deta==0)
            printf("方程有两个相等的根：%lf\n", -b/2/a );
        else
        {
            deta2 = sqrt(deta );
            root1 = ( - b + deta2 ) ) / 2 / a;
            root2 = ( - b - deta2 ) / 2 / a;
            printf("Root1= %5.2lf Root2=%5.2lf\n", root1, root2 );
        }
}
```

程序运行结果如图 3-16 所示。

图 3-16　［例 3-7］的程序运行结果

3.2.3　switch～case 结构

if～else 结构只能处理从两者之间选择其一，当要实现更多可能之间选择其一时，就要用嵌套 if～else 结构来实现。可是，当供选择的分支较多时，程序会变得逻辑复杂冗长，难以理解。为此，C 语言专门提供了 switch～case 结构处理多路等值选择分支的情形。

switch～case 结构的一般格式为：

```
switch(整型表达式)
{
    case 常量表达式 1：
        [语句组 1；
        [break;]]
    case 常量表达式 2：
        [语句组 2；
        [break;]]
    ...
    case 常量表达式 n：
        [语句组 n；
        [break;]]
    [default:
        [语句组 n;]]
}
```

switch～case 结构的执行过程是：计算整型表达式的值，并逐个与其后的各常量表达式的值进行比较，当表达式的值与某个常量表达式的值相等时，执行该 case 分支的语句组，如果该 case 分支的语句组最后有 break 语句，则中止 switch～case 结构，转到 switch～case 结构后的程序顺序执行；如果没有 break 语句，则继续执行下一个 case 分支。如果整型表达式的值与所有 case 后的常量表达式的值均不相等，则执行 default 分支。

各常量表达式的值必须是整型（包含字符、枚举）。各语句组允许有多条语句，不需要加"{}"。如果某个 case 分支语句组为空，又没有 break 语句，则直接执行下一个 case 分支，这实际上等于多种情况共用分支做相同的数据处理工作。这已经不是真正意义上的多分支了，导致了 switch～case 结构没有专门的对应流程图框表示。

case 后面的常量表达式和 default 仅起语句标号作用，因此 switch 只能等值跳转，不能进行条件判断。由于程序中的语句标号不能重复，case 后面的常量表达式不能出现相同的值。

【例 3-8】 用 switch～case 结构编写一个能进行四则运算的计算器程序：用户输入运算数和四则运算符，程序计算并输出结果。

本题需要定义两个用于存放运算数的单精度浮点型变量 num1、num2，一个存放四则运算符的字符型变量 op，利用格式化输入函数 scanf 接受一个四则运算表达式后，需要用 switch～case 结构根据不同的运算符，编写相应的 case 分支，进行不同的运算，打印表达式及其计算结果。对于不能识别的运算要通过 default 分支给出 "错误的运算符！" 提示。对于除法运算符，还要增加对除数是否为 0 的判断和处理。每个 case 分支的最后都要有 break 语句，中止 switch～case 结构，结束程序的执行。具体程序清单如下：

```c
// Program: EG0308.C
// Description: 从键盘输入一个四则运算，计算并输出结果
#include <stdio.h>
void main( void )
{
    float num1, num2;
    char op;

    printf("请输入一个四则运算表达式(eg:1.5/2.5):");
    scanf("%f%c%f", &num1, &op, &num2 );
    switch(op)
    {
        case '+':
            printf("%f + %f =%f\n", num1, num2, num1 + num2);
            break;
        case '-':
            printf("%f - %f =%f\n", num1, num2, num1 - num2);
            break;
        case '*':
            printf("%f * %f =%f\n", num1, num2, num1 * num2);
            break;
        case '/':
            if(num2)
                printf("%f / %f =%f\n", num1, num2, num1 / num2);
            else
                printf("除数不能为 0\n");
            break;
        default:
            printf("错误的运算符！\n");
    }
}
```

程序运行结果如图 3-17 所示。

图 3-17 ［例 3-8］的程序运行结果

【例 3-9】 用 switch～case 结构编程实现输入一个百分制成绩，将其转换成五级记分制成绩并输出结果。具体转换标准为：100～90 分→等级 A，80～89 分→等级 B，70～79 分→等级 C，60～69 分→等级 D，60 分以下→等级 E。

本题需要定义一个用于存放百分制成绩的短整型变量 score，在利用格式化输入函数 scanf 接受一个百分制成绩后，需要借助于整数的整除性质将诸如 80 <= score && score <= 89 的条件判断转化成 score / 10 == 8 的等值判断，然后用 switch～case 结构根据不同的等值，编写 case 分支打印相应的五级记分制等级。需要注意的是，10、9 等级相同，可以共享分支；5、4、3、2、1、0 等级相同，也可以共享分支。对于不正确的成绩要通过 default 分支给出"输入的成绩错误！"提示。每个 case 分支的最后都要有 break 语句，中止 switch～case 结构，结束程序的执行。具体程序清单如下：

```c
// Program: EG0309.C
// Description: 从键盘输入一个百分制成绩,计算并输出五级记分制等级
#include <stdio.h>
void main( void )
{
    int score;
    printf("请输入一个百分制成绩:");
    scanf("%d", &score );

    switch( score / 10 )
    {
        case 10:
        case 9:
            printf("A\n");
            break;
        case 8:
            printf("B\n");
            break;
        case 7:
            printf("C\n");
            break;
        case 6:
            printf("D\n");
            break;
        case 5:
        case 4:
        case 3:
        case 2:
        case 1:
        case 0:
            printf("E\n");
```

```
        break;
    default:
        printf("输入的成绩错误！\n");
    }
}
```

程序运行结果如图 3-18 所示。

图 3-18 〔例 3-9〕的程序运行结果

【想一想】

（1）如果不希望过多情况共享一个分支，可以在 switch ~ case 结构之前利用单分支 if 结构将其转换成特定数值：

```
if( 0 <= score && score < 60)
    score = 0;
```

这样便可以将 5、4、3、2、1、0 六个 case 分支简化成一个：

```
    case 0:
        printf("E\n");
        break;
```

（2）如果要求输入一个带小数的百分制成绩，要求将其转换成五级记分制成绩，应该怎样写？看起来似乎不难，将 score 定义成单精度浮点型变量，对程序做如下修改：

```
float score;
printf("请输入一个百分制成绩:");
scanf("%f", &score );

switch( (int)score / 10 )
...
```

结果运行程序，显示如图 3-19 所示的出错信息。

图 3-19 出错信息

这实际上是 VC 编译器的一个 bug。如果在 VC 中编写普通 C 语言程序，输入一个浮点数而没有其他浮点操作，VC 编译器根本就不连接浮点库。如果换个编译器，就没有问题了。

当然，也可以给程序增加一点浮点运算避免出现这个错误：

```
switch( (int)(score*1.0) / 10 )
```

（3）如果要求输入一个五级记分制成绩，将其转换成百分制成绩，应该怎样做？
需要注意的是输入的等级字符可以是小写字母，也可以是大写字母：

```
case 'A':
case 'a':
        printf("100~90\n");
        break;
```

3.3 循　　环

C语言提供了 while 语句、do~while 语句和 for 语句实现结构化程序设计中的循环结构。在程序设计过程中，往往有很多实际问题都需要进行大量的重复处理，循环结构可以让计算机反复执行某些语句，从而完成大量类似的操作。反复执行的语句被称之为循环体。循环体的执行不是简单地重复，而是在满足一定条件下的重复执行。随着循环体的反复执行，程序的数据结构（状态、条件）在不断地发生变化，从而导致条件最终不再成立，结束循环结构，程序开始顺序执行循环结构后面的语句。

3.3.1　while 语句

while 语句先判断给定的条件是否成立，在条件成立的前提下重复执行循环体，所以被称为"当型"循环控制语句。

while 语句的一般形式为：

while（ 条件表达式 ）
　　语句；

其中被称为循环体的语句部分是一条语句。如果需要在循环体内执行多条语句，可使用复合语句：

while（ 条件表达式 ）
{
　　语句；
　　…
}

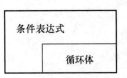

图 3-20　while 循环结构的 N-S 图

while 语句的流程图见图 3-20，执行过程是：先计算 while 后面的条件表达式，如果其值为真，则执行一次循环体；再次计算 while 后面的条件表达式，如果其值仍然为真，则再执行一次循环体；如此反复，直到 while 后面的条件表达式的值为假，结束 while 语句，程序开始顺序执行循环结构后面的语句。

while 语句的特点是先判断，后执行，若一开始条件表达式就不成立，则循环体一次也不执行。

【例 3-10】　用 while 循环结构编程求 $1+2+\cdots+n$ 的和，n 从键盘输入。

本题是一个累加求和的问题：我们需要先定义一个短整型的累加器 sum，我们要做的工作就是不停地将第 i 项的值加到前 i-1 项的累加和里。累加器在累加之前必须清零：sum=0;我们还需要定义一个短整型的计数器 i，i 的初值为 0，i 不断增 1，从 1 变化到 n，i 每加一次 1，sum += i，图 3-21 所示是上述算法对应的 N-S 流程图：

将图 3-21 所示 N-S 流程图转换成的 C 语言源程序如下：

图 3-21 ［例 3-10］的 N-S 图

```c
// Program: EG0310.C
// Description: 从键盘输入 n, 计算并输出 1+2+…+n=?
#include <stdio.h>
void main( void )
{
    short n, i, sum;

    i=sum=0;
    printf("Input n:");
    scanf("%d", &n );
    while( i < n )
        sum += ++ i;

    printf("1+2+…+%d=%d\n", n, sum);
}
```

程序运行结果如图 3-22 所示。

图 3-22 ［例 3-10］的程序运行结果

【想一想】

（1）为了使得循环体清晰、易懂，能否将循环体改为：

```c
++ i;
sum += i;
```

如果不行，到底应该如何改？

（2）如果计数器 i 的初值为 1，后续的程序应该如何写？

（3）程序段：

```c
i=sum=0;
printf("Input n:");
scanf("%d ", &n );
while( ++ i < n )
        sum += i;
printf("1+2+…+%d=%d\n", n, sum);
```

为什么不能得出 1+2+…+n 的正确结果，应该如何修改程序段？

（4）在求解累加和问题时，必须留意累加和的取值范围，以便为累加器选择合适的数据类型，如在求 1!+2!+…+n!=?时，定义一个短整型的累加器 sum 便会造成数据溢出，我们应该为累加器选择一个数值范围更大的数据类型：int 或 double。

在求解累加和问题时，在累加之前，累加器必须清零、计数器必须清零或赋 1；在累加过程当中，循环变量——控制循环结束的变量（此处为计数器 i）必须沿着某一趋势变化，直到循环条件不成立，循环结束，否则，循环将无限进行下去，成为死循环。

【例 3-11】 利用格里高利公式编程求 π 的近似值，直到最后一项的绝对值小于 10^{-6} 为止。

$$\frac{\pi}{4} \approx 1 - \frac{1}{3} + \frac{1}{5} - \frac{1}{7} + \cdots$$

本题乍一看，又是加，又是减，看起来和累加求和没什么关系。但如果换一个角度来看格里高利公式，将第一项 1 看成是 1/1 后，通过对奇数项和偶数项分别分析归纳，就会发现：奇数项均为奇数的倒数，偶数项均为负的奇数倒数，这样，就用归纳法（递推法）找出了从第 $i-1$ 项出发求第 i 项的规律：

$$pi_i = \begin{cases} 0 & （初值） \\ pi_{i-1} + \dfrac{1}{2i-1} & (i = 1,3,5) \\ pi_{i-1} + \dfrac{-1}{2i-1} & (i = 2,4,6) \end{cases}$$

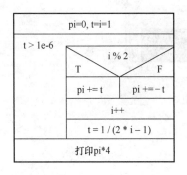

图 3-23　[例 3-11] 的 N-S 图

所以格里高利公式仍然是一个累加求和问题。因此，需要先定义一个双精度型的累加器 pi，并在累加之前清零：pi=0；还需要定义一个短整型的计数器 i，i 的初值为 1，对应的奇数为 2*i-1，需要定义一个双精度型的变量 t 存放奇数的倒数 1/(2*i-1)，t 的初值为 1(1/1)；i 每自加一次，根据 i 的奇偶情况，将奇数项 t 或偶数项-t 不停地累加到 pi 中，直到 t 小于 10^{-6} 为止；最后打印出四倍的累加器值即可，图 3-23 所示是上述算法对应的 N-S 流程图。

将图 3-23 所示 N-S 流程图转换成的 C 语言源程序如下：

```c
// Program: EG0311.C
// Description: 利用格里高利公式编程求 π 的近似值
#include <stdio.h>
void main( void )
{
    double pi = 0, t = 1;
    int i = 1;

    while( t >1e-6)
    {
        if( i%2)
            pi += t;
        else
            pi += - t;
```

```
    i ++ ;
    t=1.0 / (2 * i - 1);
}

printf(" pi = %lf\n", pi * 4);
}
```

程序运行结果如图 3-24 所示。

图 3-24 ［例 3-11］的程序运行结果

【想一想】

某同学独立思考后，提出下列算法求解格里高利公式：

```
double pi = 0, t = 1;
int i = 1, flag =1;
while( t >1e-6)
{
    pi += flag * t;
    flag = - flag;
    i += 2;
    t = 1 / i ;
}
```

可是程序的运行结果却是：pi=4.0，这是怎么回事？

该算法有很多巧妙的思路：

（1）求奇数和奇数的倒数的思路简洁明了：i 初值为 1，不断对 i + 2 便得到了 1，3，5，7，…。计数器不一定每次都加 1！

（2）巧妙设置了代表符号的标志位 flag：格里高利公式的第一项符号为正，所以 flag 初值为 1；第二项符号为负，flag = –flag;将符号翻转成负号；第三项符号又为正，再次利用 flag = –flag; 将符号翻转成正号……

那么，为什么会错呢？虽然 t 为 double 型数，可以存放浮点数，但 t = 1 / i;首先求解 1 / i，这是两个整数的除法，分母比分子大，除法的结果为 0，t 得到 0.0，pi 仅在第一次循环时加了一个 1，所以结果错误。应将其改成：

```
t = 1.0 / i ;
```

（3）题目要求累加的最后一项绝对值小于 10^{-6}，所以该算法在循环结束后应加一条语句：pi+=flag*t; 请思考例题程序应该如何做相应修改。

【例 3-12】 已知求平方根的迭代公式为：

$$x_{n+1} = \frac{1}{2}\left(x_n + \frac{a}{x_n}\right)$$

编程从键盘输入 a，利用迭代法求 $x = \sqrt{a}$，直到前后两次求出的 x 的差的绝对值小于 10^{-6} 为止。

很多实际问题不能用直接法（又称为一次解法）一次性解决问题。迭代法，也称辗转法，是用计算机解决问题的一种基本方法。它利用计算机运算速度快、适合做重复性操作的特点，让计算机按一定步骤重复执行一段程序，不断从变量的旧值递推出它的一个新值，直到新值精确或近似等于旧值为止。"二分法"和"牛顿迭代法"属于近似迭代法。

用迭代法求平方根的算法如下：

S1：设定一个 x 的初值 x_0，如 $x_0 = a/2$（也可以是其他值）；

S2：用迭代公式求出下一个 x 的初值 x_1；

S3：检测前后两次求出的 x 差值的绝对值是否小于 10^{-6}，如果精度不够，执行 S4；如果精度已经达到要求，转到 S6 执行；

S4：将 x_1 的值赋给 x_0；

S5：将 x_0 代入迭代公式，求出新的 x_1，转到 S3 执行；

S6：打印求出的平方根。

将上述算法转换成对应的 C 语言源程序如下：

```
// Program: EG0312.C
// Description: 利用迭代求 a 的平方根
#include <stdio.h>
#include <math.h>
void main( void )
{
    double a, x0, x1;
    printf("Input a:");
    scanf("%lf", &a );
    x0=a/2;
    x1=(x0+a/x0)/2;
    while( fabs(x0-x1)>=1e-6 )
    {
        x0=x1;
        x1=(x0+a/x0)/2;
    }
    printf("The square root of %5.5lf is%5.2f\n", a, x1);
}
```

程序运行结果见图 3-25。

图 3-25　[例 3-12] 的程序运行结果

程序中调用了求绝对值的标准库函数 fabs( )，所以必须嵌入相应的包含文件：math.h。

【想一想】

请仔细阅读 [例 3-12] 的源程序，绘制程序的 N-S 流程图。

3.3.2　do～while 语句

do～while 语句也是 C 语言的"当型"循环控制结构，不过它和 while 语句有所不同，do～

while 语句先执行一次循环体，然后才判断给定的条件是否成立，在条件成立的前提下重复执行循环体。

do～while 语句的一般形式为：

```
do
    语句;
while( 条件表达式 );
```

循环体只能是一条语句。如果需要在循环体内执行多条语句，可使用复合语句：

```
do
{
    语句;
    …
}while( 条件表达式 );
```

do～while 语句的流程图见图 3-26，执行过程是：先执行一次循环体，再计算 while 后面的条件表达式，如果其值为真，则重复执行一次循环体；然后再次计算 while 后面的条件表达式，如果其值仍然为真，则再执行一次循环体；如此反复，直到条件表达式不再成立，结束 do～while 语句，程序开始顺序执行循环结构后面的语句。

图 3-26　do～while 循环
结构的 N-S 图

do～while 语句的特点是先执行，后判断，若一开始条件表达式就不成立，则循环体也要执行一次。

do～while 语句常被误认为直到型循环结构，因为它们都有一个特点：先执行后判断，循环体至少被执行一次。但需要注意的是，do～while 语句与标准的直到型循环结构有一个极为重要的区别，直到型循环结构是当条件为真时结束循环，而 do～while 语句恰恰相反，当条件为真时循环，一旦条件为假，立即结束循环，这一点在绘制 do～while 循环结构的 N-S 流程图时要特别注意。

【例 3-13】　用 do～while 循环结构编程求 300 以内所有能被 9 整除的数。程序的输出格式如下：

300 以内能被 9 整除的数有：

9,	18,	27,	36,	45,	54,
63,	72,	81,	90,	99,	108,
…					

本题是一个顺序查找的问题：需要先定义一个短整型的计数器 i，i 不断增 1，从 1 变化到 300，我们要做的工作就是不停地检查 i 是否能被 9 整除：!(i%9)先求 i 整除 9 的余数再将余数取反，只有 i 能被 9 整除，余数 0 取反才会为真；如果 i 能被 9 整除，打印 i，还需要定义一个短整型的计数器 j，j 的初值为 0，每发现一个能被 9 整除的 i，j 就加 1，每行打印过 6 个数后便换行。图 3-27 所示是上述算法对应的 N-S 流程图。

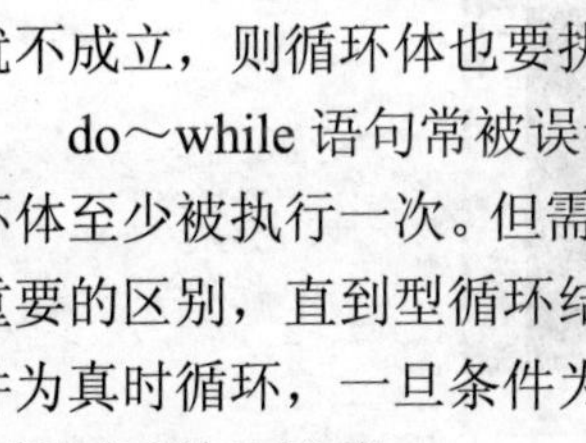

将图 3-27 所示 N-S 流程图转换成的 C 语言源程序如下：

```
i=1, j=0
          能被9整除
  T                    F
  打印9的倍数
       j++
  T      打印6个     F
       换行
++i<=300
```

图 3-27　［例 3-13］的 N-S 图

```
// Program: EG0313.C
// Description: 输出 300 以内所有能被 9 整除的数
#include <stdio.h>
void main( void )
{
    int i=1, j=0;

    printf(" 300 以内能被 9 整除的数有:\n");
    do
    {
        if( i%9==0 )    // if( !(i%9) )
        {
            printf("%5d,", i);
            j++;
            if( j%6==0 )
                printf("\n");
        }
    }while( ++i<300 );
    printf("\b \n");
}
```

程序运行结果如图 3-28 所示。

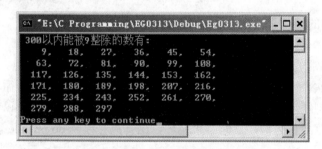

图 3-28　［例 3-13］的程序运行结果

【想一想】

（1）能否将 i%9==0 改为 !i%9 ，　j%6==0 改为 !j%6?

（2）本题能用 while 循环结构实现吗？它与用 do～while 循环结构实现有什么不同之处？

（3）如果要求 100 以内所有能被 3 整除的偶数，程序应该如何修改？

【例 3-14】 利用下面的泰勒公式编程求 sin(x)的近似值，直到最后一项的绝对值小于 10^{-6} 为止：

$$\sin(x) \approx x - \frac{x^3}{3!} + \frac{x^5}{5!} - \frac{x^7}{7!} + \cdots$$

泰勒公式中的每一项都可以由前一项递推而来：

$$t_i = \begin{cases} x & i=1 \\ t_{i-1} * \dfrac{-x^2}{(i-1)i} & i=3,5,7\cdots \end{cases}$$

需要先定义一个双精度型的变量存放输入的 x，定义一个双精度型的累加器 s 并在累加之前清零；还需要定义一个短整型的计数器 i，i 的初值为 1，i 的值依次为 1，3，5，7，…我们定义一个双精度型的变量 t 存放公式第 i 项的绝对值，并设置了一个短整型的符号标志位 flag，flag 的初值取决于 x 的符号，随后 flag=−flag 不停翻转 flag：1，−1，1，−1…i 每次加 2，按递推公式求出 t_i，将 flag*t_i 累加到 s 中，直到 t_i 小于 10^{-6} 为止；最后打印出 sin(x) 的值即可，图 3-29 所示是上述算法对应的 N-S 流程图。

将图 3-29 所示 N-S 流程图转换成的 C 语言源程序如下：

```
// Program: EG0314.C
// Description: 利用泰勒公式编程求 sin(x)=?
#include <stdio.h>
void main( void )
{
    double s=0, t, x;
    short i=1, flag;
    printf("please input x:");
    scanf("%lf", &x );
    if (x >= 0)
        t=x, flag=1;
    else
        t=-x, flag=-1;
    do
    {
        s += flag*t ;
        i += 2 ;
        t *= x * x / ( i - 1 ) / i;
        flag = -flag;
    } while (t >= 1e-6);
    printf("sin(%7.5lf)=%6.4lf\n", x, s);
}
```

s=0, i=1	
T x>0 F	
t=x,flag=1	t=-x,flag=-1
s += flag*t	
i += 2	
t *= x * x / (i−1) / i	
flag=−flag	

t > 1e-6

打印sin(x)

图 3-29 ［例 3-14］的程序 N-S 图

程序运行结果如图 3-30 所示。

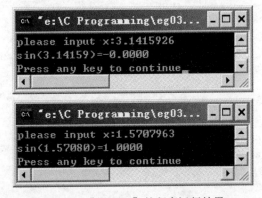

图 3-30 ［例 3-14］的程序运行结果

【想一想】

（1）为什么输入的 3.141 592 6、1.570 796 3 会打印成 3.141 59、1.570 80？

（2）图 3-30 的输入数据分别是 π、π/2，如果要输入 180°、90°求正弦，怎么办？

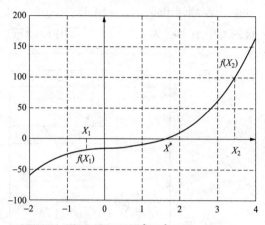

图 3-31　用二分法求 $3x^3-2x^2+5x-16=0$ 的根

【例 3-15】 用二分法求一元三次方程 $3x^3-2x^2+5x-16=0$ 在（−2，4）之间的根，要求精度为 10^{-6}。如图 3-31 所示。

用二分法求一元三次方程 f(x)=0 的根，先在根的左右区间各选一个点 x1、x2，对应的函数值 f(x1)、f(x2)肯定异号，将区间(x1,x2)二分得其中点 x0=(x1+x2)/2，求出 f(x0)，若精度不够，选择 f(x1)、f(x2)中和 f(x0)异号的那一个和 x0 组成新的区间继续搜索；就这样不断缩小解所在的区间范围，x0 逐步逼近方程的根 x*，直到 f(x0)达到精度要求为止。

具体算法步骤如下：

S1：输入 x1、x2 初值；

S2：计算对应函数值 y1=f(x1)、y2=f(x2)；

S3：若 y1,y2 异号，转 S4，否则转 S1；

S4：x0=(x1+x2)/2

S5：计算 x0 对应函数值 y0=f(x0)；

S6：若 y0,y1 异号，x2=x0；否则 x1=x0；

S7：若 y0≤10^{-6} 转 S8，否则转 S4；

S8：打印方程的根 x0。

对应 C 语言源程序如下：

```c
// Program: EG0315.C
// Description: 用二分法求一元三次方程 f(x)=0 的根
#include <stdio.h>
#include <math.h>
void main( void )
{
    double x0, x1, x2, y0, y1, y2;
    do
    {
        printf("please input x1,x2 :");
        scanf("%lf,%lf", &x1, &x2);
        y1=3*x1*x1*x1-2*x1*x1 +5*x1-16;
        y2=3*x2*x2*x2-2*x2*x2 +5*x2-16;
    }while(y1*y2>0);
    do
    {
        x0=(x1+x2)/2 ;
```

```
        y0=3*x0*x0*x0-2*x0*x0 +5*x0-16;
        if( y0 *y1 <0 )
            x2 = x0;
        else
            x1=x0;
    } while ( fabs(y0) >= 1e-6 );
    printf("The root is %lf\n", x0 );
}
```

程序运行结果见图 3-32。

图 3-32 ［例 3-15］的程序运行结果

程序中调用了求绝对值的标准库函数 fabs( )，所以必须嵌入相应的包含文件：math.h。

【想一想】

请仔细阅读［例 3-15］的源程序，绘制程序的 N-S 流程图。

3.3.3 for 语句

for 语句是循环控制结构中使用最为灵活、最为广泛的一种循环控制语句。for 语句既适用于已知循环次数的情况，也可以用于只知循环结束条件不知道循环次数的情况。for 语句可以完全取代前两种循环控制语句。

for 语句的一般形式为：

for(初始化表达式；条件表达式；增量表达式)
    语句；

其中，初始化表达式一般为赋值表达式，用于给控制变量赋初值；条件表达式一般为关系表达式或逻辑表达式，用于控制循环结束的条件；增量表达式一般为增 1 或减 1 表达式，用于递增或递减控制变量，控制循环发展趋势。上述三点正是正确使用循环结构应注意的要点。也正是因为 for 语句很好地体现了这三个关键问题，使得 for 语句得到了广泛使用。

图 3-33 for 语句的 N-S 流程图

for 语句对应的 N-S 流程图如图 3-33 所示，其执行过程如下：

（1）计算初始化表达式；

（2）计算条件表达式，若条件表达式为真，转到（3）执行，否则转到（5）执行；

（3）执行循环体；

（4）计算增量表达式，然后转到（2）执行；

（5）退出循环，顺序执行 for 循环后的下一条语句。

【例 3-16】 用 for 循环结构编程求输入的两个自然数的最大公约数。

自然数是指非 0 的正整数，最大公约数(greatest common divisor)则是两个自然数的公因子中的最大值。既然是求最大的公因子，就可以从输入的两个自然数中的小值着手，逐步减 1 尝试是否找到了最大的公因子。本题首先要定义两个 short 型变量 num1、num2 接收输入的两个自然数，还要定义一个 short 型变量 gcd 存放找到的最大公约数。

图 3-34 所示是上述算法对应的 N-S 流程图。

将图 3-34 所示 N-S 流程图转换成的 C 语言源程序如下：

```c
// Program: EG0316.c
// Description: 编程求输入的两个自然数的最大公约数
#include <stdio.h>
void main( void )
{
    short num1, num2, gcd;
    printf("Input num1,num2:");
    scanf("%d,%d", &num1, &num2);

    gcd= num1<num2 ? num1: num2;
    for(; num1%gcd || num2%gcd; )
        gcd--;
    printf("The greatest common divisor of %d & %d is: %d\n", num1, num2, gcd);
}
```

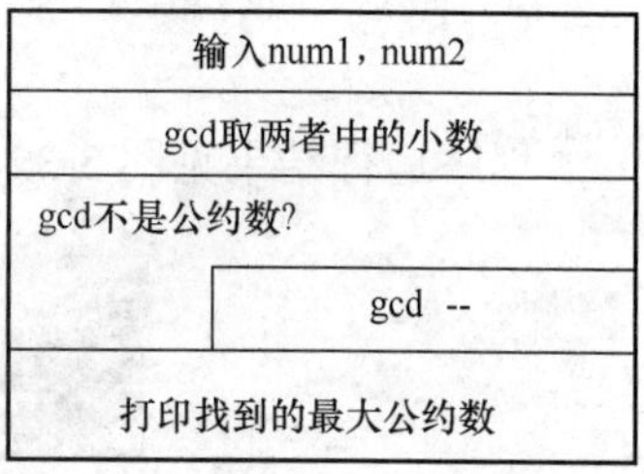

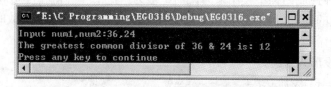

图 3-34　［例 3-16］的 N-S 图

程序运行结果见图 3-35。

图 3-35　［例 3-16］的程序运行结果

【想一想】

（1）通常在求最大公约数时，计数器 i 和 gcd 的初值均为 1，然后逐步增 1 尝试 i 是否是公因子，直到和其中的某个数相等才停止，程序如下：

```c
short i, num1, num2, gcd, tmp;
if(num1>num2)
    tmp=num1, num1=num2, num2=tmp;
for(i = gcd = 1; i <= num1; i ++ )
    if( num1%i==0 && num2%i==0)
        gcd=i;
```

请比较上述思路和例题算法的效率有什么不同？

（2）在求输入的两个自然数的最小公倍数 lcm(lowest common multiple)时，通常会定义一个计数器 i 和其中的某个数相等，然后逐步增 1 尝试 i 是否是公倍数。请和下面的算法相比较，看看程序的效率有什么不同？

```c
if(num1>num2)
    tmp=num1, num1=num2, num2=tmp;
```

```
for(lcm= num2; lcm %num1; lcm +=num2);
```

【例 3-17】 用 for 循环结构编程打印出所有的"水仙花数"。

所谓"水仙花数"是指一个 3 位数,其各位数字立方和等于该数本身。显然,本题是一个数据查找的问题。需要先定义一个 short 型计数器 i,从最小的 3 位数 100 逐步递增到最大的 3 位数 999,取其各位数字存放到 short 型变量 a、b、c 中,然后求 a、b、c 的立方和,看看是否和 i 相等,如相等,则找到一个水仙花数,将其打印出来。

图 3-36 所示是上述算法对应的 N-S 流程图。

将图 3-36 所示 N-S 流程图转换成的 C 语言源程序如下:

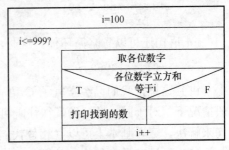

图 3-36 [例 3-17] 的 N-S 图

```
// Program: EG0317.c
// Description: 编程打印出所有的"水仙花数"
#include <stdio.h>
void main( void )
{
    short a, b, c, i;
    printf("水仙花数: ");
    for(i=100; i<=999; i++)
    {
        a=i%10;          //个位
        b=i%100/10;      //十位
        c=i/100;         //百位
        if(i==a*a*a+b*b*b+c*c*c)
            printf("%5d,",i);
    }
    printf("\b \n");
}
```

程序运行结果如图 3-37 所示。

图 3-37 [例 3-17] 的程序运行结果

用 for 循环结构编程时,需要留意 for 语句的三个表达式可以是任何类型:

```
for(i =1, gcd = 1; i <= num1; i ++ ) …
for(i =1; (ch=getchar())!='\n '; i ++ ) …
for(i =1, gcd = 1; i <= num1; gcd=i, i ++ ) …
```

for 语句的三个表达式还可以省略,不过分号";"绝对不能省略。

```
gcd= num1<num2 ? num1: num2;
for(; num1%gcd || num2%gcd; )
    gcd--;
```

其中 for 语句省略了初始化表达式和增量表达式,保留了初始化表达式分号";"。通过本例可知:虽然 for 语句可以省略初始化表达式和增量表达式,但这并不代表循环结构不需要给循环变量赋初值和递增了，我们必须在 for 语句前面设置好循环初始条件，在循环体内控制循环变量沿着循环条件逐渐向假的方向变化。

省略 for 语句的条件表达式要特别小心，因为 for 语句将认为循环条件始终成立，循环将无休止地进行下去，构成"死循环"。一般要在循环体内适当位置利用条件表达式加 break 语句在条件满足时，跳出循环。

```
for(lcm= num2; ; lcm +=num2)
    if(lcm %num1==0)
        break;
```

for 语句还可以省略循环体。这时，for 语句起延时的作用。

```
for(i=0; i<10000 ; i ++);
```

讲到这里，我们已经学完了 C 语言中三种循环控制语句 while、do~while 和 for。在一般情况下，对于同一个问题，往往既可以用 while 语句解决，也可以用 do~while 或者 for 语句来解决。三者基本上可以互相替代，但在实际应用中还是存在一些细微的差别。

（1）循环变量赋初值：使用 while、do~while 语句编程，必须保证在 while、do~while 语句之前完成循环变量赋初值；for 语句可以在初始化表达式中给循环变量赋初值。

（2）循环条件：while、do~while 语句均在 while 后面指定循环条件；for 语句在条件表达式中指定。

（3）循环体的执行：while 和 for 语句都是先判断后执行，在条件不成立的情况下，循环体一次也不执行；do~while 语句是先执行后判断，循环体至少执行一次。

（4）循环变量递增：while、do~while 语句一般在循环体内增减循环变量，最终导致循环结束；for 语句在增量表达式中改变循环变量的值。

（5）退出循环，顺序执行循环语句后的下一条语句。

在实际应用中，可根据具体情况来选用不同的循环语句：

（1）如果是计数型循环或循环次数在执行循环之前就已确定，一般选用 for 语句；如果循环次数不确定，或是由循环体的执行情况方能确定的，一般选用 while 语句或者 do~while 语句，此时的循环条件表达式往往比较复杂，使用 for 语句会导致程序晦涩难懂。

（2）当循环体至少要执行一次时，选用 do~while 语句；反之，如果循环体可能一次也不执行，选用 while 语句或者 for 语句。

3.3.4 循环嵌套

当一个循环的循环体中出现了另一个循环结构，称其为循环嵌套。内嵌的循环还可以再次嵌套循环结构，这种嵌套过程被称为多重循环。一个循环仅内嵌一层循环，称为二重循环或双重循环；一个循环内嵌两层循环，称为三重循环……处于外面的循环称为外循环，处于内部的循环称为内循环。

```
while(…)              for(…,…, …)          for(…,…, …)
{                     {                     {
  while(…)              while(…)              for(…,…, …)
  …                    …                    …
}                     }                     }
```

三种循环结构 while、do~while、for 语句之间也可以互相嵌套自由组合。但不能违反以下原则：

（1）内循环必须完整地嵌套在外循环内，相互之间不能出现交叉：

```
do
{
 …
    for(…, …, …)
    {
        …
}while( );
        …
    }
```

（2）内外循环各自使用自己的循环变量，不能共用同一个循环变量。

（3）多重循环的执行顺序：外层循环每执行一次循环体，内层循环要完整地遍历一次，再开始下一轮外循环。

【例 3-18】 用双重循环结构编程实现利用规律编写算法打印出图 3-38 所示星形图案。

补充说明：首行星星的左边有 3 个空格。

打印星形图案是双重循环结构程序的典型应用。在求解这类题目的时候一定要注意到星形图案不仅由 "*" 组成，还包含了大量的空格。因此，在进一步分析题目之前，第一步要先把题目中包含的空格用 "␣" 标出来，如图 3-39 所示。

第二步：通过分析，找出每行空格数、星号数与行号 i 的关系：

行号 i	每行空格数	每行星号数
第 0 行	3 个空格= 3+0= 3+i	7 个*=7–2*0=7–2*i
第 1 行	4 个空格= 3+1= 3+i	5 个*=7–2*1=7–2*i
第 2 行	5 个空格= 3+2= 3+i	3 个*=7–2*2=7–2*i
第 3 行	6 个空格= 3+3= 3+i	1 个*=7–2*3=7–2*i
第 4 行	5 个空格= 9–4= 9–i	3 个*=2*4–5=2*i–5
第 5 行	4 个空格= 9–5= 9–i	5 个*=2*5–5=2*i–5
第 6 行	3 个空格= 9–6= 9–i	7 个*=2*6–5=2*i–5

第三步：总结规律

当行号 i < 4 时，每行空格数为 3+i 个，每行星号数为 7–2*i 个；

当行号 i>=4 时，每行空格数为 9–i 个，每行星号数为 2*i–5 个；

一共需要打印 7 行。

```
   * * * * * * *              ␣ ␣ ␣ * * * * * * *
    * * * * *                 ␣ ␣ ␣ ␣ * * * * *
     * * *                    ␣ ␣ ␣ ␣ ␣ * * *
      *                       ␣ ␣ ␣ ␣ ␣ ␣ *
     * * *                    ␣ ␣ ␣ ␣ ␣ * * *
    * * * * *                 ␣ ␣ ␣ ␣ * * * * *
   * * * * * * *              ␣ ␣ ␣ * * * * * * *
```

图 3-38　星形图案（一）　　　　　　　　　图 3-39　标出空格的星形图案

本题需要使用双重循环结构来打印星形图案。外循环控制行数，外循环体包含求每行空格数、求每行星号数、打印空格的内循环 1、打印星号的内循环 2、打印回车换行。内循环 1 负责按每行空格数规律打印当前行的空格；内循环 2 负责按每行星号数规律打印当前行的星号。本题定义两个 char 型变量 star、space 代表星号和空格，两个 short 型变量 i、j，i 代表控制行数的外循环变量，j 代表控制空格、星号的内循环变量，两个 short 型变量 num1、num2 分别表示每行的空格个数、星号个数。

图 3-40 所示是上述算法对应的 N-S 流程图。

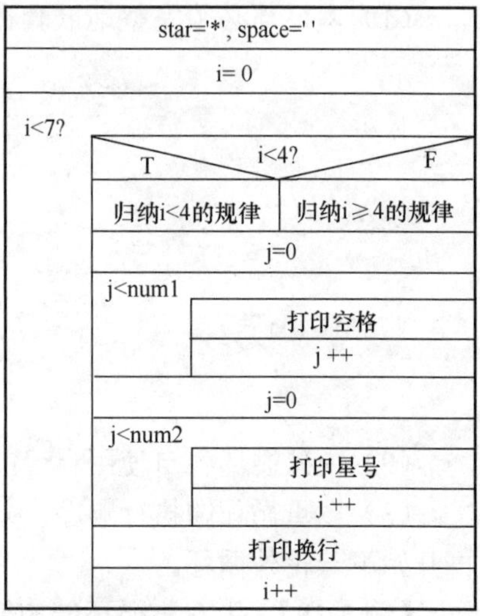

将图 3-40 所示 N-S 流程图转换成的 C 语言源程序如下：

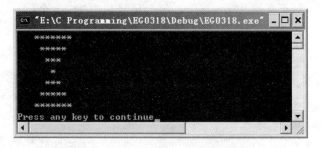

图 3-40　［例 3-18］的 N-S 图

```c
// Program: EG0318.c
// Description: 编程打印指定的星形图案
#include <stdio.h>
void main( void )
{
    char star='*', space=' ';            //定义打印符号
    int i, j, num1, num2;                //定义各控制变量
    for(i=0;i<7;i++)                     //行控制
    {
        if(i<4)
            num1=3+i, num2=7-i*2;        // i<4 的规律
        else
            num1=9-i, num2=i*2-5;        // i>=4 的规律
        for(j=0; j< num1; j++)
            putchar(space);              //输出 num1 个空格
        for(j=0; j< num2; j++)
            putchar(star);               //输出 num2 个星号
        printf("\n"); //换行
    }
}
```

程序运行结果如图 3-41 所示。

图 3-41　［例 3-18］的程序运行结果

【想一想】

（1）组成图案的字符可以中途替换吗？请考虑图 3-42 所示图案应该如何实现？

（2）请注意，本题两个并列的内循环共用了一个循环变量 j，这样是否存在错误？请进一步思考能否在内循环里也使用 i 作为循环变量呢？

【例 3-19】 打印指定月份的日历。

请分析：它是嵌套循环结构吗？仔细阅读程序，绘制程序的 N-S 流程图。

```c
// Program: EG0319.c
// Description:  Print a calander.
#include <stdio.h>
void main( void )
{
    short month=0, week, maxday, day;

    printf("请输入月份:");
    scanf("%d", &month);
    printf("本月1号是周几(1-7)?");
    scanf("%d", &week);
    printf("本月一共有多少天:");
    scanf("%d", &maxday);

    printf("\n——————— %2d 月 ———————\n",month);
    printf("\n 日    一    二    三    四    五    六\n");
    ++week;
    if(week==8)
        day=week-1;
    else
        day=week;
    while(day-->1)
        printf("      ");
    day=1;
    while(day<=maxday)
    {
        printf("%6d", day++);
        if(++week==8)
        {
            printf("\n");
            week=1;
        }
    }
    printf("\n");
}
```

★
☆☆☆
★★★★★
☆☆☆☆☆☆☆
★★★★★★★★★
☆☆☆☆☆☆
★★★★★
☆☆☆
★

图 3-42 星形图案（二）

程序运行结果如图 3-43 所示。

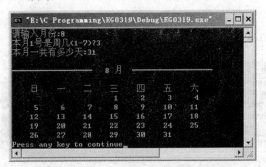

图 3-43 ［例 3-19］的程序运行结果

【**例 3-20**】 百元买百鸡：用一百元钱买一百只鸡。已知公鸡 5 元/只，母鸡 3 元/只，小鸡 1 元/3 只。请设计程序求买公鸡、母鸡、小鸡各多少只？

先假定买了公鸡 cock 只，母鸡 hen 只，小鸡 chicken 只，根据已知条件可以得到两个方程：

$$\begin{cases} cock + hen + chicken = 100 \\ 5 * cock + 3 * hen + chicken / 3 = 100 \end{cases}$$

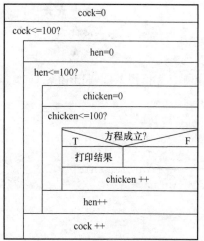

图 3-44　［例 3-20］的 N-S 图

两个方程却要求三个变量，很显然这是一个不定方程，只能使用穷举法来求解了。穷举法，又称枚举法，它的基本思想是把所有可能的解答情况一一测试，从而筛选出符合条件的解。由于要测试所有可能的状态，穷举法的效率比较低。可以根据具体问题对算法进行优化设计。

一百元买一百只鸡。很显然，cock、hen、chicken 的取值范围都是 0～100。借助穷举法的思想，使用三重循环，让 cock、hen、chicken 分别从 0 循环到 100，测试每一种组合是否满足上述方程。图 3-44 所示是上述算法对应的 N-S 流程图。

将图 3-44 所示 N-S 流程图转换成的 C 语言源程序如下：

```c
// Program: EG0320.c
// Description: 百元买百鸡
#include <stdio.h>
void main( void )
{
    unsigned char cock,hen,chicken;
    for (cock=0; cock<=100; cock++)
      for (hen=0; hen<=100; hen++)
        for (chicken=0; chicken<=100; chicken++)
        {
          if(cock+hen+chicken==100&&5*cock+ 3*hen + chicken/3.0 == 100 )
            printf("cocks=%d, hens=%d,chickens=%d\n", cock,  hen, chicken);
        }
}
```

程序运行结果如图 3-45 所示。

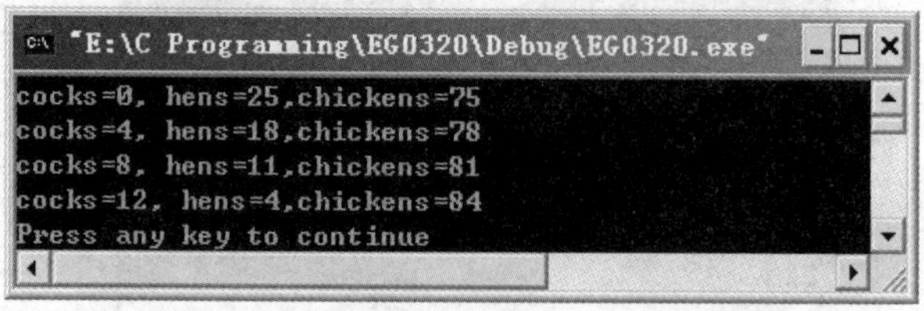

```
E:\C Programming\EG0320\Debug\EG0320.exe
cocks=0, hens=25,chickens=75
cocks=4, hens=18,chickens=78
cocks=8, hens=11,chickens=81
cocks=12, hens=4,chickens=84
Press any key to continue
```

图 3-45　［例 3-20］的程序运行结果

【想一想】

上述穷举法算法共测试不定方程 101×101×101=1030301 次≈103 万次，算法效率实在太低，算法能否优化、改进呢？

我们注意到公鸡 5 元/只，母鸡 3 元/只，也就是说 cock 最多 100/5=20 只，hen 最多 100/3=33 只，而 cock、hen 确定后，小鸡肯定是 100-cock-hen 只。

修改上述穷举法算法，我们得到以下程序：

```
for (cock=0; cock<=20; cock++)
  for (hen=0; hen<=33; hen++)
    {
        chicken= 100 - cock - hen ;
        if( 5*cock+ 3*hen + chicken/3.0 == 100 )
            printf("cocks=%d, hens=%d,chickens=%d\n", cock, hen, chicken);
    }
```

优化后的算法只测试不定方程 21×34=714 次，算法效率提高了 1030301÷714≈1442 倍。

诸如鸡兔同笼问题、排列组合问题、选手分组比赛名单问题、客人握手问题等都可以通过穷举法算法得到解决。

3.3.5 转移控制

C 语言提供了 4 种用于控制流程转移的语句：break、continue、goto 和 return。标准库函数 exit( )也可以用于控制程序的流程。

1. break 语句

在前面学习 switch 语句时，我们已经接触了 break 语句，通过 break 语句可以使程序在执行完该 case 分支后立即跳出 switch 结构。break 语句还可以用在循环语句中，作用是在循环体的执行过程中，在遇到应立即结束循环的条件后，程序流程立即终止整个循环的执行，跳出循环结构，转去执行循环语句后的语句。

【例 3-21】 用 C 语言编写一个程序，将输入的一个正整数 n 分解成质因子的连乘积。例如：输入 88，打印出 88=2*2*2*11。

我们需要定义一个 unsigned int 型变量 n 接收输入的正整数，让计数器 i 从最小的质数 2 开始进行质因子分解：

（1）如果 i 小于等于 n，进入（2）循环查找质因子；否则说明分解质因数的过程已经结束，结束循环，转到（4）执行。

（2）如果 n 能被 i 整除，打印找到的质因子 i，并用 n 除以 i 的商作为新的正整数 n，重复试探 i 是否是 n 的质因子。

（3）如果 n 不能被 i 整除，则 i 增 1 后试探新的 i 是否是 n 的质因子。注意：如果 i 增 1 后已经比 n 大，说明分解质因数的过程已经结束，程序结束循环，转到（4）执行。

（4）输出格式中每打印一个质因子后打印了一个乘号。所以循环结束时要擦除最后一个质因子后面多余的乘号。

图 3-46 所示是上述算法对应的 N-S 流程图。

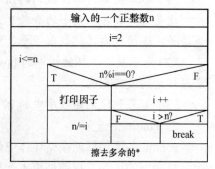

图 3-46 ［例 3-21］的 N-S 图

将图 3-46 所示 N-S 流程图转换成的 C 语言源程序如下。

```c
// Program: EG0321.c
// Description: 编程将输入的正整数分解成质因子的连乘积
#include <stdio.h>
void main( void )
{
    unsigned int n, i=2;
    printf("Please input a integer number:");
    scanf("%u", &n);
    printf("%u=", n);
    while( i<=n )
    {
      if(n%i==0)
      {
          printf("%u*", i);
          n=n/i;
      }
      else
      {
          i++;
          if(i>n)
            break;
      }
    }
    printf("\b \n");
}
```

程序运行结果如图 3-47 所示。

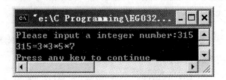

图 3-47 ［例 3-21］的程序运行结果

【想一想】

（1）本算法如何保证找到的因子一定是质因子？

这是因为算法从最小的质数 2 开始进行质因子分解，不仅每找到一个因子就从 n 中去掉该因子，还通过内循环找出了重复因子，因此可以保证后续找到的因子一定是质因子。

（2）处于嵌套循环结构中的 break 语句只跳出内嵌 break 语句的那层循环结构，而对其他层循环结构没有影响。

（3）如果删除例题程序中的 if(i>n) break; 程序运行结果有什么变化？

2. continue 语句

continue 语句只能在循环体中使用：在循环体的执行过程中，在满足某种条件下，跳过循环体剩下的语句，提前结束本次循环周期并开始下一轮循环。

【例 3-22】 用 C 语言编写一个程序，统计输入的十个整数中正数的个数及其算术平均值。

这里需要定义一个 short 型计数器 i，i 从 0 开始循环 10 次；short 型变量 num 负责接收输入的整数，如果 num 不是正数，跳过后面的语句，结束本次循环，开始下一轮循环；否则负责统计正数个数的 short 型计数器 count 增 1，并将当前的正数 num 累加到负责统计正数算术平均值的 int 型累加器 sum 中；for 循环 10 次后结束，打印统计出的正数个数 count 及其算术平均值 sum/count。注意：累加器和计数器在使用之前要清零。

图 3-48 所示是上述算法对应的 N-S 流程图。

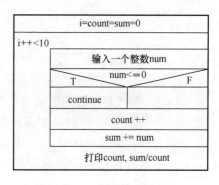

图 3-48 ［例 3-22］的 N-S 图

将图 3-48 所示 N-S 流程图转换成的 C 语言源程序如下：

```c
// Program: EG0322.c
// Description: 统计输入的十个整数中正数的个数及其算术平均值
#include <stdio.h>
void main( void )
{
    int i, num, count=0, sum=0;
    printf("Please input ten numbers:\n");
    for(i=0; i<10; i++)
    {
        scanf("%d", &num);
        if(num<=0)
            continue;
        count++;
        sum+=num;
    }
    printf("You have input %d positive integers \n", count);
    printf("The average value of these positive integers is %6.2f\n",
        (float) sum/count);
}
```

程序运行结果如图 3-49 所示。

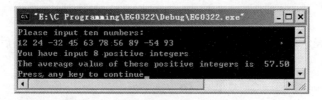

图 3-49 ［例 3-22］的程序运行结果

【想一想】

（1）同 break 一样，continue 语句也仅仅影响内嵌 continue 语句的那层循环结构，而对其他层循环结构没有影响。

（2）continue 语句在程序设计中很少使用。从程序逻辑上看，对 if 结构的条件表达式稍加修改，就不需要使用 continue 语句：

```
if( num > 0 )
{
    count++;
    sum+=num;
}
```

实际上，修改后的程序逻辑更加简练，更容易理解。请根据修改后的程序绘制程序的 N-S 流程图，并与图 3-48 所示 N-S 流程图进行比较，思考为什么图 3-48 要写成"i++<10"。

其他程序控制结构还有 goto 语句、return 语句和 exit 函数。

使用无条件转移语句 goto 时要求 goto 语句和标号配合使用。它们的一般形式为：

goto 标号；　　　　　　　　　　　**标号:语句；**

…　　　　　　　　或　　　　　　　…

标号:语句；　　　　　　　　　　　**goto 标号；**

标号所在的语句被称为标号语句，它的执行和一般语句没有区别。其中的标号代表了 goto 语句转移的位置，使用冒号和后面的语句分隔开。标号不能重名，不能使用纯数字作为标号，其命名规则同用户自定义标识符。

goto 的使用会破坏程序的逻辑结构，因此，在结构化程序设计中不提倡使用 goto 语句。

return 语句将函数的返回值返回给函数的调用者。在执行函数的过程中，无论 return 语句在函数的什么位置，一旦执行到它，就立即返回到函数的调用者，不再继续执行函数剩下的语句。类型为 void 的函数没有返回值，所以在函数体内可以有 return 语句，也可以没有 return 语句。其他类型的函数有返回值，因此在函数体内必须有 return 语句。如：

```
int main(void)
{
    …
    return 0;
}
```

用于在主函数执行结束后返回一个值给操作系统，通常用于将本程序执行的状态，比如是否异常退出等信息，告知操作系统。

使用标准库函数 exit( )可以强制终止整个程序的执行，直接返回操作系统。调用 exit()函数需要嵌入头文件：stdlib.h。函数 exit( )的一般调用形式为：

```
exit(数字);
```

其中，数字 0 表示程序正常退出，数字非 0 表示程序出现某种错误后退出。

 小　　结

语句是函数体的基本组成部分，而控制语句则是语句的重要组成部分。本章详细介绍了 C 语言程序设计的三种结构化程序控制结构：顺序、选择和循环语句，结合大量实例，重点描述了各种流程控制结构语句的语法和对应程序设计算法的设计与实现。学习本章时，不仅要学习上述知识点，还要学会根据具体情况选用合适的流程控制语句。

本章的主要知识点有：

- 顺序结构的特点和 C 语言语句的种类；

- if～else 结构的语法、执行过程和嵌套；
- switch～case 结构的等值选择特点、语法和分支共用、条件转换；
- while 循环的先判断后执行特点、语法和"当型"循环控制结构的实现；
- do～while 循环的先执行后判断特点、语法和"直到型"循环控制结构的区别；
- for 循环的语法、执行顺序和各种变化；
- 循环嵌套和程序转移对循环程序执行顺序的影响。

本章的例题讲解注重讲述围绕问题如何组织数据，并结合大量 N-S 流程图介绍了累加、累乘、顺序查找等经典算法，还通过思考题让学生进一步拓宽程序设计思维，培养学生运用 C 语言编写一些小规模的应用程序解决实际问题的能力。

C 语言还提供了 if 语句和 goto 语句构成的循环结构。由于 goto 语句的任意跳转不符合结构化程序设计的原则，所以一般不使用 if 语句和 goto 语句构成的循环结构来编程。

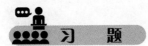 习　题

一、选择题

1. int a, b, c;a=b=c=0; 执行下列语句后 c 等于_____。

```
if(a=b) c++; else c=!c;
```
　　A）0　　　　　　　B）–1　　　　　　C）1　　　　　　D）不确定

2. int a, b, c;a=b=c=0; 执行下列语句后 c 等于_____。

```
if(!a) b++; else if(b) c++; if(b) c+=1; else c+=2;
```
　　A）0　　　　　　　B）1　　　　　　　C）2　　　　　　D）3

3. 下列语句表示的逻辑是_____。

```
y=1;if(!x) y=0; else if(x<0) y=-1;
```

A）$y = \begin{cases} -1 & x < 0 \\ 0 & x = 0 \\ 1 & x > 0 \end{cases}$ 　　　B）$y = \begin{cases} 0 & x < 0 \\ -1 & x = 0 \\ 1 & x > 0 \end{cases}$

C）$y = \begin{cases} 1 & x < 0 \\ 0 & x = 0 \\ -1 & x > 0 \end{cases}$ 　　　D）$y = \begin{cases} -1 & x < 0 \\ 1 & x = 0 \\ 0 & x > 0 \end{cases}$

4. 下列条件表达式中，_____可以判断 c 是否为大写字母。

　　A）'A'<=c<='Z'　　　　　　　　　　B）"A"<=c<="Z"

　　C）'A'<=c && c<='Z'　　　　　　　　D）"A"<=c && c<="Z"

5. 下列程序可以正确地排列 i, j 值的是_____。

```
A) if(i>j)              B) if(i>j);
       i = j;                  i = j,
       j = i;                  j = i;
   C) if(i>j)              D) if(i>j);
       t = i,                  t = i,
```

```
        i = j,                          i = j,
        j = t;                          j = t;
```

6. int i=2, j=2，执行下列语句后 j 等于_____。

```
    switch(++i)
    {
        case 1:    ++j;
        case 2:    ++j;
        case 3:    ++j;
        default:   ++j;
    }
```

    A）2　　　　　　　B）3　　　　　　　C）5　　　　　　　　D）4

7. int i=1, j=0; 下列程序正确的是_____。

    A）
```
switch(i+j)
{
    case 1:i+=j;
    case 2:i-=j;
}
```
    B）
```
switch(i+j);
{
    case 1:i+=j;
    case 2:i-=j;
}
```
    C）
```
switch(i+j)
{
    case 1:i+=j;
    case 1:i-=j;
}
```
    D）
```
switch(i+j)
{
    case i:i+=j;
    case 2*i:i-=j;
}
```

8. 下列程序段_____的功能是输入字符'Y'，回答"Yes"；输入字符'N'，回答"No"。

    A）
```
switch(getchar())
{
    case 'Y': printf("Yes\n");
    case 'N': printf("No\n");
}
```
    B）
```
switch(getchar());
{
    case 'Y': printf("Yes\n");
    case 'N': printf("No\n");
}
```
    C）
```
switch(getchar());
{
    case 'Y': printf("Yes\n");
              break;
    case 'N': printf("No\n");
              break;
}
```
    D）
```
switch(getchar())
{
    case 'Y': printf("Yes\n");
              break;
    case 'N': printf("No\n");
              break;
}
```

9. 下列程序的输出结果是_____。

```
int i=3;
while(i--);
    printf("%d \n", i);
```

    A）1　　　　　　　B）−1　　　　　　　C）0　　　　　　　　D）2

10. 下列程序的输出结果是_____。

```
int i=4;
while(i--)
    printf("%d", --i);
```

A）10　　　　　　B）21　　　　　　C）31　　　　　　D）20

11. 以下能正确求 1+2+…+100 的程序段是_____。

A) `int i=1, sum=0;`
```
    do
        sum+=++i;
    while( i<100 );
```
B) `int i=1, sum=0;`
```
    do
        sum+=++i;
    while( i<=100 );
```
C) `int i=1, sum=0;`
```
    do
        sum+=i++;
    while( i<100 );
```
D) `int i=1, sum=0;`
```
    do
        sum+=i++;
    while( i<=100 );
```

12. 下面与 while(i) 语句条件表达式等价的是_____。

A）i != 0　　　　B）i == 0　　　　C）i != 1　　　　D）i == 1

13. 下面程序的功能是计算 10!，需要补充的语句是_____。

```
int i, sum;  ____
for(i=1; i<=10; i++)
        sum*=i;
```

A）sum=0　　　B）sum=1　　　C）sum=0;　　　D）sum=1;

14. 下面程序的功能是计算 1+1/2+1/3+…+1/10，错误的语句是_____。

```
int i; double sum;
i=1;
sum=0;
do
        sum+=1/i;
while( i<=10 );
```

A）i=1;　　　　B）sum=0;　　　C）sum+=1/i;　　　D）while(i<=10);

15. 执行下面程序后，j 的值是_____。

```
int i, j;
for(i=1, j=1; j<=50; j++)
{
        if(i>10)  break;
        if(i%2)  {i+=5; continue;}
        i-=3;
}
```

A）6　　　　　　B）2　　　　　　C）8　　　　　　D）4

二、分析程序，写出程序运行结果

1. 运行程序，输入自然数 10，根据程序的功能写出程序运行结果。

```
#include <stdio.h>
void main()
{
    int num, res;
    printf("Enter an integer:");
    scanf("%d", &num);
    res= (num%5==0) + (num%6==0);
```

```
        printf("Is %d divisible by 5 and 6? %s\n",
                num, ( res==2 )?"true":"false");
        printf("Is %d divisible by 5 or  6? %s\n",
                num, ( res>=1 )?"true":"false");
        printf("Is %d divisible by 5 or 6, but not both? %s\n",
                num, ( res==1 )?"true":"false");
    }
```

2. 仔细阅读下列程序，分析程序的主要功能，写出程序运行结果。

```
#include <stdio.h>
void main( void )
{
    int num;

    for(num=1; num<80; ++num)
        if( num%5==0 && num %7==2 )
            printf("%d\n",num);
}
```

3. 运行下列程序，输入一个自然数 7，根据程序的功能写出程序运行结果。

```
#include <stdio.h>
void main( void )
{
    int i, num;

    scanf("%d", &num);
    for(i=2; i<=num/2; ++i)
        if( num%i==0 )
            break;
    if( num>=i*2 )
        printf("Yes\n");
    else
        printf("No\n");
}
```

4. 运行下列程序，输入一个大写字母，根据程序的功能写出程序运行结果。

```
#include <stdio.h>
void main( void )
{
    char ch;

    printf("Please input a letter:");
    scanf("%c", &ch);
    if('A'<=ch && ch<='Z' )
        ch+='a'-'A';
    else
        if('a'<=ch && ch<='z' )
            ch+='A'-'a';
    printf("%c\n", ch);
}
```

5. 仔细阅读下列程序，分析程序的主要功能，写出程序运行结果。

```c
#include "stdio.h"
void main()
{
    int i, b, k=0;
    for(i=0; i<=5; i++)
    {
        b=i%2;
        while(b-->=0)
            k++;
    }
    printf("%d,%d\n", k, b);
}
```

三、找出下面程序中的错误，并对其予以改正

1. 某同学编写了一个程序对输入的三个浮点数 a,b,c 按从小到大顺序排序。请仔细阅读他的程序，指出并纠正程序中的错误。

```c
#include <stdio.h>
void main( void )
{
    float a, b, c, t;

    printf("Input a,b,c:");
    scanf("%f,%f,%f", &a, &b, &c);
    if( a>b )
        /***ERROR***/
        t=a; a=b; b=t;
    if( a>c )
        /***ERROR***/
        t=a; a=c; c=t;
    if( b>c )
        /***ERROR***/
        t=b; b=c; c=t;
    printf("%f,%f,%f\n", a, b, c);
}
```

2. 某同学编写了一个程序打印输入自然数（如 123456）各位上的偶数逆序组成的新数（642）。请仔细阅读他的程序，指出并纠正程序中的错误。

```c
#include <stdio.h>
void main( void )
{
    int num=123456, digit=0, t;
    printf("请输入一个自然数（如 12345678）: ");
    scanf("%d", &num);
    while( num )
    {
        t=num%10;
        /***ERROR***/
```

```
        if(!t%2)
           /*****ERROR*****/
           digit=digit+t*10;
        num/=10;
      }
      printf("%d\n", digit);
   }
```

3. 某同学编写了一个程序求输入五个整数中的最小数。请仔细阅读他的程序，指出并纠正程序中的错误。

```
#include<stdio.h>
void main(void)
{
    int a, i=1, min;
    while(i<=5)
    {
        printf("\n请输入第%d个数据：", i);
        scanf("%d", &a);
        /***ERROR***/
        if(min>=a)  min=a;
        i=i+1;
    }
    printf("min=%d\n", min);
}
```

4. 某同学编写了一个程序计算 1+2+…+10=?。请仔细阅读他的程序，指出并纠正程序中的错误。

```
#include <stdio.h>
void main( void )
{
    /***ERROR***/
    int i=1, sum;

    do
    {
        sum += i ;
    }while( ++ i <=10 );
    /******ERROR******/
}
```

5. 某同学编写了一个程序计算 s=5+55+555+5555+55555+555555+5555555。请仔细阅读他的程序，指出并纠正程序中的错误。

```
#include <stdio.h>
void main(void)
{
    int i=1;
    /***ERROR***/
    int s, t;
    while(i<=7)
```

```
    {
        t=t*10+5;
        s=s+t;
        /***ERROR***/
    }
    printf("%d\n", s);
}
```

四、编程题

1. 编写程序输入一个字母，将字母循环后移 6 个位置后输出。如'A'变成'G', 'w'变成'c'。

2. 根据以下函数关系，对输入的每个 x 值，计算出相应的 y 值。

$$y=\begin{cases} -x & x<0 \\ x+5 & 0\leqslant x<10 \\ x+10 & 10\leqslant x<20 \\ x+20 & 20\leqslant x \end{cases}$$

3. 输入一个年份 year，求该年的 3 月 1 日是星期几？

4. 编写程序求解任意输入的浮点数四则运算表达式，输出算式和计算结果，例如：

输入：2.0*8.0 <CR>

输出：2.0*8.0=16.00。

5. 给定一个自然数，要求：①求它是几位数；②按逆序打印出各位数字。例如原数为 4321，应输出 1234。

6. 编程用牛顿迭代法求 $ax^2+bx+c=0$ 方程的解，a，b，c 由键盘输入，根的精度为 10^{-6}。

7. 编写程序统计 100 以内的自然数，有多少个素数？输出所有素数及素数的个数。

8. 编程计算 N! 的每个数位上数字的和，其中 N 是程序运行时输入的日期数字的和。例如程序运行时输入的日期是 20130101，N=2+0+1+3+0+1+0+1=8，$N!$ =40320，每个数位上数字的和=4+0+3+2+0=9。

9. 如果把一个自然数各位上的数字从大到小排列后形成的整数减去它的逆序数（即各位数字从小到大排列后形成的数），所得的差数等于原来的数码组成的数，那么，称其为"自我拷贝数"，例如 6174 就是一个"自我拷贝数"。请编写程序求最小的自我拷贝数。

10. 编程从键盘输入一个整数 $n(1\leqslant n\leqslant9)$，打印指定的数字图形。下图为 n=5 的运行结果。

11. *A、B、C、D 四人在一起聊天。有 3 人始终说真话，有 1 人始终说谎。找谁在说谎，A 说不是我；B 说是 C；C 说是 D，D 说 C 胡说。请编程找出是谁在说谎。

12. *韩信带兵打仗，1500 名士兵战后减员了四五百人，他命令士兵 3 人站一排多了 2 人，5 人站一排多了 4 人，7 人站一排多了 6 人，韩信一口说出了士兵数量。请编程算算战后士兵有多少人。

13. *自然数 n 的首位数字为 6。若将首位数字移到个位（其他数字移到 6 的左侧）构成一个新数 m，则 $n=4m$。编写程序查找自然数 n 的最小值。

14. *m 位评委给选手进行打分，去掉一个最高分和一个最低分，求选手的平均得分。

```
      1
     121
    12321
   1234321
  123454321
   1234321
    12321
     121
      1
```

输入示范：6

　　　　　 30 50 60 80 90 70

输出示范：65.00

　　15.*编程输入一个正整数 n，统计 $1\sim n$ 之间的每个数的因子和因子个数，找出因子个数最多的数。

输入示范：5

输出示范：1: 1　　因子个数 1

　　　　　 2: 1 2　　因子个数 2

　　　　　 3: 1 3　　因子个数 2

　　　　　 4: 1 2 4　　因子个数 3

　　　　　 5: 1 5　　因子个数 2

　　　　　 1-5 之间，4 的因子个数 3，最多

注："*"为了培养学生的计算思维，带星号的习题仅提供答案给任课教师。

第 4 章　数　　组

1. 理解数组类型的概念
2. 掌握一维数组的使用
3. 理解多维数组的概念，掌握二维数组的使用
4. 掌握查找、排序、求极值等成批数据处理算法
5. 掌握字符数组的使用及字符串处理算法

🔒 本章学习难点

1. 理解数组类型和数组名
2. 掌握常见成批数据处理算法
3. 掌握常见字符串处理算法

在 C 语言中，除了整型、实型和字符型等基本数据类型之外，还可以将基本数据类型按照一定的规则组合起来构成较为复杂的数据类型，称为构造数据类型，又称导出数据类型，主要包括数组、结构体、共用体等。构造数据类型变量由多个分量组成，每一个分量可以是简单变量，也可以是构造数据类型变量。学习构造数据类型，应重点掌握如何定义构造数据类型变量、如何访问构造数据类型变量的每一个分量的方法。

本章主要介绍数组类型。数组中顺序存放了一批相同数据类型的数据，这些数据不仅数据类型相同，而且在计算机内存里连续存放，地址编号最低的存储单元存放数组的起始元素，地址编号最高的存储单元存放数组的最后一个元素。通过数组名标识和序号（C 语言称为下标）可以引用这些数组元素。数组不仅可以是一维的，还可以是多维的。

4.1　顺序数据处理

在[例 3-2]中，我们输入了一个五位正整数 num，然后通过执行 num%10 求余和 num/=10 整除分离出它的个位、十位、百位、千位、万位等各位数字。如果要进一步求 N 位正整数 num 的各位数字，仍然可以在 num 大于 0 的情况下反复执行 num%10 求余和 num/=10 整除操作，问题是如何在这些重复操作中保存求出的 N 个数字？由于 N 的不确定性，显然不能采用类似[例 3-2]的顺序结构。循环结构虽然能够提供在指定条件下反复执行循环体的功能，但无法在循环体里将 num%10 的结果依次赋给一个个孤立的变量 a, b, c, d, e…，我们必须声明一批有着密切联系、连续排列的变量组合，在使用时使用"第一位"、"第二位"……这样的称呼去调用其中的某一位变量。C 语言的数组就提供了这样的功能：

```
unsigned short digit[6];
```

　　这个 digit 便是所要求的变量组合，它提供了 6 个在计算机内存里连续存放的无符号短整型变量：digit[0]、digit[1]、digit[2]、digit[3]、digit[4]、digit[5]。我们可以在 num 大于 0 的情况下反复执行 num%10 求余和 num/=10 整除操作，通过循环变量 i 将每次求出的各位数字存到 digit[i]即可。而且，如果 num 是一个 7 位正整数或 8 位正整数，我们只要将上述定义中方括号中的 6 调整成 7、8 即可。这里定义的 digit 便是一个典型的一维数组。

　　很多时候面临的问题要比［例 3-2］复杂很多。这时，使用一维数组已经无法描述我们要处理的数据加工对象了。还是先来看看两个典型的问题。

　　许多电脑游戏常会随机生成一些地图，如果把其中的内容简化成障碍物和通道，这就是程序设计中比较经典的迷宫（maze）生成与遍历问题。通常情况下，人们都会选取代数中的可以表达行列概念的二维矩阵构造迷宫，如图 4-1 所示，这里，我们约定迷宫是一个矩形区域，它有一个入口和一个出口。迷宫的入口在左上角，出口在右下角。除了迷宫的边界以外，迷宫的内部不仅要能表达不能穿越的障碍物、可以穿越的通道，还必须能够表达已经或正在穿越的路径、走不通需要回溯的死胡同等状态。

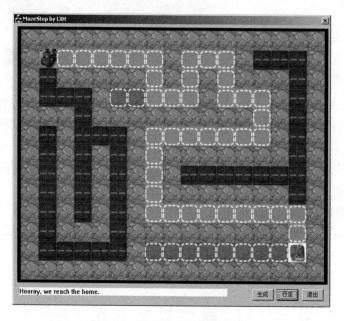

图 4-1　迷宫自动遍历示意图

C 语言的二维数组提供了类似的功能：

```
unsigned short Maze[13][17];
```

这里定义的 Maze 数组代表了图 4-1 中的 13 行 17 列的迷宫，可以用 Maze[Row][Col]代表迷宫内部第 Row 行第 Col 列的状态，当 Maze[Row][Col]=1 时表示该位置是障碍物，当 Maze[Row][Col]=2 时表示该位置是尚未穿越的通道……

　　下面，我们来看看比迷宫问题更加复杂的彩色图像存储问题。图 4-2 中所示的彩色图像是 128 行×128 列的标准测试图像 Lena。数字图像使用 RGB 三色通道混色模拟自然界各种颜色，每一种颜色分量都是一个 0～255 渐进的灰度数字信号，Lena 的 RGB 三个颜色位面的点阵图如图 4-2 左侧所示。要想存储 Lena，首先要能区分 R、G、B 三个颜色位面，还必须能够对其中的一个颜色位面描述其某一行某一列的灰度信息，这显然是一个三维空间的数据处理问题。

可以使用 C 语言多维数组中的三维数组解决这个 Lena 图像存储的问题：

```
unsigned short Image[3][128][128];
```

这里定义的 Image 数组中，Image[i][Row][Col] =0，1，…，255 表示颜色位面 i 第 Row 行第 Col 列的灰度信息，i=0，1，2 分别表示 R、G、B 三个颜色位面，Row=0，1，…，127 表示 128 行，Col=0，1，…，127 表示 128 列。

需要提醒的是，为了简化问题，在这里忽略了调色板、数据压缩、图像格式等更加复杂的概念，仅仅考虑了 RGB 三个颜色位面的 RAW 数据存储。

图 4-2　Lena 图像的 RGB 三个颜色位面

由于维数越高，处理就越复杂，在本书中主要讲述一维和二维数组的使用。

数组元素中不仅可以存放整数、浮点数，还可以存放字符、指针、结构等类型数据。本章先介绍数值型数组和字符型数组，其余的内容将在以后各章陆续介绍。

4.2　一　维　数　组

4.2.1　一维数组的定义

在 C 语言中使用数组和普通变量一样，必须先定义再使用。定义一维数组的语法为：

类型说明符　数组名[整型常量表达式];

其中：

（1）类型说明符可以是 char、int 等任一种基本数据类型或构造数据类型。

（2）数组名是用户定义的数组标识符，命名规则与标识符命名规则一致。

（3）方括号中的整型常量表达式常常直接使用自然数表示，指定了数组中包含的数据元素个数，也称为数组的长度。

（4）C 语言编译系统在进行编译时，会为数组分配连续的内存空间。一维数组所占内存的字节数可按公式：sizeof(类型)*数组长度来计算。

（5）数组名是一个地址常量，表示数组元素在内存中存放的起始地址。

例如：

```
char name[8];              定义字符数组 name, 最多存放 8 个字符（含'\0'）
int score[100];            定义整型数组 score, 最多存放 100 个整数
float num[20], mark[80];   定义浮点型数组 num、mark, 最多存放 20 和 80 个单精度数
```

C 语言编译系统在编译时，会为数组 name 分配连续 8 个字节的内存单元，每个元素占 1 个字节，name 对应数组在内存中的起始地址 0x12ff60，如图 4-3（a）所示。

图 4-3（b）是复制字符串"hello"到 name 数组后数组 name 的存储示意图。对比两图可以知道：数组和普通变量一样，它在定义后所占用的内存单元中的值是随机的、不确定的。

图 4-3　数组 name 的存储示意图

（a）char name[8];后；（b）复制字符串"hello"到 name 后

对数组的定义应注意以下几点：

（1）数组名的书写规则应符合标识符的书写规定，例如，不能这样定义数组：

```
int while[10];             ×// 与保留字 while 冲突
double 100num[100];        ×// 变量名必须以字母或下划线开始
```

（2）定义数组时不能与已有的其他变量重名：

```
int num;
float num[10];
```

VC 在编译时会提示：

```
error C2040: 'num' : 'int [10]' differs in levels of indirection from 'int '.
```

（3）float num[20];表示数组 num 有 20 个元素。但是 C 语言规定数组元素的下标从 0 开始引用。因此数组 num 的 20 个数组元素分别为 num[0], num[1],…,num[18], num[19]。

（4）定义数组时不能在方括号中用变量、负数、零来表示元素的个数，但可以使用符号常量或常量表达式。

例如：

```
#define N 10
 void main( void )
{
    short num[3+2];
    float mark[N];
    …
}
```

是合法的。

但是下述说明方式是错误的。

```
void main( void )
{
    int n=5;
    int a[n];
    …
}
```

（5）允许在同一个类型说明中，说明多个数组和多个变量。

例如：

```
int a, b, c, k1[10], k2[20];
```

4.2.2　一维数组的初始化

由于数组元素在定义后值是随机的，不能马上参与运算。如果希望定义过的数组元素能够马上参与运算，可以在数组定义时给全部或部分数组元素赋予初值，这就是数组的初始化。由于数组的初始化是在编译阶段进行的，不占用程序的运行时间，效率较高，因此，只要解决的问题不要求动态赋值，通常都可以采用初始化的方法给数组赋值。

一维数组的初始化赋值语法是：

类型说明符 数组名[常量表达式]={初值 1，初值 2，…，初值 n}；

初值列表将依次给各数组元素赋初值，各初值之间用逗号间隔。

例如：　`short num[10]={ 0, 1, 2, 3, 4, 5, 6, 7, 8, 9 };`

相当于 `num[0]=0; num[1]=1;…; num[9]=9;`

C 语言对数组的初始化赋值还有以下几种形式：

（1）可以只给部分数组元素赋初值。

当初值列表中初值的个数少于数组元素个数时，只给前几个数组元素赋初值，后面的数组元素自动赋 0 值。例如：`short num[8]={0, 1, 2, 3, 4};`的初始化情况从图 4-4 中可以看出，只给 num[0]～num[4]前 5 个数组元素赋了初值，而后面的数组元素自动赋 0 值。每个 short 元素占两个字节，由于数值较小，每个数组元素的高位字节均为 0。

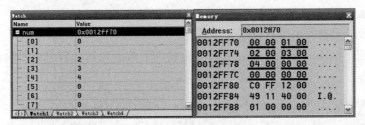

图 4-4　数组 num 的部分元素初始化示意图

（2）如果准备在初始化里给全部元素赋值，则可以在数组定义中省略数组长度。相对定长数组的初始化而言，这种说明被称为变长数组初始化。C 编译系统将自动计算变长数组的长度以申请一个足够大的内存空间来存放初始化数据。

例如：

```
short num[10]={ 0, 1, 2, 3, 4, 5, 6, 7, 8, 9 };
```

可写为：

```
short num[]={0, 1, 2, 3, 4, 5, 6, 7, 8, 9};
```

但不能省略不初始化的数组长度：

```
short num[];    ×
```

（3）初值个数既不能超过数组长度，也不能为 0：

```
short num[8]={ 0, 1, 2, 3, 4, 5, 6, 7, 8, 9 };    ×
short num[8]={ };    ×
```

相对定长数组的初始化而言，应用变长数组初始化使程序员可以根据需要随时修改源程序代码，增加或缩短初值列表的长度，而不必担心可能发生此类错误。

（4）只能给数组元素逐个赋值，不能给数组整体赋值。

例如给 num 数组的十个元素全部赋 2，只能写为：

```
    short num[10]={2, 2, 2, 2, 2, 2, 2, 2, 2, 2};
```

或 `short num[]={2, 2, 2, 2, 2, 2, 2, 2, 2, 2};`

而不能写为：

```
    short num[10]=2;    ×
```

（5）不能对已定义的数组初始化，下面的两种做法都是错误的：

```
    short num[10];
    short num[10]={ 0, 1, 2, 3, 4, 5, 6, 7, 8, 9 };    ×
```

或 `short num[10];`

```
    num={ 0, 1, 2, 3, 4, 5, 6, 7, 8, 9 };    ×
```

4.2.3   一维数组元素的引用

数组必须先定义，才能引用其元素。引用数组元素的一般形式为：

数组名[下标]

其中下标可以是常量、变量、函数或表达式。如果下标带有小数，C 编译系统将自动对其取整。例如，若有定义：short num[10];则 num[3]、num[i+j]、num[i++]都是对数组 num 中数组元素的合法引用。

C 语言对数组元素的引用有以下几种规定：

（1）数组的下标从 0 开始计算。数组下标表示了数组元素在数组中的顺序号。因此，如果定义：

```
short num[10]={ 0, 1, 2, 3, 4, 5, 6, 7, 8, 9 };
```

则可以访问 num[0]、num[1]、…、num[9]。最后一个元素的下标只能到 9，不能引用数组元素 num[10]，因为如果 num[0]代表数组的第 1 个元素，那么 num[10]代表的已经是数组的第 11 个数组元素，这与数组的定义有冲突。

（2）在 C 语言中只能逐个地引用数组元素，不能一次引用整个数组。

例如，通过输入语句给 num 数组赋值必须使用循环语句逐个输入数据：

```
for(i=0; i<10; i++)
    scanf("%d", &num[i]);
```

而不能用一个语句输入/输出整个数组：

```
scanf("%d", num);    ×
printf("%d", num);   ×
```

（3）数组元素和普通变量一样，可以出现在任何合法的 C 语言表达式中。例如，数组元素可以出现在下标位置 num[num[j]]，可以出现在函数调用"scanf("%d", &num[i]);"中等。

（4）C 语言不对数组下标是否越界作任何检查，程序员自己要确认数组元素的正确引用，下标不能超出数组定义的范围。

例如，如果定义：short num[10]; 那么，

```
    for(i=0; i<=10; i++)
        scanf("%d", &num[i]);
```

和 `for(i=0; i<=10; i++)`
```
        printf("%d", num[i]);
```

都是犯了越界访问到 num[10]的错误。访问 num[−1]当然更不对。

（5）数组名 num 代表的是数组 num 起始元素的地址，也即数组元素 num[0]的地址。因此"scanf("%d", num);"也就等价于"scanf("%d", &num[0]);"。

最常见的数组元素引用就是数组赋初值。数组除了定义初始化可以赋初值之外，还有其他方法：

（1）利用赋值语句初始化：

```
char str[27],ch;
str[0]= 'A';
str[1]= 'B';
…
str[25]= 'Z';
```

（2）使用赋值语句依次赋值显得比较笨拙，较好的方法是使用循环依次赋值：

```
for(ch='A'; ch<='Z'; ch++)
    str[ch-'A']=ch;//将26个大写字母依次存到str[i]中（i=0, 1, …, 25）。
```

（3）利用循环输入各个初值：

```
char  str[27], i ;
for(i=0; i<26; i++)
    scanf("%c", &str[i]);
```

4.2.4　一维数组程序设计举例

一维数组简单易用，在程序设计中得到了广泛应用。下面，通过几种常见应用来学习一维数组的使用。

1. 顺序或逆序访问数组元素

【例 4-1】用 C 语言编程输入 9 个整数，要求逆序打印其中的自然数，例如，输入 12 –23 5 0 45 –81 72 56 90，程序输出的结果为 90 56 72 45 5 12。

这道题的要求比较简单，根据题意，需要定义一个能存放 9 个整数的数组 num 和用于控制下标变化的计数器 i，利用循环，让计数器 i 递增，依次输入各个初值，然后再利用计数器 i 递减逆序访问每个数组元素，打印其中的非零正数。

将上述思路转换成 C 语言源程序：

```c
// Program: EG0401.C
// Description: 输入 9 个整数，要求逆序打印其中的自然数。
#include <stdio.h>                          // 包含标准 I/O 库函数的说明
void main( void )                           // 主函数说明
{
    short num[9], i ;                       // 局部变量说明

    printf("请输入 9 个整数:");              // 显示输入提示
    for(i=0; i<9; i++)                      // 顺序输入 9 个数据
        scanf("%d", &num[i]);

    printf("逆序打印其中的自然数:");          // 显示输出提示
    for(i=8; i>=0; i--)                     //逆序访问各数组元素
        if(num[i]>0)                        //打印正数
            printf(" %d", num[i]);
}
```

程序运行结果如图 4-5 所示。

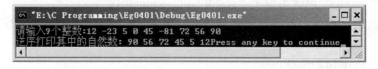

图 4-5　［例 4-1］的程序运行结果

【想一想】

（1）如果要逆序访问所有数组元素，上述程序应如何修改？若要顺序访问所有数组元素呢？

（2）图 4-6 是数组 num 接受输入后的内存存储示意图，你能指出每个数组元素吗？需要提醒的是：负数存放的是十六进制的补码。

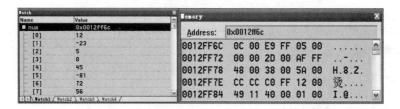

图 4-6　num 的内存存储示意图

（3）程序运行结束后，C 语言提示的 "Press any key to continue" 怎么和打印的结果跑到一行上了？怎样才能另起一行？

【例 4-2】　用 C 语言编程任意输入一个正整数，要求逆序打印其各位数字，例如，输入 65538，程序输出的结果为 8，3，5，5，6。

这道题的详细分析见本章第一节内容。根据题意，需要定义一个存放输入的任意正整数的变量 num、一个能存放各位数字的数组 digit 和用于统计位数的计数器 i、j，利用循环，让计数器 i 递增，将 num%10 求出的各位数字依次存到 digit[i]，再将 num 整除 10：num/=10，然后再利用计数器 j 递增逆序打印各位数字，为了避免多打印一个逗号，最后单独打印最高位数字。

将上述思路转换成 C 语言源程序：

```c
// Program: EG0402.C
// Description: 输入一个正整数，逆序打印其各位数字
#include <stdio.h>
void main( void )
{
    unsigned int num;
    unsigned short digit[8], i, j;

    printf("请输入一个正整数:");
    scanf("%d", &num);

    for(i=0; num!=0; i++)
    {
        digit[i] = num % 10;
        num /= 10;
    }

    printf("颠倒的各位数字是: ");
    for(j=0; j<i-1; j++)
        printf("%2d,", digit[j]);
    printf("%2d\n", digit[j]);
}
```

程序运行结果如图 4-7 所示。

图 4-7　[例 4-2] 的程序运行结果

【想一想】

（1）for (j=0; j<i-1; j++) 能否改成 for (j=0; j<i; j++)？

（2）下列程序段就近定义了变量：

```c
unsigned int num;
printf("请输入一个正整数:");
```

```
scanf("%d", &num);

unsigned short digit[8], i;
for(i=0; num!=0; i++)
{
    digit[i] = num % 10;
    num /= 10;
}

printf("颠倒的各位数字是：");
for(short j=0; j<i-1; j++)
    printf("%2d,", digit[j]);
printf("%2d\n", digit[j]);
```

　　结果，一编译就发现了 14 个错，这是怎么回事？

　　就近原则是 C++的规定：程序员可以根据情况，就近定义变量、赋值使用，这样可以大大增加程序的可读性。但 C 语言没有这一条规定，当然会编译出错了。

　　只要将改过的 EG04-02.C 另存为 EG04-02.CPP，重新编译便可以通过了。由于 C++对 C 的兼容性，本书介绍的内容基本上都可以移植到 C++上。

　　（3）程序最后的输出：printf("%2d\n", digit[j]);中的 "\n" 对本次程序结果有什么影响？去掉它，会有什么影响？

　　2. 寻找最大值、最小值和它们的位置

　　【例 4-3】用 C 语言编程输入 10 个整数存入数组 num，找出其中的最大数和它所在的位置。

　　根据题意，必须先定义一个能存放输入的 10 个整数的数组 num、计数器 i，利用循环，让计数器 i 从 0 递增到 9，依次输入 10 个整数存到 num[i]中。当然，还要定义一个存放最大数的变量 Max、一个存放最大数所在位置的变量 MaxPos。对于查找极值的问题，初值的选取是非常重要的，不能随便定，如果选 0 作为最小值，就无法发现输入数据中比 0 更小的负数。查找极值的算法通常选取数组的起始元素和起始位置作为初值。然后利用计数器 i 从 1 到 9，依次用 num[i]和 Max 比较，若 Max<num[i]，更新 Max、MaxPos。最后将 Max、MaxPos 打印出来。

　　将上述思路转换成 C 语言源程序：

```
// Program: EG0403.C
// Description: Input 10 digits, find the max and it's position.
#include <stdio.h>
#define SIZE 10
void main( void )
{
    int num[SIZE];
    int i, Max, MaxPos;

    printf("Enter 10 integers:");
    for(i=0; i<SIZE; i++)
        scanf("%d", &num[i]);

    Max=num[0];
    MaxPos= 0;
    for(i=1; i<SIZE; i++)
```

```
        if( Max < num[i] )
        {
            Max=num[i];
            MaxPos=i;
        }
    printf("Maximum value is %d\n", Max);
    printf("It's position is %d\n", MaxPos+1);
}
```

程序运行结果如图 4-8 所示。

图 4-8　[例 4-3]的程序运行结果

【想一想】

（1）本例题输入数据时能模仿 [例 4-3] 一次性输入十个数后按回车结束吗？为什么呢？

（2）为什么将 num 定义成短整型数组：short num[SIZE];程序运行结束时有时会显示如图
4-9 所示的出错信息：

图 4-9　出错提示信息

这实际上是 VC++ 编译器的一个 bug。VC++ 对普通 C 程序中偶数长度 short 型数组
的支持存在一些问题。如果把数组大小定义成奇数、换成 int 型或换个编译器，就不存
在问题了。

（3）经常有人问：求最大值、最小值有什么用？我们来介绍一下求最大值、最小值在科
学计算中的一种用途：归一化（Normalization Method）。在科学计算中，数据样本有时会不
太规范，如图 4-10（a）所示。假定 Max 与 Min 分别表示数据样本的最大与最小值，数据的
归一化通过对样本 x 进行计算(x–Min)/(Max–Min)将其拉伸满整个值域空间，便于进一步分析
处理，如图 4-10（b）所示。

（4）能否不定义 max、min，通过记住它的位置来寻找最大值、最小值呢？

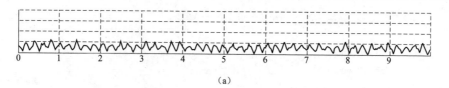

（a）

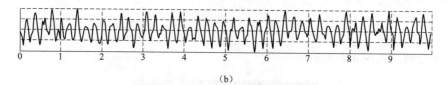

（b）

图 4-10　求极值的应用举例

（a）原图；（b）归一化后的图

3. 排序

排序是程序设计中很重要的内容，具体实现的方法也很多。在本书中介绍两种最常见的排序算法：选择法排序、冒泡法排序。

选择法排序对 n 个记录按从小到大顺序进行排序的具体过程是：

（1）首先通过 n-1 次关键字间的比较，从 n 记录中找出关键字最小的记录；当第一趟扫描结束后，将它与第一个记录交换，将关键字最小的记录安置在第一个记录的位置上。

（2）再通过 n-2 次比较，从剩余的 n-1 个数中找出关键字次小的记录；当第二趟扫描结束后，将它与第二个记录交换，将关键字次小的记录安置在第二个记录的位置上。

（3）重复上述过程，最多需要扫描 n-1 趟完成全部记录的排序。

【例 4-4】用 C 语言编程实现对 10 个整数按从小到大顺序进行选择法排序，最后输出排序结果。

根据题意，必须先初始化一个存放了 10 个整数的数组 Num，定义两个计数器 i、j，利用两重循环，让计数器 i 负责扫描 n-1 趟，让计数器 j 在内循环中进行 n-i 次比较。在 i 次循环时，把第 i 个元素的位置 i 赋予变量 pos。内循环从 Num[i+1] 起一直比到最后一个元素，逐个与位置 pos 对应元素 Num[pos] 作比较，将更小元素的位置记录到 pos 中。内循环结束后，pos 对应了最小元素，如果 i=pos 表示 Num[i] 就是最小的，否则交换 Num[i] 和 Num[pos] 之值。排好 Num[i] 后转入下一轮外循环。对 i+1 以后各个元素排序。最后将排序结果打印出来。

将上述思路转换成 C 语言源程序：

```c
// Program: EG0404.C
// Description: 对 10 个整数按从小到大顺序进行选择法排序
#include <stdio.h>
#define SIZE 10
void main(void)
{
    int Num[SIZE]={12,32,28,45,67,48,18,72,90,68};
    int Pos, tmp, i, j;

    printf("Normal numbers:");
    for(i=0; i<SIZE; i++)
        printf("%d ", Num[i]);
```

```
    printf("\n");

    for(i=0; i<SIZE-1; i++)
    {
        Pos=i;
        for( j=i+1; j<SIZE; j++)
          if(Num[j]<Num[Pos])
               Pos=j;
        if(i!=Pos)
          tmp=Num[i], Num[i]=Num[Pos], Num[Pos]=tmp;
    }

    printf("Sorted numbers:");
    for(i=0; i<SIZE; i++)
        printf("%d ", Num[i]);
    printf("\n");
}
```

程序运行结果如图 4-11 所示。

图 4-11 ［例 4-4］的程序运行结果

【想一想】

（1）如果要求按从大到小顺序进行排序，应该如何修改示例程序？

理解了选择法的思路后，只要将条件判断: Num[j]<Num[Pos]改成 Num[j]>Num[Pos]即可。

（2）选择排序的特征是**先选再换**：先是通过内循环的依次比较选出当前的最小数在什么位置，其次是在内循环依次比较结束后才将选出的最小数换到最前面。如果比较时发现顺序不对就交换，就变成**边比边换**的冒泡法排序算法了。

冒泡法排序（bubble sort）又称为相邻元素比较交换法。对集合 A 中 n 个记录按从小到大顺序进行冒泡法排序的具体过程是:

（1）第一趟扫描：从 j=0 开始，依次比较相邻两个元素 A[j]与 A[j+1]，若 A[j]>A[j+1]，则交换其值；依次类推，直至第 n–1 个数和第 n 个数比较完为止。第一趟扫描结束后，将最大的数安置在第 n 个元素的位置上。

（2）对前 n–1 个数进行第二趟扫描，将次大的数安置在第 n–1 个元素位置上。

（3）重复上述过程，最多经过 n–1 趟扫描完成全部记录的排序。见图 4-12。

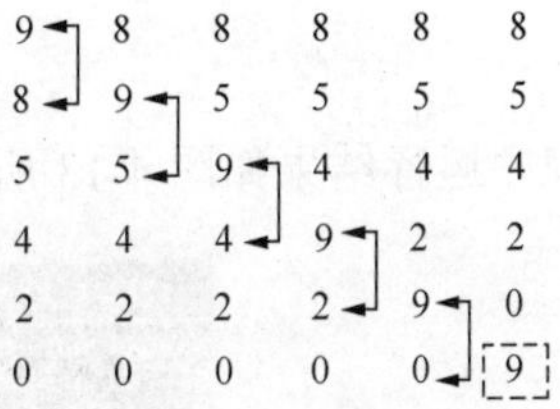

图 4-12 演示了用冒泡法排序算法对 6 个数据[9 8 5 4 2 0]进行第一趟扫描的处理情况，第一趟扫描共比较了 6–1 次，最大的数给第 6 个元素。这和池塘里的水泡上浮情况非常相似，轻重水泡不断互换位置，轻的水泡往上浮，重的水泡往下沉，最重的水泡沉到最下面，所

```
9   8   8   8   8   8
8   9   5   5   5   5
5   5   9   4   4   4
4   4   4   9   2   2
2   2   2   2   9   0
0   0   0   0   0   [9]
```

图 4-12 冒泡法排序第一趟扫描示意图

以称其为"冒泡法"。

【例 4-5】用 C 语言编程实现对 10 个浮点数按从小到大顺序进行冒泡法排序，最后输出排序结果。

根据题意，必须先初始化一个数组 Num 存放 10 个浮点数，定义两个计数器 i、j，利用两重循环，让计数器 i 负责扫描 n–1 趟，让计数器 j 在内循环中进行 n–i 次相邻元素比较。

在第 i 轮外循环中，一进入内循环，就开始从 j=0 比较相邻的两个元素 Num[j]、Num[j+1]，如果发现顺序不对：Num[j]大，Num[j+1]小，交换其值。内循环结束后，第 i 大的元素放到了 Num[n–i]的位置上。排好 Num[n–i]后转入下一轮外循环。对剩下的前 n–i 个元素进行排序。最后将排序结果打印出来。

将上述思路转换成 C 语言源程序：

```c
// Program: EG0405.C
// Description: 对 10 个浮点数按从小到大顺序进行冒泡法排序。
#include <stdio.h>
#define SIZE 10
void main(void)
{
    float Num[SIZE]={11.2,32.1,25.8,4.5,6.7,4.8,18,27.2,19,6.8}, tmp;
    int i, j;

    printf("Normal numbers:");
    for(i=0; i<SIZE; i++)
        printf("%5.1f", Num[i]);
    printf("\n");

    for(i=0; i<SIZE-1; i++)
    {
        for( j=0; j<SIZE-i-1; j++)
            if(Num[j]>Num[j+1])
                tmp=Num[j], Num[j]=Num[j+1], Num[j+1]=tmp;
    }

    printf("Sorted numbers:");
    for(i=0; i<SIZE; i++)
        printf("%5.1f", Num[i]);
    printf("\n");
}
```

程序运行结果如图 4-13 所示。

图 4-13　[例 4-5] 的程序运行结果

【想一想】

（1）如果要求按从大到小顺序进行排序，应该如何修改示例程序？

（2）冒泡法排序的特征是："边比边换"，一旦发现数据顺序不对就交换其位置。它和"先选再换"的选择法排序哪个效率高？

4．查找

实际应用中，经常需要在成批数据中查找感兴趣的数据。最简单的查找算法是顺序查找，从数组的第一个元素开始，依次比较待查数据和数组元素，如找到该数据，查找成功，打印其位置。如果找遍整个数组都未找到该数据，查找失败，输出"未找到！"。顺序查找虽然最简单，但查找效率较低。

下面介绍一种效率较高的查找算法：二分查找（Binary Search），又称折半查找。二分查找的查找对象是已经排好序的数据。

【例 4-6】　用 C 语言编程实现在按从大到小顺序排好序的 15 个整数中查找输入的数 x，如果找到 x，打印其位置，否则输出"未找到 x！"的提示。

根据题意，必须先初始化一个数组 Num 存放按从大到小顺序排好序的 SIZE（15）个整数，定义三个变量 Begin、Mid、End，分别代表查找区间的起点（初值为 0）、中间点、终点（初值为 SIZE−1）。首先要确定当前查找区间的中间点位置：Mid=(Begin + End)/2，将待查的 x 值与 Num[Mid]进行比较；若相等，则查找成功，打印此位置，否则须确定新的查找区间，继续二分查找，具体方法如下：

（1）如果 x<Num[Mid]，则 x 必定在区间[Mid+1…n-1]中，新的查找区间是[Mid+1…n-1]，需要将 Begin 修正为 Mid+1。

（2）如果 x>Num[Mid]，则 x 必定在区间[0…Mid-1]中，新的查找区间是[0…Mid-1]，需要将 END 修正为 Mid-1。

从初始的查找区间[0，SIZE-1]开始，不断将 x 与当前查找区间的中点位置上的数据进行比较，确定是否查找成功，不成功则将当前的查找区间缩小一半。重复这一过程直至找到 x 为止，如果当前的查找区间已经为空（Begin>End）时，查找失败。

将上述思路转换成 C 语言源程序：

```c
// Program: EG0406.C
// Description: 按从大到小顺序排好序的 15 个整数中查找输入的数 x。
#include <stdio.h>
#define SIZE 15
void main( void )
{
    int Num[SIZE]={81,72,68,66,56,48,36,33,22,12,10,9,6,3,1};
    int Begin=0, End=SIZE-1, Mid, x;

    printf("Input x:");
    scanf("%d",&x);
    while( Begin<=End )
    {
        Mid=(Begin+End)/2;
        if(x==Num[Mid])
        {
```

```
        printf("It's position is %d \n", Mid+1);
        break;
    }
    if(x<Num[Mid])   Begin=Mid+1;
    else             End=Mid-1;
}

if(Begin>End)
    printf("Cann't find it\n");
}
```

程序运行结果如图 4-14 所示。

5. 插入

我们经常要插入一个新数到排好序的数据序列中，要求新的序列仍然保持原有顺序。常见的操作还有删除、逆序、合并等。

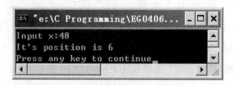

图 4-14 ［例 4-6］的程序运行结果

【例 4-7】 用 C 语言编程实现在按从小到大顺序排好序的 9 个浮点数中插入一个输入的数，要求新的序列仍然保持原有顺序。

由于要插入一个新数到原数据序列中，我们在初始化一个存放按从小到大顺序排好序的浮点数数组 Num 时，数组 SIZE 长度至少要设置成 9+1＝10 个，这是插入问题的关键所在。最后一个数据元素在初始化时不要赋值。可以将要插入的数存到这个位置上。将它和前面的 SIZE−1 个数依次比较，如果发现 Num[i]>Num[SIZE-1]，违背了从小到大排列的规律，互换其值。如果比较到最后都没有发现比 Num[SIZE-1]大的数，那就将插入的新数放在最后。

将上述思路转换成 C 语言源程序：

```
// Program: EG0407.C
// Description: 在按从小到大顺序排好序的 9 个浮点数中插入输入的数
#include <stdio.h>
#define SIZE 10
void main( void )
{
    float Num[SIZE]={12, 22, 33, 36, 48, 56, 68, 72, 81};
    int i; float tmp;

    printf("Normal numbers:");
    for(i=0; i<SIZE-1; i++)
        printf("%3.0f", Num[i]);
    printf("\n");

    printf("Input new number:");
    scanf("%f",&Num[SIZE-1]);
```

```
for( i=0; i<SIZE-1; i++ )
    if( Num[i]>Num[SIZE-1] )
        tmp=Num[i], Num[i]=Num[SIZE-1], Num[SIZE-1]=tmp;

printf("New numbers:");
for(i=0; i<SIZE; i++)
    printf("%3.0f", Num[i]);
printf("\n");
}
```

程序运行结果如图 4-15。

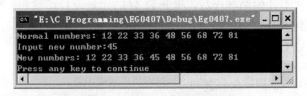

图 4-15　〔例 4-7〕的程序运行结果

【想一想】

（1）有同学定义了一个新的变量 New 存放输入的新数，程序如下：

```
float Num[SIZE]={ 12, 22, 33, 36, 48, 56, 68, 72, 81};
int i; float tmp, New;
…
printf("Input new number:");
scanf("%f", &New);

i=0;
while( i<SIZE-1 && Num[i]<New )
    i++;

while( i<SIZE-1 )
    tmp=Num[i], Num[i++]=New, New=tmp;
…
```

请仔细分析该程序算法，并与〔例 4-7〕的程序进行比较。

（2）删除操作在查找到要删除的数后，不仅要将其后的数据依次前移一位，最后的空位要记得填 0 表示空白，如果找不到要删除的数，要记住输出提示：“找不到要删除的数！”。

（3）逆序操作在折半的区间上头尾两两互换即可。逆序操作最容易犯的错误就是在整个区间上头尾两两互换，结果将已经逆序的数组再次逆序，最后把数据恢复原样。

（4）将两列有序数据合并的操作实际就是重复插入不重复的数，不过，要保证新序列的空间足够大，能够存放下不重复的两列数据。

6. 循环访问数组

循环访问 N 个元素的数组是指从头依次访问数组的每一个元素到队尾后，再次从头开始依次访问数组。可以设计一个计数器从 0 递增到 N-1 依次访问数组的每一个元素，当计数器的值为 N 时将计数器重新置为 0 从头开始访问。

【例 4-8】 有这样一个游戏，N 个人按顺时针方向围坐一圈，从第 S 个人开始按顺时针方向从 1 开始依次报数，报到数 *M* 的人出圈；下一个人继续从 1 开始报数，数到 *M* 的那个人也出圈；依此规律重复下去，一直到所有人都出圈为止。要求用 C 语言编程实现给出这 *N* 个人的出圈顺序表。

　　分析本题时，首先要注意的一个问题是：实际生活中的编号都是从 1 开始，而 C 语言数组下标是从 0 开始计数的。所以本游戏的 C 语言描述就变成了：0～(*N*–1)个人，从第 *S*–1 个人开始按顺时针方向从 1 开始依次报数，报到 *M* 的人退出，下一个人继续从 1 开始报数，一直到所有人都出圈为止。当然，打印出圈顺序时，应该在 C 语言内部编号的基础上加 1。

　　本游戏又称约瑟夫（Joseph）问题，将 0～*N*–1 个人的序号存入一维数组 Queue 后，从第 *S*–1 个元素开始，从 1 开始循环报数，报到数 *M* 的元素便打印输出，同时赋–1；注意非负元素才参加报数，直到所有人都出圈为止。

　　将上述思路转换成 C 语言源程序：

```c
// Program: EG0408.C
// Description: 打印约瑟夫（Joseph）问题的出圈顺序表。
#include <stdio.h>
#define N 13
#define S  1
#define M  3
void main( void )
{
    short i,pos;
    short Queue[N], j=N;          //圈中有 N 个人
    short s=S-1;                   //从第 s 个人开始依次报数

    for(i=0; i<N; i++)            //按顺时针方向围坐一圈
        Queue[i]=i;
    printf("%d 个人按顺时针方向围坐一圈，从第%d 个人开始依次报数，\n"\
        "数到%d 的人出圈，下一个人继续报数，直到所有人出圈为止。\n"\
        "这些人的出圈顺序表是: ", N, S, M);

    i=0, pos=s-1;
    do
    {
        pos++;
        if(pos==N)                              //数到圈尾循环访问
            pos=0;
        if(Queue[pos]!=-1)                      //数数
        {
            i++;
            if(i==M)                            //数到 M 的人出圈
            {
                printf(" %d", Queue[pos]+1);//打印出圈人
                Queue[pos]=-1;                 //出圈
                --j;                           //人数减一
                i=0;                           //重新计数
            }
        }
    }while(j>0);                                //圈中还有人吗？
```

```
    printf("\n");
}
```

程序运行结果如图 4-16 所示。

图 4-16　〔例 4-8〕的程序运行结果

 【想一想】

（1）如果要求最后出圈人是第 2 个人，问最小的 m 值是多少？

> 📦 提 示
>
> 　　在给定 *n*、*s* 的情况下，可以安排一个 m 最小从 3 开始（为什么？）递增的外循环，循环体内求解约瑟夫问题，当最后出圈人是第 2 个人时中止。

（2）"\" ——VC 中的续行符。C 语句以分号作为结束符，一条语句可以占多行，所以在一般的 C 语言程序中不用续行，但本例输出提示的字符串常量太长了，要分成多行书写，该怎么办？

如果一个 VC 中的字符串常量超过一行，可以在该行末尾用一反斜杠续行。

```
char Buff[]="A very long string " \
          " used as an example";//末尾用一反斜杠续行
```

这样用 printf("%s\n"，Buff);来显示的时候是一行完整的语句，中间的间隔也没有问题。但是如果写成

```
char Buff[]="A very long string \
          used as an example";//末尾用一反斜杠续行
```

这样显示出来的字符串在 string 和 used 之间间隔了好多空格。

（3）最牛的约瑟夫问题数学解法：

无论是用数组还是用循环链表求解约瑟夫问题，都有一个共同点：要模拟整个游戏过程，不仅程序写起来复杂，而且非常晦涩难懂。实际上约瑟夫问题仅仅要求最后出圈人的序号，不必模拟整个过程。设从第 0 个人开始数数，报 m 退出，令 f[i]表示 i 个人玩游戏最后出圈人的编号，则有递推公式：

$$\begin{cases} f[1]=0; & (i=1) \\ f[i]=(f[i-1]+m)\%i; & (i>1) \end{cases}$$

注：递推算法选自网络，作者佚名。

```
#include <stdio.h>
void main( void )
{
```

```
int n, m, i, s=0;
printf("N M = ");
scanf("%d%d", &n, &m);
for(i=2; i<=n; i++)
    s=(s+m)%i;
printf("The winner is %d\n", s+1);
}
```

4.3 多 维 数 组

4.3.1 二维数组的定义

上一节介绍的数组只有一个下标，称为一维数组。实际问题中诸如迷宫、图像等很多数据对象都是二维的甚至多维的。C 语言可以构造多维数组，通过多个下标来标识它在数组中的位置。本书主要介绍二维数组的概念和调用。多维数组的概念和调用可由二维数组类推而得到。

定义二维数组的一般格式是：

类型标识符　数组名[常量表达式1][常量表达式2]；

其中：

（1）二维数组的每一个元素都是类型标识符指定的类型。

（2）常量表达式 1 表示数组第一维下标的长度，又称行数。数组的第一维下标变化范围：0～常量表达式 1-1。

（3）常量表达式 2 表示数组第二维下标的长度，又称列数。数组的第二维下标变化范围：0～常量表达式 2-1。

（4）二维数组的许多性质与一维数组是类似的，比如常量表达式必须是大于 0 的整型常量表达式，不允许这样定义：int Num[0][3]；二维数组同样不允许对数组的大小作动态定义：

```
int  i=3 , j=4 ;
int  Num[i][j] ;    ×
```

（5）C 编译系统将为定义的二维数组分配相应的内存单元用于存储各数组元素。所分配的内存字节数为：sizeof(类型标识符) *常量表达式 1*常量表达式 2。

（6）在 C 语言中，二维数组按行列顺序存储，即存完首行各列后再顺序存入第二行。

例如：　short score[2][4];定义了一个 2 行 4 列的数组，数组名为 score，数组所有元素的类型均为 short 型，它们是：score[0][0]，score[0][1]，score[0][2]，score[0][3]，score[1][0]，score[1][1]，score[1][2]，score[1][3]。

依次将 0～7 赋给数组各个元素，由图 4-17 可以查看到数组元素在内存中存放的情况。

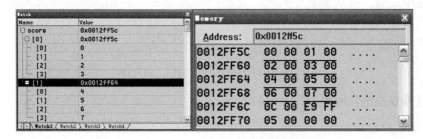

图 4-17　二维数组的物理存储示意图

由图 4-17，可以清楚地看出：虽然二维数组可以加工二维平面数据（数据在两个方向上变化），但实际上二维数组在内存中是按行列顺序存储的，先存放 score [0]行，再存放 score [1]行。每行中的四个元素也是依次存放。score[i][j]均为 short 类型，占两个字节的内存空间。

4.3.2　二维数组的初始化

二维数组的初始化不仅可以在定义时按行列顺序依次给各数组元素赋初值，还可按行分段赋值。例如对数组 Matrix[2][3]：

（1）按行列顺依次赋值初始化：

```
int Matrix[2][3]={ 68, 55, 28, 36, 45, 17 };
```

（2）按行分段赋值初始化：

```
int Matrix[2][3]={ {68, 55, 28}, {36, 45, 17} };
int Matrix[2][3]={ {68, 55, 28},
                   {36, 45, 17} };
```

虽然这些方法的结果完全相同，但后者，特别是最后一种写法物理含义明确，可以非常明确地将指定数据赋给第几行第几列数组元素，推荐初学者使用。

说明：

（1）可以只初始化部分数组元素，剩余元素自动取 0 值：

```
short score[2][4]={{1}, {4, 5}};
```

初始化结果见图 4-18。

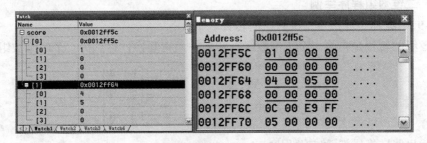

图 4-18　二维数组初始化部分元素

（2）C 语言规定：多维数组初始化时，第一维长度可以省略。C 编译系统将自动计算变长数组的长度以申请一个足够大的内存空间来存放初始化数据。

例如：`short score[2][4]={{1}, {4, 5}};`
可以写为：`short score[][4]={{1}, {4, 5}};`

4.3.3　二维数组元素的引用

引用二维数组元素的一般形式为：

数组名[行下标][列下标]

其中行下标、列下标可以是常量、变量、函数或表达式。如果下标带有小数，C 编译系统将自动对其取整。例如，若有定义：float Num[3][10];则 Num[2][1]、Num[i][j]、Num[j][i++]都是对数组 Num 中数组元素的合法引用。

C 语言对数组元素的引用有以下几种规定：

（1）行下标、列下标均从 0 开始计算。数组下标表示了数组元素在数组中的顺序号。因此，如果定义：

```
float Num[2][4]={ 0, 1, 2, 3, 4, 5, 6, 7 };
```

则可以访问的行下标为 0、1，可以访问的列下标为 0、1、2、3。不能越界引用数组元素 Num[1][8]、Num[5][3]，因为 C 语言从不检查数组下标是否越界，程序员要自己确认数组元素的正确引用，不能越界访问。

（2）在 C 语言中只能逐个引用数组元素，而不能一次引用整个数组。

例如，不能用一个语句输入整个数组：

```
scanf("%f",Num);    ×
```

必须使用循环语句逐个输入数据：

```
for(i=0; i<2; i++)
    for(j=0; j<4; j++)
        scanf("%f", &Num[i][j]);
```

（3）数组元素和普通变量一样，可以出现在任何合法的 C 语言表达式中。例如，数组元素可以出现在函数调用：printf("%d", Num[i][j]);中。

（4）定义数组时，方括号中出现的是某一维的长度，只能是常量或常量表达式；而引用数组元素时，方括号中出现的是该元素在数组中的位置标识，可以是常量，变量或任何合法的 C 语言表达式。

4.3.4　二维数组程序举例

【例 4-9】　编程实现指定二维数组的转置。

二维数组的转置是指将一个二维数组行和列的元素互换，存到另一个二维数组中去。

$$a=\begin{bmatrix}1 & 2 & 3 \\ 4 & 5 & 6\end{bmatrix} \qquad b=\begin{bmatrix}1 & 4 \\ 2 & 5 \\ 3 & 6\end{bmatrix}$$

将上述思路转换成 C 语言源程序：

```
// Program: EG0409.C
// Description：将指定二维数组转置。
#include <stdio.h>
void main( void )
{
    int a[2][3]={{1, 2, 3},
                 {4, 5, 6}};
    int b[3][2], i, j;
    printf("原数组\n");
    for(i=0; i<=1; i++)
    {
        for(j=0; j<=2; j++)
            printf("%5d", a[i][j]);
        printf("\n");
    }
    for(i=0; i<=1; i++)
```

```
        for(j=0; j<=2; j++)
            b[j][i]=a[i][j];
    printf("转置后的数组\n");
    for(i=0; i<=2; i++)
    {
        for(j=0; j<=1; j++)
            printf("%5d", b[i][j]);
        printf("\n");
    }
}
```

程序运行结果如图 4-19 所示。

图 4-19　〔例 4-9〕的程序运行结果

【想一想】

下列程序段将一个 3×3 的数组转置：

```
for(i=0; i<3; i++)
    for(j=0; j<3; j++)
        tmp = a[j][i],  a[j][i] = a[i][j] , a[i][j] = tmp ;
```

但打印出来的转置数组根本没有变化，这是为什么呢？

〔例 4-9〕是将转置结果保存到另一个二维数组中，而这里是将转置结果保存在原数组中，这就不能简单地模仿〔例 4-9〕了。因为当 i=0、j=1 时已经将 a[1][0]、a[0][1]互换了，如果继续循环到 i=1、j=0 时，就不能再次将 a[0][1]、a[1][0]互换了，否则就又换回去了。正确的程序应该是循环访问二维数组的一半（左下角）区域，和另一半元素互换：

```
for(i=0; i<3; i++)
    for(j=0; j<i; j++)
        tmp = a[j][i],  a[j][i] = a[i][j] , a[i][j] = tmp ;
```

【例 4-10】　编程求指定二维数组中最小元素的值及其位置（行列号）。

这是二维数组的求极值问题。参照〔例 4-3〕的分析，先初始化一个二维数组 Matrix、计数器 i、j，还要定义一个存放最小数的变量 Min、一个存放最小数所在位置的变量 MaxPosi、MaxPosj。选取数组的起始元素和起始位置作为上述变量的初值。然后利用循环依次用 Matrix[i][j]和 Min 比较，若 Min>Matrix[i][j]，令 Min= Matrix[i][j]。最后打印最小元素的值及其位置。

将上述思路转换成 C 语言源程序：

```
// Program: EG0410.C
// Description: 求指定二维数组中最小元素的值及其位置。
#include <stdio.h>
```

```
void main( void )
{
    int Matrix[3][4]={{ 1,  2,  3,  4},
                      { 9,  8,  7,  6},
                      { -10,10, -5, 2}};
    int i, j, MinPosi, MinPosj, Min;

    Min=Matrix[0][0]; MinPosi=0; MinPosj=0;
    for(i=0; i<3; i++)
        for(j=0; j<4; j++)
            if( Min>Matrix[i][j] )
            {
                Min=Matrix[i][j];
                MinPosi=i;
                MinPosj=j;
            }

    printf("Min=%d, row=%d, colum=%d\n", Min,
        MinPosi, MinPosj );
}
```

程序运行结果如图 4-20 所示。

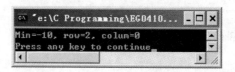

图 4-20 ［例 4-10］的程序运行结果

【想一想】

（1）能否不定义 min，通过记住它的位置来寻找最小值呢？

（2）如何编写程序查找二维数组的鞍点？

提示：鞍点是指二维数组的某个数组元素是所在行的最大值，同时还是所在列的最小值。二维数组可能有鞍点，也可能没有鞍点。

（3）数组名 Matrix 和数组元素 Matrix[0][0]的地址值相同，是否代表它们等价？

提示：不等价。

二维数组可以看作是一维数组的嵌套：一维数组的每个数组元素又是一个一维数组。以本题为例，二维数组 int Matrix[3][4];可以分解成三个一维数组：Matrix[0]（用 a 代表）、Matrix[1]（用 b 代表）、Matrix[2]（用 c 代表）。a、b、c 这三个数组元素又都是一个有 4 个元素的一维数组。例如，a（即 Matrix[0]）的 4 个数组元素分别为 a[0]、a[1]、a[2]、a[3]（即 Matrix[0][0]、Matrix[0][1]、Matrix[0][2]、Matrix[0][3]）。

数组名 Matrix 是一个二级地址，代表的是数组 a 的地址，它+1（下一个地址）代表的是数组 b 的地址。数组元素 Matrix[0][0]的地址是一个一级地址，它+1（下一个地址）代表的是数组元素 Matrix[0][1]的地址。

因此，虽然数组名 Matrix 和数组元素 Matrix[0][0]的地址值相同，但它们是两个不同的概念。更多内容请看第五章指针的介绍。

4.4 字符数组及字符串处理

字符数组的数组元素用来存放字符型数据。一个数组元素可以存放一个字符，一维数组可以存放一个字符串，二维数组可以存放若干个字符串。

4.4.1 字符型数据的概念与存储

字符常量是用两个单引号（'）前后括住的单个字符，字符常量在计算机内存中占用 1 个字节，存放的是该字符对应的 ASCII 代码值。字符串常量是用两个双引号（"）括起来的若干个字符，简称为字符串。字符串中所有字符的个数称为字符串长度，但字符串在内存中占用的字节数等于字符串长度+1，C 语言会在最后一个字节存放字符串结束符 NULL，一个 ASCII 值为 0 的空字符，书写时用转义字符'\0'来表示字符串结束符。图 4-21 所示是"Hello, world!"字符串在内存中的存储示意图。

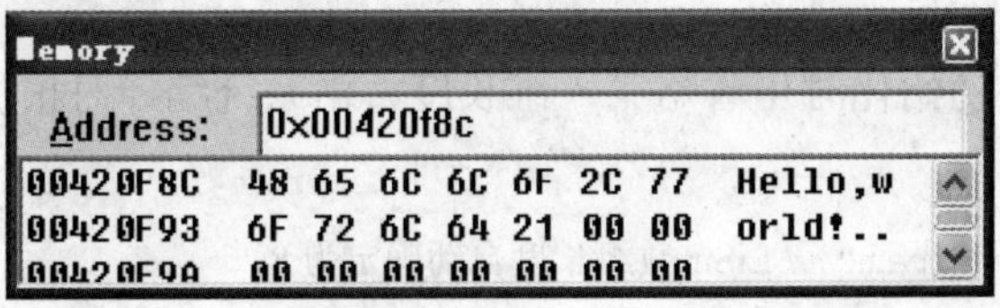

图 4-21　"Hello,world!"在内存中的存储示意图

由图 4-21 可知，字符串"Hello,world!"长度为 12，在计算机内存占 13 个字节，最后一个字节为 NULL。

由图 4-22 可知，字符串"C 语言程序设计\n"长度为 14，在计算机内存占 15 个字节，最后一个字节为 NULL。其中，每个汉字的机内码占 2 个字节，转义字符"\n"的 ASCII 值为 0x0A，占一个字节。

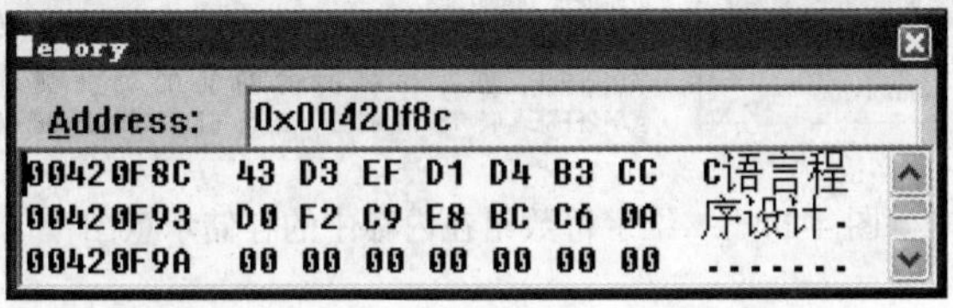

图 4-22　"C 语言程序设计\n"在内存中的存储示意图

4.4.2 字符数组的定义与初始化

字符数组的定义与一维数组、二维数组基本相同，类型标识符为 char。字符数组也允许在定义时作初始化赋值。例如：

（1）逐个数值赋给字符数组的元素：

```
char LiStr[10]={99, 112, 114, 111, 103, 114, 97, 109, 0};
```

（2）逐个字符赋给字符数组的元素：

```
char LiStr[10]={'c', 'p', 'r', 'o', 'g', 'r', 'a', 'm', '\0'};
```

（3）用字符串常量直接初始化数组：

```
char LiStr[10]={"cprogram"};
char LiStr[10]="cprogram";
```

这种方法看起来比（1）、（2）方便快捷，容易理解，所以很多人编程时，都会直接用字符串常量初始化数组，其实这里存在一些问题：

1）程序运行时内存中将会出现两个"cprogram"：一个是字符串常量，出现在程序区；一个出现在 LiStr 数组所分配的内存中，内容可变（详见第 6 章第 8 节）。

2）前者可能会导致一个输入密码仅允许合法用户登录的软件泄露密码，如图 4-23 所示。

图 4-23   用字符串常量直接初始化数组容易泄密

（4）字符数组定义初始化时可省略第一维长度，由系统编译时根据初值个数自动确定数组长度：

```
char LiStr[]="program";// LiStr 数组长度自动确定为 8
```

（5）通常一维字符数组用于存放一个字符串，二维字符数组用于存放多个字符串，而且至少要按最长的字符串长度加 1 设定第二维长度。二维字符数组定义初始化时，如果给所有行赋初值，可以省略第一维长度（第二维长度不能省略！）。二维字符数组在内存中的存储示意图见图 4-24。

```
char Subject[3][15]={"C programming","Java","Authorware"};可以省略第一维长度：
char Subject[][15] ={"C programming","Java","Authorware"};
```

图 4-24   二维字符数组在内存中的存储示意图

4.4.3   字符数组的输入输出

字符数组可以像数值型数组一样使用循环语句逐个地输入输出每个字符，还可用 printf 函数和 scanf 函数一次性输出输入一个字符数组中的字符串。

```
char LiStr[30];
scanf("%s", LiStr);
printf("%s\n", LiStr);
```

如果运行上述程序，输入："This is a test!"，程序只输出"This"。这是因为 scanf 函数使用空格、TAB 或回车符作为输入数据分隔符，因此 scanf 无法输入带空格的字符串。

说明：

（1）在 scanf 函数中，使用的格式字符串为"%s"，表示输入的是一个字符串，在输入表列中要对应数组名，不能写成：scanf("%s", &LiStr)，因为数组名已经代表了该数组的起始地址。

（2）在 printf 函数中，使用的格式字符串为"%s"，表示输出的是一个字符串，在输出表列中要对应数组名，不能写成：printf("%s", LiStr[i])，因为 LiStr[i]代表的是第 i 个字符而不是字符串起始地址。

（3）使用库函数输入输出字符串，在使用前应包含头文件"stdio.h"。

C 语言提供了另一个字符串输入函数 gets：

格式：gets(字符数组名)

功能：从 stdin（标准输入设备，默认为键盘）上输入一个字符串。

```
char line[81];
printf( "Input a string: " );
gets( line );
printf( "The string is: %s\n", line );
```

运行程序，输入："This is a test!"：

```
Input a string: This is a test!
The string is: This is a test!
```

可以看出即使输入的字符串中含有空格仍能正常输入、输出，这是因为 gets 函数没有分隔符，只以回车作为输入结束。

与 gets 函数配套的字符串输出函数是 puts：

格式：puts(字符数组名)

功能：把字符数组中的字符串输出到 stdout（标准输出设备，默认为显示器——屏幕）。

```
char line[81];
printf( "Input a string: " );
gets( line );
puts( line );
```

【想一想】

（1）为什么一维字符数组使用数组名输入字符串时不得加 "&"：

```
char Str[30];
scanf("%s", Str);      √
gets( Str );       √
scanf("%s", &Str);      ×
gets( &Str );      ×
```

（2）为什么二维字符数组不得使用数组名输入字符串：

```
char Str[3][30];
scanf("%s", Str);      ×
gets( Str );      ×
scanf("%s", Str[i]);      √      //i=0, 1, 2
gets( Str[i]);      √      //i=0, 1, 2
```

4.4.4　字符串处理函数

除了字符串的输入、输出以外，C 语言在标准库函数里提供了丰富的字符串处理函数：字符串的长度测试、复制、比较、连接等。使用这些库函数可大大减轻编程的负担。在使用前必须包含头文件"string.h"。

下面介绍几个最常用的字符串函数。

1. 字符串长度测试函数 strlen

格式：unsigned int strlen(char *string)

功能：测试并返回字符串的实际长度（不含字符串结束符：NULL）。

说明：char *string 代表了字符串的起始地址，可以是字符串常量、字符数组名或字符指针。

例如：
```c
char str[80]={ "ab\n\\012/\\\"" };
printf("%d", strlen(str)) ;
```

输出：10。

又如：
```c
char str[80]={ "ab\n\0y\012/\\\"" };
printf("%d", strlen(str));
```

输出：3。

2. 字符串比较函数 strcmp

格式：int strcmp(char *string1, char *string2);

功能：从左向右逐个字符比较两个字符串（ASCII 码值），直到遇到不同字符或 NULL 为止，并由函数返回值返回一个表示比较结果的整数：

$$
\begin{cases}
>0; & 串1>串2 \\
=0; & 串1=串2 \\
<0; & 串1<串2
\end{cases}
$$

实际上，这个返回的整数是最后比较的两个字符的 ASCII 码值差。

说明：char *string1、char *string2 代表了两个字符串的起始地址，可以是字符串常量、字符数组名或字符指针。C 语言比较两个字符串不能用"=="，必须用 strcmp 函数。

例如：
```c
if(strcmp("China", "Chinese")<0)
    printf("China<Chinese.\n",);
```

输出：China<Chinese.

又如：
```c
char str[80]= "China";
if(strcmp(str, "China")==0)
    printf("str==China.\n",);
```

输出：str= =China.

3. 字符串复制函数 strcpy

格式：char *strcpy(char *string1, char *string2);

功能：将 string2 指向的字符串复制到 string1 中。字符串结束符：NULL 也一同复制到 string1 中。可以通过函数返回的地址（string1）访问复制过来的字符串。

说明：char *string2 代表了源字符串的起始地址，可以是字符串常量、字符数组名或字符指针，但代表了目标字符串的起始地址 string1 只能是字符数组名或一级字符指针，因为不能改变字符串常量的值。

例如：
```c
char str1[20], str2[20] ;
```

```
    strcpy(str1, "hello world");
    strcpy(str2, str1);
    printf(str1);
    printf(str2);
```

输出：hello worldhello world

strcpy 函数要求 string1 有足够的空间，否则在复制 string2 时会溢出、越界。

C 语言不允许使用赋值语句为一个字符数组赋值：

```
str1="hello world ";    ×
```

可以调用 strcpy(str1, "hello world");将一个字符串常量赋予一个字符数组。

4. 字符串连接函数 strcat

格式：char * strcat(char *string1, char *string2);

功能：将 string2 指向的字符串连接到 string1 指向的字符串后面。可以通过函数返回的地址（string1）访问连接后的新串。

说明：调用 strcat 函数对 string1、string2 的要求同 strcpy。strcat 函数删除 string1 的字符串结束符 NULL，然后将 string2 指向的字符串连同 string2 的字符串结束符 NULL 一起复制到 string1 的后面，构成一个新串，所以定义 string1 时，数组的长度要大于等于 strlen(string1)+strlen(string2)+1。

例如：
```
    char str[30];
    strcpy(str, "Microsoft ");
    strcat(str, "Visual C++");
    printf(str);
```

输出：Microsoft Visual C++。

4.4.5 字符串应用举例

1. 字符串处理

字符串处理既有数组应用的共性，还有字符串应用的个性。要熟练掌握字符串应用，可以练习一种简单的训练：自行编程实现上一节的字符串处理功能。

【例 4-11】 不用 strcmp 函数，编程实现对输入两个字符串的比较。

首先要根据题意定义两个一维字符数组，接受输入的两个字符串。然后借助计数器 i 从左向右对两个字符串第 i 个字符逐个比较其 ASCII 码值，直到存在差异或遇到字符串结束符 NULL 为止，并由两个字符 ASCII 码值差的三种情况显示相应比较结果。

将上述思路转换成 C 语言源程序：

```
// Program: EG0411.C
// Description: 不用 strcmp 函数，实现对输入两个字符串的比较。
#include <stdio.h>
void main( void )
{
    char string1[20], string2[20];
    short i;

    printf("输入两个字符串:\n");
    gets(string1);
```

```
        gets(string2);

        for(i = 0; string1[i] == string2[i]; i++)
            if(string1[i] == '\0')
                break;

        if( string1[i] - string2[i] >0 )
            printf("%s>%s\n", string1, string2);
        else
            if( string1[i] - string2[i] ==0 )
                printf("%s==%s\n", string1, string2);
            else
                printf("%s<%s\n", string1, string2);
}
```

程序运行结果如图 4-25 所示。

图 4-25　　［例 4-11］的程序运行结果

【想一想】

熟练掌握字符串处理库函数的功能是自行编程实现相应字符串处理功能的前提。请试试不调用库函数，动手编程实现求长度、复制、连接、大小写转换等字符串处理。

2. 字符转换

【例 4-12】 不用 itoa 函数，编程实现将一个输入的整数转换为字符串。

库函数 atoi 可以把一个数字字符串转换成对应整数，而 itoa 函数的功能将一个输入的整数转换为字符串。根据题意定义一个整型变量 Num 存放输入的整数，一个一维字符数组 Str，借助计数器 i 从右向左求 Num 逐位数字，并将其转换成 ASCII 字符，直到处理完符号位为止，将所得字符串逆序并显示即可。

将上述思路转换成 C 语言源程序：

```
// Program: EG0412.C
// Description: 不用库函数，将一个输入的整数转换为字符串。
#include <stdio.h>
void main( void )
{
    char Str[20], tmp;
    short Num, i, j, Sign;

    printf("输入一个整数:");
    scanf("%d", &Num);

    if((Sign=Num)<0)//记录负号
```

```
    Num=-Num;      //Num 取绝对值
i=0;
do
{
    Str[i++]=Num%10+'0';//取下一位数字
}while((Num/=10)>0);    //删除该数字

if(Sign<0)
    Str[i++]='-';
Str[i] = '\0';
for(j = i-1, i = 0; i < j; i++, j--) //逆序
    tmp = Str[i], Str[i] = Str[j], Str[j] = tmp;
printf("The string is \"%s\".\n", Str );
}
```

程序运行结果如图 4-26 所示。

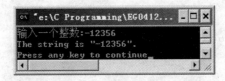

图 4-26   〔例 4-12〕的程序运行结果

【想一想】

（1）可以将本例作为进制转换的模板：修改输入格式字符，可以输入八进制或十六进制数；将求余和整除的权改为 2、8、16，可以实现 8/10/16 进制数转换 2/8/10/16 进制数。赶快动手试试吧。

（2）请模仿本例编程不调用库函数 atoi 实现将一个输入的二进制数字字符串转换成 8/10/16 进制数。

（3）本例题能否输入 123456 呢？不行，因为这已经超出了 short 型数据的范围，需要将 num 的定义换成 int Num;。C 语言程序设计要时刻牢记要根据求解问题的数值范围选择合适的数据类型存储数据。

3. 基于字符的加密、解密

字符串加密是指按照一定的规律将代表秘密的字符串，如口令，变换成没有意义的内容。加密过的文字，即使被别有用心的人得到，也无从得知里面的内容。合法用户则可以根据对应的规律将密文还原成原文使用。

字符串加密、解密的方法有很多，简单一点的是直接对字符加上或减去一个数，从而将字符变成另一个数。更进一步是将这个数换成一串复杂的密文（密钥），或干脆使用一张字符变换对照表……

【例 4-13】 编程实现将一个输入的口令字符串加密。

本题提供一种简单加密思路：找出每一个小写字母在 26 个字母中的序号，转换成从 z 开始计数的逆序号。将来，合法用户得到密文后，只要再运行一遍本程序即可得到原始口令。

将上述思路转换成 C 语言源程序：

```
// Program: EG0413.C
```

```
// Description: 将一个输入的口令字符串加密
#include <stdio.h>
void main( void )
{
    char Str1[20], Str2[20];
    unsigned short i;

    printf("输入一个口令:");
    scanf("%s", Str1);

    i=0;
    while(Str1[i])
    {
        Str2[i]='z'-Str1[i]+'a';
        i++;
    }
    Str2[i]='\0';

    printf("The changed string is %s\n", Str2 );
}
```

程序运行结果如图 4-27 所示。

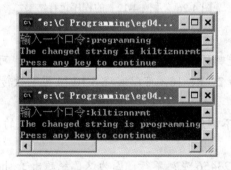

图 4-27　［例 4-13］的程序运行结果

【想一想】

（1）修改例题程序实现对大写字母口令进行加密、解密。

（2）模仿例题程序对字符串进行加密：将一个输入的字符加常数 n 转换成对应字符，超过 Z 或 z 的从 A 或 a 重新排列，例：密文 "ABCXYZ" 经过 "+2" 处理后变为 "CDEZAB"。

4．字符串排序

很多应用场合都需要处理多个字符串，比如查找、替换、排序等。我们通常使用二维字符数组存放这些字符串。这里出现了一个非常有意思的现象：尽管 C 语言没有字符串变量，很多人在处理二维字符数组时将其视为存放了若干个"字符串变量"的一维数组。

【例 4-14】　已知 10 名同学的姓名和考试成绩，编程实现按姓名的字典顺序将其递增排序。

本题首先要根据题意初始化一个二维字符数组 Names[10][10]存放 10 名同学的姓名、一个一维数组 Scores[10]存放 10 名同学的考试成绩，然后借助冒泡法、选择法排序算法的思想对其排序，需要注意的是：

首先，字符串不能直接比较大小，需要调用 strcmp 函数，交换顺序时要调用 strcpy 函数，为此需要嵌入 string.h。

其次，在交换姓名的同时，必须将对应的成绩也要进行交换。

将上述思路转换成 C 源程序：

```c
// Program: EG0414.C
// Description: 编程将 10 名同学的姓名和考试成绩按姓名递增排序。
#include <stdio.h>
#include <string.h>
void main( void )
{
    char Names[10][10]={"zhang","wang","li","zhao","qian","sun",
                        "wan", "zao","wu","zheng"}, NameTmp[10];
    short Scores[10]={95,74,83,90,66,89,70,92,73,86}, ScoreTmp;
    unsigned short i, j;

    for(i=0; i<10; i++)
     for( j=0; j<10-i-1; j++)
          if(strcmp(Names[j], Names[j+1])>0)
          {
              strcpy(NameTmp, Names[j]);
              strcpy(Names[j], Names[j+1]);
              strcpy(Names[j+1], NameTmp);
              ScoreTmp=Scores[j];
              Scores[j]=Scores[j+1];
              Scores[j+1]=ScoreTmp;
          }

    printf("The shorted data is :\n");
    for(i=0; i<10; i++)
        printf("%s\t%d\n", Names[i], Scores[i]);
}
```

程序运行结果如图 4-28 所示。

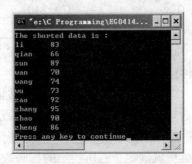

图 4-28 ［例 4-14］的程序运行结果

【想一想】

（1）为什么要在交换姓名的同时交换对应的成绩？

（2）如果要求考试成绩递减排序，是否还要调用 strcmp 函数？要调用 strcpy 函数吗？

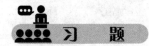

小　结

　　数组是程序设计中最常用的构造数据类型。按照基本数据类型，数组可分为数值数组（整型数组，实型数组），字符型数组以及后面将要介绍的指针数组，结构数组等。

　　数组在使用之前要说明。数组类型说明由类型说明符、数组名、数组长度（数组元素个数）三部分组成。数组元素又称为下标变量。数组的类型是指下标变量取值的类型。数组的维数可以是一维的、二维的或更多维。

　　对数组的赋值可以用数组初始化赋值，循环输入赋值和赋值语句依次赋值三种方法实现。对数值数组不能用赋值语句整体赋值、输入或输出，而必须用循环控制结构依次处理每一个数组元素。

　　对字符串的赋值、比较、连接等处理是一种常见的数组应用。要注意基本数据类型数组和字符型数组初始化方法的区别。要熟练掌握字符串处理函数的处理原理和调用。

　　学习数组这一章要注意以下几个问题：

- 在 C 语言中数组元素的下标是从 0 开始。
- C 语言不进行数组元素下标的越界检查，程序员必须在编写程序时自行保证没有越界访问数组元素。
- 数组名是一个地址常量，这一点将在讲到指针时再进一步叙述。
- 定义字符数组时必须考虑到字符串结束符，它要占一个字节的存储空间。

习　题

一、选择题

1. 若定义 short Num[][3]={2, 4, 6, 8, 10, 12};则 Num[1][1]的值是＿＿＿＿。

　　A）8　　　　　　　B）4　　　　　　　C）2　　　　　　　D）10

2. 若有 short Num[3]={24};则 Num[1]*10 的值是＿＿＿＿。

　　A）24　　　　　　　B）0　　　　　　　C）240　　　　　　　D）10

3. 若定义 short Score[10];则正确调用数组元素的是＿＿＿＿。

　　A）Score[10]　　　B）Score(1)　　　C）Score[2,3]　　　D）Score[10-10]

4. C 语言数组下标的数据类型可以是＿＿＿＿。

　　A）整型表达式　　　　　　　　　　B）整型常量

　　C）整型常量或整型表达式　　　　　D）任意合法的 C 语言表达式

5. 下列关于 C 语言数组说法正确的是＿＿＿＿。

　　A）C 语言定义一个数组后就确定了它所容纳的相同数据类型元素个数

　　B）C 语言数组元素个数可以不确定，允许根据问题规模实时变动

　　C）C 语言数组元素的数据类型可以不一致

　　D）C 语言可以使用动态内存分配元素个数可变的数组

6. 下列数组定义错误的是＿＿＿＿。

　　A）int Score[3][3];　　　　　　　　B）int Score[][3]={{1}, {2}, {3}};

C）int Score[3][3]={1};　　　　　　　　　　D）int Score[3][]= {{1} {2} {3}};

7. 若二维数组 Num 共有 Row 行 Col 列，则 Num[i][j]之前有_____个元素。

A）i*Row+j+1　　　B）i*Col+j　　　　　C）i*Row+j　　　　　D）i*Col+j+1

8. 下列程序的输出结果是_____。

```
int i=0, Num[][3]={1, 2, 3, 4, 5, 6, 7, 8, 9};
while(i<3)
{
    printf("%d,", Num[i][2-i]);
    i++;
}
```

A）1,5,9　　　　　　B）2,4,6　　　　　　C）3,5,7　　　　　　D）3,6,9

9. 若定义 char Name[20]; 则_____可以输入带空格的字符串。

A）scanf("%s", &Name);　　　　　　　　B）gets(Name);

C）scanf("%s", Name);　　　　　　　　　D）gets(Name[20]);

10. 下列程序的输出结果是_____。

```
char str[80]= "this\0is\0abook";
printf("%d,%d", sizeof(str), strlen(str));
```

A）5,4　　　　　　　B）4,4　　　　　　　C）80,4　　　　　　D）14,4

11. 若定义: char Array[][8]={"China", "USA", "UK"}; 则数组 Array 所占的内存为_____
字节。

A）15　　　　　　　B）10　　　　　　　C）18　　　　　　　D）24

12. 若定义 char str1[10], str2[10];…_____可以判断字符串 str1 是否大于字符串 str2。

A）if(str1>str2)　　　　　　　　　　　B）if(strcmp(str1, str2))

C）if(strcmp(str1, str2)>0)　　　　　　　D）if(strcmp(str2, str1)>0)

二、分析程序，写出程序运行结果

1. 阅读下列程序，写出程序运行结果。

```
#include <stdio.h>
void main(void)
{
    int i, a[10];
    for(i=0; i<10; i++)
        a[i]=i;
    for(i=9; i>=0; i--)
        printf("%d", a[i]);
}
```

2. 仔细阅读下列程序，分析程序的主要功能，写出程序运行结果。

```
#include <stdio.h>
void main( void )
{
    int a[20]={12, 32, 45, 6, 78, 88, 21, 34, 43, 46};
    int i=0, k=0;
    while(a[i])
    {
```

```
        if(a[i]%2==0 || a[i]%5==0)
            k++;
        i++;
    }
    printf("%d,%d", k, i);
}
```

3. 仔细阅读下列程序，分析程序的主要功能，写出程序运行结果。

```
#include <stdio.h>
void main( void )
{
    int aa[100], n, i, k;
    for(n=0, i=1; i<=100; i++)
        if(i%7==0 && i%11 || i%7 && i%11==0)
            aa[n++]=i;
    for(k=0; k<n; k++)
        if((k+1)%10 == 0 )
            printf("\n");
        else
            printf("%5d", aa[k]);
}
```

4. 阅读下列程序，写出程序运行结果。

```
#include <stdio.h>
void main(void)
{
    int a[3][3]={1, 2, 3, 4, 5, 6, 7, 8, 9}, i;
    for(i=0; i<3; i++)
        printf("%d,", a[i][2-i]);
}
```

5. 仔细阅读下列程序，分析程序的主要功能，写出程序运行结果。

```
#include <stdio.h>
void main( void )
{
    char str[10]= "abcdef", tmp;
    int i, j;
    for(i=1; i<3; ++i)
    {
        tmp=str[5];
        for(j=4; j>=0; --j)
            str[j+1]=str[j];
        str[0]=tmp;
    }
    printf("%s", str);
}
```

6. 仔细阅读下列程序，分析程序的主要功能，写出程序运行结果。

```
#include <stdio.h>
void main( void )
```

```
{
    char s[ ]="kjihgfedcba";
    int  p=9;
    while(s[p]!= 'i')
        printf("%c", s[p--]);
}
```

7. 仔细阅读下列程序，分析程序的主要功能，写出程序运行结果。

```
#include <stdio.h>
#include <string.h>
void main( void )
{
    char str[30];
    strcpy(&str[0], "CHINA");
    strcpy(&str[1], "DEFINE");
    strcpy(&str[2], "ARM");
    printf("%s\n", str);
}
```

8. 仔细阅读下列程序，分析程序的主要功能，写出程序运行结果。

```
#include <stdio.h>
void main( void )
{
    char  s[80]= "wereteye", c='e';
    int  i, j;
    for(i=j=0; s[i]!= '\0'; i++)
        if(s[i]!=c)
            s[j++]=s[i];
    s[j]='\0';
    puts(s);
}
```

三、找出下面程序中的错误，并对其予以改正

1. 某同学编写了一个程序对输入的 10 个浮点数按从小到大顺序进行冒泡法排序。请仔细阅读他的程序，指出并纠正程序中的错误。

```
#include <stdio.h>
#define SIZE 10
void main(void)
{
    float Num[SIZE], tmp;
    short i, j;

    printf("Input 10 normal numbers: ");
    /******ERROR******/
    scanf("%f", &Num);

    for(i=0; i<SIZE-1; i++)
    {
        for( j=0; j<SIZE-i-1; j++)
            if(Num[j]>Num[j+1])
                tmp=Num[j], Num[j]=Num[j+1], Num[j+1]=tmp;
```

```
    }

    printf("Sorted numbers:");
    /******ERROR******/
    printf("%5.1f\n ", Num);
}
```

2. 某同学编写了一个程序把一个整数按大小顺序插入已排好序的数组中。请仔细阅读他的程序，指出并纠正程序中的错误。

```
#include <stdio.h>
void main( void )
{
    /*******ERROR*******/
    short i, s, n, a[]={27, 56,123, 128, 154, 168, 178, 205, 362, 618};

    printf("input a number:\n");
    scanf("%d", &n);
    for(i=0; i<10; i++)
        /***ERROR***/
        if(n>a[i])
        {
            for(s=9; s>=i; s--)
                a[s+1]=a[s];
            break;
        }
    a[i]=n;
    for(i=0; i<=10; i++)
        printf("%d ", a[i]);
    printf("\n");
}
```

3. 某同学编写了一个程序输入 5 个国家的名称将其按字典顺序排列输出。请仔细阅读他的程序，指出并纠正程序中的错误。

```
#include<stdio.h>
/*******ERROR*******/
void main(void)
{
    char StrName[5][10], Strtmp[10];
    short i, j, tmp;
    printf("input country's name:\n");
    for(i=0; i<5; i++)
        gets(StrName[i]);
    for(i=0; i<5; i++)
    {
        for(tmp=i, j=i+1; j<5; j++)
            /***********ERROR***********/
            if( StrName[j] < StrName[tmp] )
                tmp=j;
        if(tmp!=i)
        {
            /*********ERROR*********/
```

```
            Strtmp = StrName[tmp];
            StrName[tmp] = StrName[i];
            StrName[i] = Strtmp;
        }
        puts( StrName[i] );
    }
    }
}
```

4. 某同学编写了一个程序输入一个字符串，统计该串中使用频率最高的字符并将其输出，例如输入：bccddaa，输出：acd。请仔细阅读他的程序，指出并纠正程序中的错误。

```
#include <stdio.h>
#include <string.h>
void main( void )
{
    int c[256]={0};
    char s[1000]={0};
    int i, j, k;
    scanf("%s", s);
    for(i=0; i<strlen(s); i++)
    {
        c[s[i]]++;
    }
    j=-1;
    k=-1;
    for(i=0; i<256; i++)
    {
        if(c[i]>=j)
        {
            j=c[i];
            k=i;
        }
    }
    /******ERROR******/
    printf("%c\n", k);
}
```

5. 某同学编写了一个程序统计输入 10 个整数中的最小数以及它的序号。请仔细阅读他的程序，指出并纠正程序中的错误。

```
#include <stdio.h>
#define SIZE 10
void main(void )
{
    int x[SIZE], i, pos;
    printf("Enter %d integers:\n", SIZE);
    for(i=0; i<SIZE; i++)
    /******ERROR******/
        printf("%d:", i);
```

```
        scanf("%d", &x[i]);
    pos=0;
    for(i=0; i<SIZE; i++)
        /******ERROR******/
        if(pos>x[i])
            pos=i;
    printf("Minimum value is %d, No%d.\n", x[pos], pos+1);
}
```

四、编程题

1. 编写程序在一个浮点型数组中顺序查找是否存在输入的待查浮点数，如果有，打印出它的位置；如果没有，则打印"没有这个数！"。

2. 编写程序在一个矩阵中查找最大值所在的位置，输出最大值和它的行、列号。

3. 编写程序利用随机数发生器 int rand(void);输出从 1～10 的不重复随机整数数列，如 2，1，3，6，8，4，9，5，7，10。

说明：rand( )返回从 0 到 RAND_MAX 的随机数，原型在 stdlib.h。

算法 Num*rand( )/ RAND_MAX 可求出一个从 0～Num-1 的随机数。

4. 编写程序寻找既是完全平方数，又有两位数字相同的三位正整数，例如 121、144 等。要求统计满足该条件的整数个数，并从大到小打印这些整数。

5. 编写程序计算 1! 到 40!。

    1!=1
    2!=2
    3!=6
    ……
    39!=20397882081197443358640281739902897356800000000
    40!=815915283247897734345611269596115894272000000000

提示：12 以后的阶乘已超过整型数值域（上溢），因为存在精度误差不能选择浮点数精确计算大数阶乘。大数阶乘可以按位存放在数组元素中，计算时按位相乘，注意处理好进位。

6. 编写程序对从键盘上输入的两个字符串进行比较，然后输出两个字符串中第一个不相同字符的 ASCII 代码值之差。例如：输入的两个字符串分别为 abcdefg 和 abceef，则第 1 个不同的字符是'd'和'e'，它们的 ASCII 代码值的差为–1。

7. 编写程序从一个字符串中取得右边的 n 个字符组成一个新字符串。原字符串和 n 从键盘输入，原字符串的长度<80。

8. 编写程序输入一个字符串，检查是否是回文（回文是指正反序文字相同，如，LeveL），若是则输出"Yes"，否则输出"No"。

9. 编写程序对输入的五个国家名称进行冒泡法排序，将其按字典顺序排列输出。

10. 编写程序将输入的十进制整数 num 转换成二进制字符串输出。

11*. 改进［例 4-7］的插入算法，对输入的 10 个整数按递增顺序实现插入法排序。

12*. 编写程序输入一个字符串，相同的字符只保留一个，删除重复的字符。

13*. 编写程序打印如下图所示的杨辉三角形（10 行）。

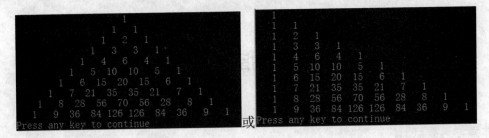

14*. 编写程序输入 10 个整数，查找并打印不相同的数字个数。

输入示范：20 50 30 10 60 90 70 30 30 20

输出示范：7

15*. 编写程序输入一个字符串，删除其中的数字字符。

输入示范：as12df36gh

输出示范：asdfgh

第 5 章　指　　针

1. 理解地址、指针和指针变量的概念
2. 掌握指针变量的定义、初始化、赋值和引用
3. 掌握指针的运算
4. 掌握使用指针操作数组
5. 掌握使用指针进行字符串处理
6. 学会利用指针动态分配内存

本章学习难点

1. 理解指针与指针数据类型
2. 学会常见指针运算
3. 理解数组名与指针变量
4. 理解动态数组的实现
5. 理解数组指针与指针数组

指针是 C 语言存放程序加工数据所在内存单元地址的数据类型。运用指针编写程序是 C 语言程序设计的一个重要特征。第 4 章介绍的数组名就是一个代表数组起始元素在内存中地址的指针。指针变量则是用来专门存放地址类型数据的变量。当一个指针变量存放了一个变量的地址后，不仅可以直接通过变量名访问存放在变量里的数据，还可以通过指针变量间接访问该数据。

指针数据类型丰富，使用高效灵活，可以更有效方便地使用数组、字符串，可以构造更加复杂的数据结构，还可以动态分配内存。在下一章里，还会介绍指针为进一步在函数间传递数据提供了更多的手段。学习本章知识首先要正确理解地址、指针和指针变量等基本概念及其引用方法，多思考它们的区别与联系，多动手编程上机调试，从而编写出简洁、高效的 C 语言程序。

5.1　指针和指针变量

计算机使用内部存储器（简称为内存）存储计算机程序的指令和用到的变量值。内存是一个以字节（Byte）为基本存储单位，线性连续的存储空间，如图 5-1 所示。为了能够准确地访问内存中的某个存储单元，系统给每一个字节对应的内存单元都编上了顺序递增的号码。这种一一对应的编号可以帮助程序准确地找到该内存单元。内存单元的编号又称为该内存单元的地址。

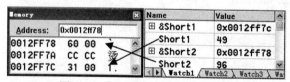

图 5-1　［例 5-1］的内存使用情况

既然根据内存单元的地址就能够访问到该地址所标识的存储单元，所以也把这个地址称为指针。

5.1.1　变量与地址

在计算机中运行一个程序时，程序本身和程序中用到的变量、常量等数据都是存放在内存中的。不同的数据类型所占用的内存字节数不等，如 char 型变量占 1 个字节，short 型变量占 2 个字节，int 型变量占 4 个字节等，这在第 2 章中已有详细的介绍。C 语言编译系统在对程序进行编译时，将根据所定义变量的数据类型，在内存中为其分配相应字节的存储空间。变量在内存中所占存储空间的起始地址，称为该变量的地址。在相应存储单元中存放的数据，称为该变量的内容。由于通过该地址可以访问到指定的数据 XX，常称该地址指向了 XX。

对于一个变量来说，内存单元的地址即为指向它的指针，可以用"&变量名"表示；而内存单元的内容则是它的值，可以直接通过变量名访问。

【例 5-1】　定义若干变量，输出它们的值和地址。

```
// Program: EG0501.c
// Description: 变量与地址
#include <stdio.h>
void main( void )
{
    short Short1=0x31, Short2=0x60;
    printf(" Short1=%x in %x\n", Short1, &Short1 );
    printf(" Short2=%x in %x\n", Short2, &Short2 );

}
```

程序运行时内存的使用情况如图 5-1 所示，程序运行结果如图 5-2 所示。（注：不同计算机、不同时间运行的结果可能不同）

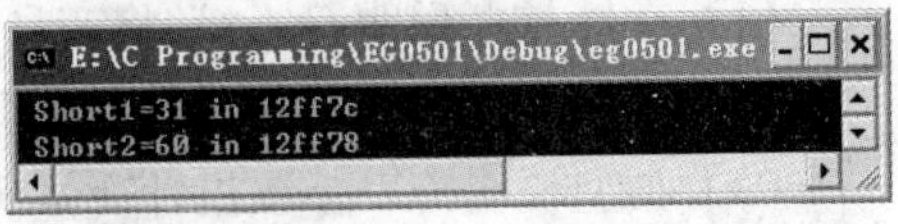

系统在内存 0X12FF7C 处为 short 型变量 Short1 分配 2 个字节，初始化 Short1 为 0X0031，其中 0X12FF7C 单元存放低位字节 0X31，0X12FF7D 单元存放高位字节为 0X00；在内存 0X12FF78 处为 short 型变量 Short2 分配 2 个字节，初始化 Short2 为 0X0060。

图 5-2　[例 5-1] 的程序运行结果

5.1.2　指针与指针变量

C 语言程序定义一个变量后，往往需要对其进行访问——存取变量的值（读写内存单元的内容）。在前面章节介绍的源程序都是通过变量名对对应内存单元的内容进行读写。C 语言对变量的这种"直接访问方式"不同于汇编语言，在编写 C 语言源程序时，并不关注变量的具体地址是多少（注：源程序经过编译连接之后，可执行程序运行时都是直接按变量地址存取变量的值）。不过，通过 Memory 视图可以了解变量、指针在内存存储的情况，有助于对指针的学习和理解。

有了地址这一概念后，C 语言又多了一种"间接访问"方式：定义一个专门存放地址的变量，称为指针变量。当该指针变量存放了某个内存单元的地址后，便可以借助这个指针变量里存放的地址去访问它所指向的内存单元的内容：

```
short Short1=0x31;              //为 0x31 定义一个短整型变量，分配 2 字节存储空间
short *Ptr;                     //定义一个指针变量 Ptr
Ptr = &Short1;                  //让 Ptr 指向 Short1
printf("Short1=%x \n", *Ptr);  //通过 Ptr 打印 Short1 的值:0x31
```

指针变量也是一种变量，只是不存放基本类型数据，而是存放地址。如果一个指针变量 Ptr 存放了变量 Short1 的地址，则称 Ptr 指向了 Short1，如图 5-3 所示。在这里需要区分指针和指针变量的概念：指针 &Short1 一经分配内存地址，该地址常量不再发生变化，而 Ptr 是一个存放地址的变量，它可以指向 Short1，也可以指向其他变量。换而言之，Ptr 的值可以是&Short1 这个地址，也可以是其他数据的地址。

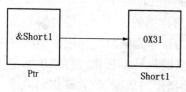

图 5-3　指针变量示意

输出语句中，指针引用运算符"*"加在指针变量前，通过这种运算，可以间接地对指针变量所指内存单元的内容进行存取。

指针变量的值是一个地址，这个地址不仅可以是变量的地址，还可以是一个数组或一个函数的起始地址。引用指针，不仅可以间接访问内存中的一个或一片数据，还能间接调用函数实现通用算法，这一点将在下一章函数里展开叙述。

5.2　指针变量的定义和使用

5.2.1　指针变量的定义
指针变量定义的一般形式为：

类型说明符　*变量名 1[,*变量名 2……]；

指针变量的定义包括三个内容：
（1）指针类型说明符"*"将变量定义为指针类型变量；
（2）变量名为所定义的指针变量名；
（3）类型说明符表示该指针变量所指内存单元中存放数据的类型。
例如：

```
int iData=300, *iPtr;
double dData=30.0, *dPtr;
iPtr =&iData;          //让 iPtr 指向 iData
dPtr =&dData;          //让 dPtr 指向 dData
```

上述语句定义了一个 int 型指针变量 iPtr，指向 int 型变量 iData；又定义了一个 double 型指针变量 dPtr，指向 double 型变量 dData。系统为 int 型指针变量 iPtr 和 double 型指针变量 dPtr 分配相同字节数的内存。

注 意

（1）刚刚定义的指针变量的值是随机的，不能确定它具体的指向，所以必须为其赋值才能引用。随机指向的指针变量因其危害性极大，常称之为"野指针"！
（2）指针变量是一个存储地址的变量，编译系统会根据当前计算机地址的字长大小

为它分配内存。同一台计算机上所有地址的字长均相等，所以指向 int 型数据的指针变量和指向 double 型数据的指针变量所分配的内存字节数是相同的。（注：32 位计算机的地址字长为 4 个字节：sizeof（void *）→4）

（3）指针变量定义时使用的数据类型并不是指针变量本身的数据类型，而是指针所指对象的数据类型。为了便于叙述，往往会把指针所指对象的数据类型称为指针的数据类型，读者要清楚这种说法代表的含义。

（4）一个指针变量只能指向相同类型的数据，如 short 型指针变量只能指向 short 型变量，而不能指向 double 型变量或其他类型变量。

5.2.2 指针变量的赋值

刚刚定义的指针变量因为未赋值是随机的，可能指向内存的任一单元。引用这样的指针很容易引起数据丢失、程序混乱，甚至系统崩溃。所以常常将一个未赋初值的指针变量称作"野指针"。在程序的执行过程中，为了保证指针操作的安全性，就一定要为指针变量分配确定的地址值：

（1）定义一个相同数据类型的普通变量，在引用指针之前将这个普通变量的地址赋给指针变量：

```
double radius=30.0, *Ptr;
Ptr = &radius;          //让 Ptr 指向 radius
```

（2）在定义指针变量的同时就给它赋一个地址，称为指针变量的初始化。

```
double radius=30.0;
double *Ptr=&radius;    //让 Ptr 指向 radius
```

（3）指针变量可以初始化为空指针，这是一种状态标记，代表指针当前所指为空，不指向任何地方。

```
int *nPtr=0;      或  int *nPtr= NULL;
char *sPtr=NULL;  或  char *sPtr="";
```

通过判断指针是否为空可以判断指针是否有效，避免引用"野指针"。

注 意

（1）必须用预先定义变量的地址初始化指针变量，不能引用尚未定义变量的地址：

```
    char *Ptr=&str;   //让 Ptr 指向未定义的 str    ×
    char str;
```

（2）指针变量和它所指向数据的数据类型必须完全一致。

（3）在 C 语言中，变量的地址是由编译系统分配的，对用户完全透明。在编写 C 语言源程序时，用户并不关心变量分配在内存的什么地方，当然也就不必记住指针变量所存储的地址值是多少。

（4）为了便于移植源程序到其他计算机上运行，C 语言禁止直接将一个地址值赋给一个指针变量：

```
Ptr=0x0012ff6c;           //让 Ptr 指向 0x0012ff6c 内存单元       ×
int *Pointer=0x12ff6c;    //让 Pointer 指向 0x0012ff6c 内存单元   ×
```

5.2.3　指针的存取运算

"&"（取地址运算符）：取出普通变量、数组元素、指针变量等变量的存储地址；

"*"（引用运算符）：引用指针或指针变量所指向内存单元所存储的内容。

【例 5-2】 定义若干变量，输出对它们存取运算的结果。

```
// Program: EG0502.c
// Description: 指针变量与存取运算
#include <stdio.h>
void main( void )
{
    int Num=0x11223344;
    int *Ptr=&Num;

    printf(" Num=%x in %x\n", Num, &Num );
    printf(" *Ptr=%x, Ptr=%x in %x\n", *Ptr, Ptr, &Ptr );
    printf(" *&Num=%x &*Ptr=%x\n", *&Num, &*Ptr );
}
```

程序在 32 位计算机上运行时内存的使用情况如图 5-4 所示。（注：32 位计算机上指针占 4 个字节；不同计算机、不同时间运行的结果可能不同）

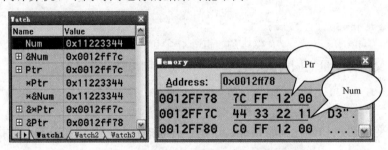

图 5-4　　[例 5-2] 的内存使用情况

系统在内存 0X12FF7C 处为 int 型变量 Num 分配 4 个字节，初始化 Num 为 0X11223344，其中 0X0012FF7C 单元存放低位字节 0X44，0X0012FF7D 单元存放 0X33，0X0012FF7E 单元存放 0X22，0X0012FF7F 单元存放高位字节为 0X11；在内存 0X0012FF78 处为 int 型指针变量 Ptr 分配 4 个字节，初始化为&Num（0X0012FF7C）。

【想一想】

请仔细辨别下列表达式的意义和数值，并进一步思考*&Num 是什么含义？&*Ptr 是什么含义？

Num　　　普通变量，它的内容是整数 0X11223344；

&Num　　取变量 Num 的地址 0x0012ff7c；

Ptr　　　指针变量，它的内容是地址 0x0012ff7c；

*Ptr　　　引用指针所指向单元的内容——整数 0X11223344；

&Ptr　　　取指针变量 Pointer 所占用内存的地址：二级指针。

 注 意

可以对指针变量进行取地址运算，但不能对普通变量、数据进行引用内容运算：

*Num　　×　　　　　&Num　　√　　　　　*Ptr　　√　　　　　&Ptr　　√

【例 5-3】 利用指针将指定的三个整数递减输出。

```c
// Program: EG0503.c
// Description: 利用指针将指定的三个整数递减输出。
#include <stdio.h>
void main( void )
{
    int Num1=28, Num2=36, Num3=72, tmp;
    int *Ptr1, *Ptr2, *Ptr3;

    Ptr1=&Num1; Ptr2=&Num2; Ptr3=&Num3;
    printf("排序前: Num1=%d, Num2=%d, Num3=%d\n", Num1, Num2, Num3 );

    if (*Ptr1<*Ptr2)
        tmp=*Ptr1, *Ptr1=*Ptr2, *Ptr2=tmp;
    if (*Ptr1<*Ptr3)
        tmp=*Ptr1, *Ptr1=*Ptr3, *Ptr3=tmp;
    if (*Ptr2<*Ptr3)
        tmp=*Ptr2, *Ptr2=*Ptr3, *Ptr3=tmp;

    printf("排序后: Num1=%d, Num2=%d, Num3=%d\n", Num1, Num2, Num3 );
}
```

程序运行结果如图 5-5 所示。

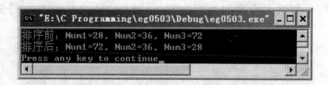

图 5-5 ［例 5-3］的程序运行结果

【想一想】

引入指针后，C 语言程序在排序时往往只改变指针的指向，不交换整型变量的值：

```c
    int Num1=28, Num2=36, Num3=72, *tmp;
    int *Ptr1, *Ptr2, *Ptr3;

    Ptr1=&Num1; Ptr2=&Num2; Ptr3=&Num3;
    printf("排序前: Num1=%d, Num2=%d, Num3=%d\n", Num1, Num2, Num3 );

    if (*Ptr1<*Ptr2)
        tmp=Ptr1, Ptr1=Ptr2, Ptr2=tmp;
    if (*Ptr1<*Ptr3)
        tmp=Ptr1, Ptr1=Ptr3, Ptr3=tmp;
    if (*Ptr2<*Ptr3)
        tmp=Ptr2, Ptr2=Ptr3, Ptr3=tmp;

    printf("排序后: *Ptr1=%d, *Ptr2=%d, *Ptr3=%d\n", *Ptr1, *Ptr2, *Ptr3 );
    printf("排序后: Num1=%d, Num2=%d, Num3=%d\n", Num1, Num2, Num3 );
```

请结合修改后的程序分析图 5-6 程序运行结果：

"E:\C Programming\eg0503\Debug\eg0503.exe"
排序前：Num1=28, Num2=36, Num3=72
排序后：*Ptr1=72, *Ptr2=36, *Ptr3=28
排序后：Num1=28, Num2=36, Num3=72
Press any key to continue

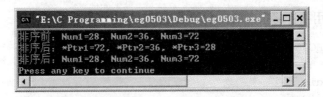

图 5-6 ［例 5-3］修改后的程序运行结果

5.3 指 针 和 数 组

指针和数组的关系十分密切。大多数指针运算都要求指针指向计算机内存中连续存储的数据；而数组正好在计算机内存中申请了一段连续的存储空间，数组名代表了数组起始元素的地址；所有通过数组完成的操作都可以通过指针来完成，指针和数组的表现方式完全等价。当然，数组名这个指针是一个地址常量，不能像指针变量那样自加、自减改变其值；用指针变量编写的程序执行速度快，理解起来稍微困难一些。

5.3.1 指针与一维数组

定义一个一维数组：

```
int Num[5]={2, 4, 6, 8, 10};
```

数组长度为 5，Num[0]、Num[1]、Num[2]、Num[3]、Num[4]5 个数组元素连续存储在相邻的内存区域中，每个数组元素数据类型均为 int 型，占 4 个字节，如图 5-7 所示。

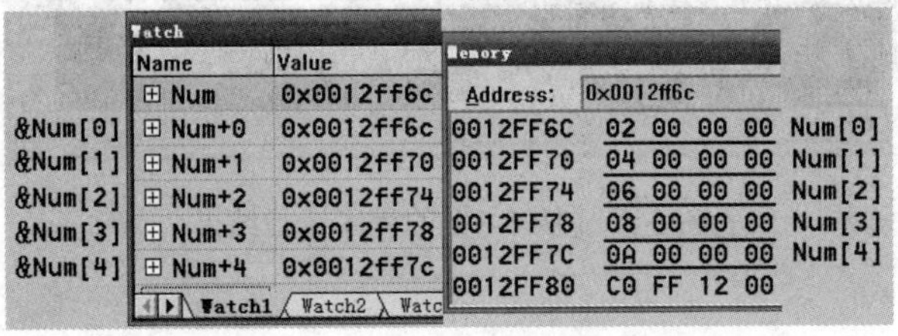

Watch
Name
Value
Num
0x0012ff6c
&Num[0]
Num+0
0x0012ff6c
&Num[1]
Num+1
0x0012ff70
&Num[2]
Num+2
0x0012ff74
&Num[3]
Num+3
0x0012ff78
&Num[4]
Num+4
0x0012ff7c
Watch1
Watch2
Memory
Address:
0x0012ff6c
0012FF6C
02 00 00 00
Num[0]
0012FF70
04 00 00 00
Num[1]
0012FF74
06 00 00 00
Num[2]
0012FF78
08 00 00 00
Num[3]
0012FF7C
0A 00 00 00
Num[4]
0012FF80
C0 FF 12 00

图 5-7 一维数组的内存使用情况

Num[i]表示数组第 i 个元素，&Num[i]为数组元素 Num[i]的地址。

实际上，在定义 Num 数组后，Num 便被编译系统转换成一个指向 Num[0]的 int 型地址常量，Num⇔Num+0⇔&Num[0]，因此&Num[i] ⇔ Num+i。

同样地，在计算 Num[i]的值时，Num[i]被编译系统解释成 Num 所指数组元素后的第 i 个数组元素，即 C 语言先将其转换为*(Num+i)的形式，然后再进行运算，Num[i] ⇔ *(Num+i)。

当 Num 被看成是数组时，通常用&Num[i]表示数组第 i 个元素的地址，Num[i]表示数组第 i 个元素的值；当 Num 被看成是指针（地址常量）时，通常用 Num+i 表示数组第 i 个元素的地址，*(Num+i)表示数组第 i 个元素的值。

正因为如此，当在源程序中定义一个指针变量指向数组起始元素后，既可以用指针形式来引用数组元素，也可以用下标形式来实现同样的功能，两者完全等价，只是写法不同而已。

```
int Num[5]={2, 4, 6, 8, 10};
```

```
int *Ptr=Num;
```

Ptr+i ⇔ Num+i ⇔ &Num[i] ⇔ &Ptr[i]　　　　*(Ptr+i) ⇔ *(Num+i) ⇔ Num[i] ⇔ Ptr[i]

注：*(Ptr+0) ⇔ *Ptr ⇔ Ptr[0] ⇔*Num ⇔ *(Num+0) ⇔ Num[0]

【例 5-4】　利用指针访问一维数组。

```
// Program: EG0504.c
// Description: 利用指针访问一维数组。
#include <stdio.h>
void main( void )
{
    int Num[5]={2, 4, 6, 8, 10};
    int i, *Ptr=Num;
    printf("顺序访问 Num: ");
    i=0;
    while (i<5)
    {
        printf(" %d", Ptr[i]);
        i++;
    }
    printf("\n 逆序访问 Num: ");
    while (--i>=0)
        printf(" %d", *(Ptr+i));
    printf("\n");
}
```

程序运行结果如图 5-8 所示。

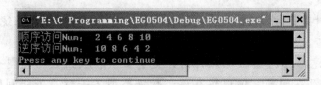

图 5-8　［例 5-4］的程序运行结果

在定义一个指针变量指向数组起始元素之后，程序首先使用指针变量的下标形式顺序打印数组的各个元素，然后借助 i 递减循环使用指针形式逆序打印数组的各个元素。

【想一想】

下列哪些程序段能在［例 5-4］中添加输入数据的功能？

（1）for(i=0; i<5; i++)
　　　　scanf("%d", &(Num+i));

（2）for(i=0; i<5; i++)
　　　　scanf("%d", Num+i);

（3）for(i=0; i<5; i++)
　　　　scanf("%d", *(Num+i));

（4）for(i=0; i<5; i++)
　　　　scanf("%d", &(ptr+i));

（5）for(i=0; i<5; i++)
```
        scanf("%d", ptr+i );
```
（6）for(i=0; i<5; i++)
```
        scanf("%d", *(ptr+i) );
```

 注 意

（1）数组名 Num 代表数组起始元素的地址，切勿与数组的首地址（&Num）混淆。很多人因为两者的值相同就把数组名认为是数组的首地址。结合图 5-7，通过查看下列打印语句：

```
printf("%x %x", Num+1, &Num+1);
```

的结果：12ff70 12ff80 可以很清楚地看出：Num 代表&Num[0]，Num+1 代表&Num[1]；而数组的首地址代表 Num[0]、Num[1]、Num[2]、Num[3]、Num[4]这 5 个数组元素在内存中的起始地址，&Num+1 代表下 5 个数组元素在内存中的起始地址：Num+5*sizeof(int)。对于[例 5-4]来说，&Num+1 显然已经越过数组的边界了。

由此可以看出：虽然 C 语言程序设计并不需要了解指针变量所存储的地址值是多少，但是学会查看类似图 5-7 的内存使用情况，适当了解指针变量内容有助于对本章知识的学习。

（2）对指针加 1，不是简单地对原有的地址值加 1，而是移动指向，指向下一个数组元素，Num 或 Num+0 指向 Num[0]，Num+1 指向 Num[1]，Num+i 指向 Num[i]。

（3）指针变量是地址变量，数组名是地址常量；指针变量的值可以改变，数组名一旦定义就不能改变。

（4）使用指针变量访问数组元素要防止越界。由于 C 语言编译系统并不对数组越界错误进行语法检查，所以编写程序时必须保证 Num+i≤Num+4。

（5）应当注意，指向数组元素的指针变量必须和数组数据类型一致。下面的程序段虽然语法不存在问题，但逻辑有误：数据类型不一致，不能利用指针变量顺序访问数组元素。

```
int Num[]={2, 4, 6, 8, 10};
short i=0, *Ptr=Num;
printf("Num=%X Ptr=%X\n", Num, Ptr);
while (i<5)
{
    printf("&Ptr[%d]=%X Ptr[%d]=%d\n",
            i, &Ptr[i], i, Ptr[i]);
    i++;
}
```

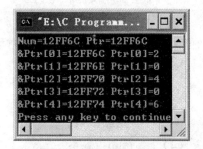

图 5-9　short 型指针指向了 int 型数组

程序运行结果如图 5-9 所示。

引用 short 型指针 Ptr，每次从指向的内存单元读取两个字节，而 int 型数组元素占 4 个字节，因此，虽然 Ptr 和 Num 存储的地址都是 0X12FF6C，但是不能利用 short 型指针变量 Ptr 顺序访问 int 型数组的每一个数组元素。

5.3.2 指针运算

类似[例 5-3]中指向整型变量 Num1 的 Ptr1 之类的指针变量只能参加&取地址运算、*引用运算，用途受限。当指针指向计算机内存中连续存储的数据区域时，使用就更加灵活，可以进一步参加算术运算、关系运算，可以更有效方便地使用数组、字符串。

1. pointer ± n

在［例 5-3］中指针加上 1、减去 1，类似的还有指针加上或减去一个整数 n（或一个整型变量或一个整型表达式），并不是简单地将指针的地址值加上或减去一个整数 n，而是指向原来所指数据前后的第 n 个数据，具体到地址值上，是指向该指针下移或上移 n 个数据之后的内存地址，即(pointer)±n*sizeof(type)。

注意

（1）参加 pointer ± n 运算的指针必须指向在内存中连续存放的数据区域，例如 Num+1 指向 Num[1]，逻辑正确；Num+5 和 Num-1 超出了数组元素所在内存区域，逻辑错误。

（2）pointer ± n 指向原数据前后的第 n 个数据，但 pointer 指针本身的指向并未改变。

（3）pointer±=n 同时改变了指针的指向，表达式和运算结束后的 pointer 均指向原数据前后的第 n 个数据。

2. pointer ± ±

指针变量自增后指向下一个数组元素，自减则指向前一个数组元素。具体到地址值上，是指向该指针下移或上移 1 个数据之后的内存地址，即(pointer)±sizeof(type)。当++、−−和* 同时出现时：*Ptr++、*(Ptr++)、(*Ptr)++、*++Ptr、*(++Ptr)、++(*Ptr)，需要注意它们的运算优先级相同，结合方向都是自右向左。

【例 5-5】 利用指针自增、自减访问数组。

```c
// Program: EG0505.c
// Description: 利用指针自增、自减访问数组。
#include <stdio.h>
void main( void )
{
    int Num[5], i, *Ptr=Num;
    printf("顺序输入 5 个整数：");
    for(i=0; i<5; i++, Ptr++)
        scanf("%d", Ptr);
    printf("逆序打印 Num: ");
    for(i=0; Ptr--, i<5; i++)
        printf(" %d", *Ptr);
    printf("\n");
}
```

程序运行结果如图 5-10 所示。

【想一想】

（1）输入、输出程序常常写成：

```
for(i=0; i<5; i++)
    scanf("%d", Ptr++);
......
for(i=0; i<5; i++)
    printf(" %d", *--Ptr);
```

请结合运算优先级和结合性分析程序运行结果。

在输入的 for 循环结束后，ptr 已经指向了 Num[4]的下一个元素。所以输出的 for 循环一开始，*--ptr，等价于*(--ptr)，就先将 ptr 自减 1，指向 Num[4]，再取其值打印。*--ptr 不等价于--(*ptr)，后者表示对取出 ptr 所指数组元素的数值自减 1。同样 *ptr++等价于*(ptr++)，不等价于(*ptr)++。

图 5-10 ［例 5-5］的程序运行结果

（2）图 5-10 中第二次运行结果为什么不正确？请用单步调试查看错在什么地方。

通过单步调试可以看出，由于输入数据的格式错误：不应该使用,替代空格作为输入数据分割符，导致只有 28 存储到 Num[0]中。

注：库函数 scanf、printf 只提供了二进制代码，单步调试时应合理设置断点位置，巧妙地移动插入点，利用"Ctrl+F10"执行到光标所在位置，避开这些函数的查看。

3. 指针相减

两个指向同一数组不同元素的指针相减，其结果为两个指针之间相差的数组元素的个数，实际上是两个指针地址值相减之差再除以一个数组元素的长度（字节数）：

ptr1–ptr2⇔ (ptr1 的地址值– ptr2 的地址值) /sizeof(type)。

【例 5-6】   利用指针相减求字符串长度。

```
// Program: EG0506.c
// Description: 利用指针相减求字符串长度
#include <stdio.h>
void main( void )
{
    char Str[20], *Ptr;
    printf("请输入一字符串:");
    gets(Str);
    Ptr=Str;
    while(*Ptr!='\0')    //或*ptr!=0
        Ptr ++;
    printf("字符串长度为%d\n", Ptr-Str);
}
```

程序运行结果如图 5-11 所示。

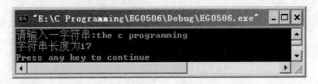

图 5-11　［例 5-6］的程序运行结果

程序循环移动 Ptr 指针取下一字符，若不为空则继续取，直到遇到字符串结束标志。最后通过指向字符串结束符的指针 Ptr 和指向首字符的指针 Str 相减求出两者之间的字符个数。

【想一想】

（1）循环条件能否写成：*Ptr!="\0"？能否写成*Ptr 呢？

（2）两个指向同一数组的指针变量能不能进行加法运算呢？答案是：不能。

（3）下列程序能求出字符串长度吗？如果不对，应该如何修改呢？

```
Ptr=Str;
while(*Ptr++!='\0') ;
printf("字符串长度为%d\n", Ptr-Str);
```

4. 指针比较

两个指向同一数组不同元素的指针进行比较运算——比较两个指针的位置，结果是逻辑值：

Ptr1==Ptr2　　表示 Ptr1 和 Ptr2 指向同一个数组元素。

Ptr1<Ptr2　　表示 Ptr1 指向的数组元素位置在前，Ptr2 指向的数组元素位置在后。

Ptr1>Ptr2　　表示 Ptr2 指向的数组元素位置在前，Ptr1 指向的数组元素位置在后。

利用指针比较便可以更加简便地访问数组：

```
int Num[5], *Ptr;
for(Ptr=Num; Ptr<Num+5; Ptr++)
    scanf("%d", Ptr );
```

特例：指针变量还可以与空指针 NULL 或 0 比较。

Ptr==0　　表明 Ptr 是空指针，它不指向任何变量。

Ptr!=0　　表示 Ptr 不是空指针。

【例 5-7】　利用指针比较将数组 Num 中的元素逆序存放。

```
// Program: EG0507.c
// Description: 利用指针比较将数组 Num 中的元素逆序存放。
#include <stdio.h>
#define SIZE 10
void main( void )
{
    int Num[SIZE]={ 12,32,28,45,67,48,18,72,90,68};
    int *pBegin, *pEnd, i, tmp;
    printf("逆序前:");
    for(i=0; i<SIZE; i++)
        printf(" %d", Num[i]);
    pBegin=Num, pEnd= Num+ SIZE-1;
    for(; pBegin<pEnd; pBegin++, pEnd--)
```

```
    {
        tmp=*pBegin;
        *pBegin=*pEnd;
        *pEnd =tmp;
    }
    printf("\n逆序后:");
    for(i=0; i<SIZE; i++)
        printf(" %d", Num[i]);
    printf("\n");
}
```

程序运行结果如图 5-12 所示。

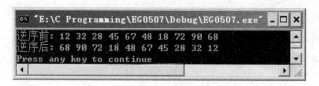

图 5-12 ［例 5-7］的程序运行结果

程序使用指针变量 pBegin、pEnd 分别指向首元素、尾元素，所指向元素互换后 pBegin 指向下一个元素，pEnd 指向前一个元素，继续循环，直到 pBegin 指向的元素不再在 pEnd 指向的元素之前。

【想一想】

（1）如果将 tmp 定义成 int *tmp; 元素互换改成:

```
        tmp=pBegin;
        pBegin=pEnd;
        pEnd =tmp;
```

程序是否还可以将数组 Num 中的元素逆序存放？

（2）想一想 Num[i]的地址和内容分别有哪些形式？

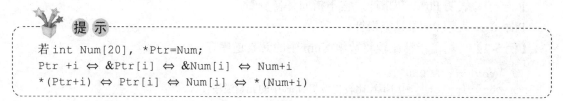

提 示

```
若 int Num[20], *Ptr=Num;
Ptr +i ⇔ &Ptr[i] ⇔ &Num[i] ⇔ Num+i
*(Ptr+i) ⇔ Ptr[i] ⇔ Num[i] ⇔ *(Num+i)
```

5.3.3 指针与二维数组

和一维数组名一样，二维数组名也是一个地址、指针，不过二维数组已经属于多维数组的范畴，多维数组对应于多级指针，要比一维数组和一级指针复杂一些。本书主要以二维数组为例介绍多维数组与多级指针的使用。

1. 二维数组的行地址和列地址

设有下面的定义语句:

```
char Num[3][5]={"1234", "5678", "ABCD"};
```

则有如图 5-13 所示的逻辑结构。

	Num[i]+0 第 0 列	Num[i]+1 第 1 列	Num[i]+2 第 2 列	Num[i]+3 第 3 列	Num[i]+4 第 4 列
Num +0 第 0 行	Num[0][0]	Num[0][1]	Num[0][2]	Num[0][3]	Num[0][4]
Num +1 第 1 行	Num[1][0]	Num[1][1]	Num[1][2]	Num[1][3]	Num[1][4]
Num +2 第 2 行	Num[2][0]	Num[2][1]	Num[2][2]	Num[2][3]	Num[2][4]

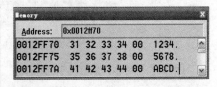

图 5-13　二维数组的逻辑结构

可以将二维数组看作是一个特殊的一维数组：Num[3]，Num 为数组名，由 Num[0]、Num[1]、Num[2]3 个数组元素组成。

Num[3]中的每一个数组元素分别代表一个一维数组：Num[0]中含有 Num[0][0]、Num[0][1]、Num[0][2]、Num[0][3]、Num[0][4]共 5 个元素，Num[1]中含有 Num[1][0]、Num[1][1]、Num[1][2]、Num[1][3]、Num[1][4]共 5 个元素，Num[2]中含有 Num[2][0]、Num[2][1]、Num[2][2]、Num[2][3]、Num[2][4]共 5 个元素。所以这里的 Num[0]、Num[1]、Num[2]不是基本类型数据，而是一个一级指针或一维数组名。

数组名代表数组起始元素地址，所以 Num/Num+0 代表了 Num[3]中起始元素 Num[0]的地址，即&Num[0]，*(Num+0)则表示 Num[0]；另外，Num+1 代表&Num[1]，*(Num+1) 表示 Num[1]；Num+2 代表&Num[2]，*(Num+2)表示 Num[2]。由于二级指针 Num/Num+0、Num+1、Num+2 代表了二维数组中的某一行，常常被称为行地址或行指针。

行地址是 C 语言的二级指针，它代表某一行（可以看成是一维数组）的地址，而不是某一个具体数据的地址。比如讲，数据代表放在保险柜里的文件，地址就是打开保险柜的钥匙。二级指针这把钥匙（称为 A）打开的保险柜里存放的仍然是一把钥匙（称为 B），钥匙 B 打开的保险柜里存放的才是要找的文件。所以，Num、Num+0、&Num[0]代表第 0 行的起始地址，Num+1、&Num[1]代表第 1 行的起始地址，Num+2、&Num[2]代表第 2 行的起始地址，行地址＋1 将指向下一行。

钥匙 B 则被称为列地址，是 C 语言的一级指针，它代表某一个具体数据的地址。所以，以第 1 行为例，*(Num+1)、*(Num+1)+0、Num[1]、Num[1]+0 代表第 0 列的起始元素地址&Num[1][0]，*(Num+1)+1、Num[1]+1 代表第 1 列数组元素地址&Num[1][1]，*(Num+1)+2、Num[1]+2 代表第 2 列数组元素地址&Num[1][2]，列地址＋1 将指向下一列。

【例 5-8】　利用二维数组的行地址和列地址访问二维数组。

```
// Program: EG0508.c
// Description: 利用二维数组的行地址和列地址访问二维数组
#include <stdio.h>
void main( void )
{
    int i, j, Num[2][3];
    printf("输入数据：");
    for (i=0; i<2; i++)
        for (j=0; j<3; j++)
            scanf("%d", *(Num+i)+j);

    printf("输出数据：\n");
    for (i=0; i<2; i++)
    {
        for (j=0; j<3; j++)
```

```
        printf(" %d", *(Num[i]+j));
    printf("\n");
    }
}
```

程序运行结果如图 5-14 所示。

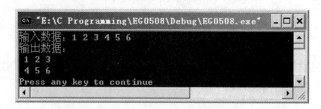

图 5-14 ［例 5-8］的程序运行结果

程序首先在 2*3 的双重循环中将输入的数据存储到地址*(Num+i)+j 对应的内存单元，然后在 2*3 的双重循环中打印 Num[i]+j 所指数组元素的数值。

C 语言程序还常常使用一个一级指针变量顺序访问二维数组的各个元素。为什么可以用一级指针访问二维数组呢？这是计算机内存的特性决定的。二维数组在内存中申请了一段连续的存储空间，如果有相同数据类型的一级指针指向了起始元素，就可以通过这个一级指针按照一维数组的方式访问它们。例如：

```
int Num[3][4]={1,3,5,7,9,11,13,15,17,19,21,23};
int *Ptr;
for(Ptr=Num[0]; Ptr<Num[0]+12; Ptr++)
{
    if((Ptr-Num[0])%4==0)
        printf("\n");
    printf("%4d ", *Ptr);
}
```

【想一想】

（1）如果两个指针的地址值相等，它们是否就相同或等价呢？

比较图 5-13 中的 Num+1、Num[1]。虽然它们的地址值都等于 12FF75，但它们的类型不同，所指向的对象也不同，Num+1 是一个行指针（二级指针），指向了内存中连续 5 个字符型数据：Num[1][0]、Num[1][1]、Num[1][2]、Num[1][3]、Num[1][4]，Num[1]是一个列指针（一级指针），指向了 Num[1][0]。

（2）想一想图 5-13 中的 Num[i][j]的地址和内容分别有哪些形式？

```
*(Num+i) +j          ⇔ &Num[i][j]
Num[i] +j            ⇔ &Num[i][j]
Num[0]+i*5+j         ⇔ &Num[i][j]
&Num[0][0]+i*5+j     ⇔ &Num[i][j]
*( *(Num+i) +j)      ⇔ Num[i][j]
*(Num[i] +j)         ⇔ Num[i][j]
*(Num+i) [j]         ⇔ Num[i][j]
*(Num[0]+i*5+j)      ⇔ Num[i][j]
```

2. 数组指针

二维数组名是二级指针常量，定义二级指针变量的一般形式为：

类型说明符 **二级指针变量名;

如果将一个指向基本数据的指针变量地址赋给二级指针变量:

```
int  num=100;
int *ptr1=&num;
int **ptr2=&ptr1;
```

这个二级指针变量最多能做*、**引用运算,不能进行自加、自减等指针运算:

*ptr2 等于 ptr1,**ptr2 等于 num,即 100。

二级指针要进行自加、自减等指针运算,就必须具备类似行地址、列地址的结构才行。

C 语言允许定义一个指向一维数组的指针变量——行指针变量,又称数组指针:

类型说明符　(*数组指针变量名) [一维数组长度];

如:short (*Ptr)[3]; 定义了一个指向 3 个连续存放的短整型数的内存首地址的数组指针。

引用数组指针必须先给数组指针赋值,具体的方法是将一个二维数组的行指针赋给它:

```
short  Num[][3]={{2,4,6},{8,10,12},{14,16,18}};
Ptr=Num;         // 或 Num+0 或&Num[0]
Ptr=Num+1;       // 或 &Num[1]
```

若 Ptr=Num; 利用 Ptr 访问 Num[i][j]的方法如下:

```
Ptr[i][j]          ⇔  Num[i][j]
*(*(Ptr+i)+j)      ⇔  *(*(Num+i)+j)
*(Ptr[i]+j)        ⇔  *(Num[i]+j)
(*(Ptr +i))[j]     ⇔  (*(Num+i))[j]
```

【例 5-9】　利用数组指针访问二维数组。

```
// Program: EG0509.c
// Description: 利用数组指针访问二维数组
#include <stdio.h>
void main( void )
{
    short i, j, Num[][3]={{2,4,6},{8,10,12},{14,16,18}};
    short (*Ptr)[3]=Num;
    for (i=0; i<3; i++, Ptr++)
    {
        for (j=0; j<3; j++)
            printf("%6d", (*Ptr)[j]);
        printf("\n");
    }
}
```

程序运行结果如图 5-15 所示。

图 5-15　[例 5-9] 的程序运行结果

【想一想】

数组指针是将二维数组名转化成行指针变量形式的二级指针。虽然数组指针已经可以实现各种指针运算，但还是需要先定义一个二维数组，完成数组指针的赋值。能否直接定义一个二级指针指向若干连续存储的一级指针，再通过这些一级指针访问待处理数据呢？

char *str[5]; 就是这样特性的数据类型——指针数组。指针数组广泛用于处理若干个长度可变的字符串问题（如多行文本编辑）。

5.4 指针和字符串

第 4 章已经详细介绍了利用字符数组存放和处理一个或多个字符串的方法，借助数组的下标形式访问字符串或字符串中字符。现在，可以定义字符型指针变量，通过初始化或赋值的方式将其指向待处理的字符串，然后使用该指针变量来处理字符串或字符串中字符。

通常定义一个一级字符型指针来处理单个字符串。一级字符型指针的定义方法是：

char *一级字符指针变量名；

和整型指针变量一样，字符指针变量可以在定义时初始化，也可以通过赋值方式将其指向待处理的字符串，例如：

```
char *Str1="C program", *Str2;
char string[]="China";
Str2=string;
```

虽然 Str1、Str2 在使用中和 string 差不多，但字符指针变量和字符数组还是有所不同：

（1）存储内容不同。字符数组可以直接存储字符串，字符指针变量里存储的是地址。

（2）存储空间长度不同。字符数组一旦定义，所指向的存储空间的大小就已经确定，如果存储的字符串没有那么长，尾部空间会闲置；而字符指针变量占用的字节数是地址所需的长度，与字符串长度无关。

（3）赋值方式不同。字符数组定义时可以直接初始化，也可以利用 strcpy 函数赋值：

```
char string[20]="programming";
```

或

```
strcpy( string, "programming");
```

但不能对字符数组直接赋值：string="Microsoft";

一个未赋初值的字符指针变量通常被称作"野指针"，很容易引起程序混乱，甚至系统崩溃。必须在引用字符指针变量之前对其赋值，或定义初始化：

```
char *Str="programming";
```

注 意

这里并不是将字符串常量"programming"赋给字符指针变量 Str，而是将编译系统为字符串常量"programming"分配的内存起始地址赋给了 Str，Str 今后还可能指向其他地方，如 Str ="Visual C++";

（4）接受输入不同。字符数组可以直接接受输入（字符串长度不能超出数组空间）：

```
char string[20];
gets( string ); // scanf("%s", string);
```

字符指针变量在接受输入的字符串之前需要事先指向一段内存存储空间：

```
char *Ptr, str[10];
Ptr=str;
gets( Ptr ); // scanf("%s", Ptr);
```

（5）运算不同。字符数组名是地址常量，不能改变，字符指针变量可以参加指针运算，改变指向。

【例 5-10】　利用字符指针复制字符串。

```
// Program: EG0510.c
// Description: 利用字符指针复制字符串
#include <stdio.h>
void main( void )
{
    char Str1[]="I am a teacher", *from=Str1;
    char Str2[]="You are a student", *to=Str2;
    printf("Str1=%s  Str2=%s\n", Str1, Str2);
    for(; *from!='\0'; from++, to++)
        *to=*from;
    *to='\0';
    printf("Str1=%s  Str2=%s\n", Str1, Str2);
}
```

程序运行结果如图 5-16 所示。

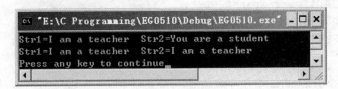

图 5-16　[例 5-10] 的程序运行结果

【想一想】

将 [例 5-10] 的定义换为：

```
char *Str1="I am a teacher", *from=Str1;
char *Str2="You are a student", *to=Str2;
```

结果，程序运行时出现异常，如图 5-17 所示。

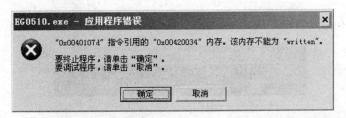

图 5-17　程序运行结果出错

提示

　　这是使用字符指针的一种常见错误。[例 5-10]将 Str1 定义成一个一维字符数组，并将字符串常量 "I am a teacher" 逐个字符存储到 Str1 指向的数组空间中，然后利用 for 循环将 Str1 数组空间中存储的字符串逐个字符覆盖到 Str2 指向的数组空间中，这是正确的做法。而 char *Str1= "teststring";仅仅定义了一个字符指针变量 Str1。虽然 Str1 指向了字符串常量"teststring"，可以引用 Str1 指向的内容，比如求字符串长度，打印输出等，但不能对常量内容进行修改。

　　犯此类错误的主要原因是错误地将下列两种运算理解成将指定的字符串复制给了字符指针变量：

```
char *Str="programming";
Str="programming";
```

　　事实上，Str 仅仅是一个存储地址的指针变量。这两个语句仅仅将 Str 指向了字符串常量"programming"。

　　【例 5-11】　利用字符指针比较翻转字符串。

```
// Program: EG0511.c
// Description: 利用字符指针比较翻转字符串。
#include <stdio.h>
void main( void )
{
    char Str[]="testString", *pBegin, *pEnd, tmp;
    printf("翻转前 Str=%s\n", Str);
    pBegin=pEnd=Str;
    while(*pEnd!='\0')
        pEnd++;
    --pEnd;
    while(pBegin<pEnd)
    {
        tmp=*pBegin;
        *pBegin=*pEnd;
        *pEnd=tmp;
        ++pBegin;
        --pEnd;
    }
    printf("翻转后 Str=%s\n", Str);
}
```

程序运行结果如图 5-18 所示。

```
"E:\C Programming\EG0511\Debug\EG0511.exe"
翻转前Str=testString
翻转后Str=gnirtStset
Press any key to continue_
```

图 5-18　[例 5-11] 的程序运行结果

程序先将首指针 pBegin、尾指针 pEnd 指向首字符，然后用 while 循环逐字符移动尾指针到字符结束符串，再移回到尾字符，在首指针指向的字符在尾指针指向的字符之前时，互换二者所指向字符，首指针指向下一个字符，尾指针指向前一个字符，继续循环。

【想一想】

如果将 str 定义换成 char *str="teststring"; 上述程序还可以翻转字符串吗？

5.5 指 针 数 组

如果数组的每个元素都是同种类型的指针，该数组便称为指针数组。指针数组中的每一个元素都是指针变量，只能存放地址，不能用来存放整数、浮点数等基本数据。

指针数组定义的一般形式为：

类型说明符 *指针数组名 [数组长度];

例如：char *Str[5]={"VB","FORTRAN","VC++","Authorware","Java"};定义了一个指针数组 Str。如图 5-19 所示，Str 在内存 0X12FF6C 申请了连续 5 个指针的存储空间：

- ➢ Str[0]指向了位于内存 0X41F024 的字符串常量"VB";
- ➢ Str[1]指向了位于内存 0X41FE84 的字符串常量"FORTRAN";
- ➢ Str[2]指向了位于内存 0X41FE7C 的字符串常量"VC++";
- ➢ Str[3]指向了位于内存 0X41FE70 的字符串常量"Authorware";
- ➢ Str[4]指向了位于内存 0X41FE68 的字符串常量"Java";

实际上，指针数组并不是一个完全陌生的新事物，当指针数组中的每一个元素都指向一个一维数组时，指针数组就相当于二维数组的行指针（数组指针），指针数组名就相当于二维数组名。指针数组和二维数组的区别是：指针数组中的每一个元素所指向的一维数组长度可以不同，一维数组之间也不需要在内存中连续存放，指针数组中的每一个元素均为指针变量，地址可变。另外，数组指针是一个二级指针变量；指针数组名和二维数组名一样，是一个二级指针常量。

指针数组特别适合于处理若干个长度不等的字符串。指针数组使得字符串处理更加简单方便，不浪费内存空间。

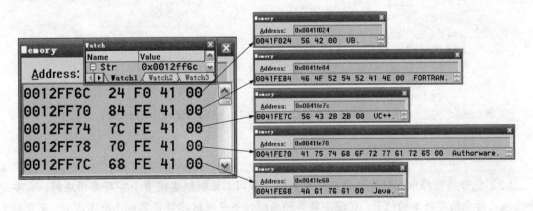

图 5-19 字符指针数组 Str 内存映像

【例 5-12】 利用字符指针数组将五门课程名按字典顺序输出。

```
// Program: EG0512.c
// Description: 利用字符指针数组将五门课程名按字典顺序输出
#include <stdio.h>
#include <string.h>
void main( void )
{
    char *tmp,*Str[5]={"VB", "FORTRAN", "VC++", "Authorware", "Java"};
    short i, j, k, n=5;
    for(i=0; i<n-1; i++)
    {
        k=i;
        for(j=i+1; j<n; j++)
            if(strcmp(Str[k], Str[j])>0)
                k=j;
        if(k!=i)
            tmp=Str[i], Str[i]=Str[k], Str[k]=tmp;
    }
    for(i=0; i<n; i++)
        puts(Str[i]);
}
```

程序运行结果如图 5-20 所示。

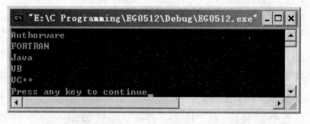

图 5-20　［例 5-12］的程序运行结果

【想一想】

（1）能否将程序中 Str 的下标形式换成指针形式？

```
for(i=0; i<n-1; i++)
{
    k=i;
    for(j=i+1; j<n; j++)
        if(strcmp(*(Str+k), *(Str+j))>0)
            k=j;
        if(k!=i)
            tmp=*(Str+i), *(Str+i)=*(Str+k), *(Str+k)=tmp;
}
for(i=0; i<n; i++)
    puts(*(Str+i));
```

（2）能否将程序中指针数组换成二维数组？采用二维数组实现多个字符串排序时，需要逐个比较之后交换字符串的位置。交换字符串的物理位置是通过字符串复制函数完成的。反复的交换将使程序执行的速度变慢，同时由于各字符串的长度可能不同，只能按最大长度存储所有字符，浪费了计算机内存。用指针数组实现多个字符串排序不仅可以减少内存的开销，还可以提高程序运行效率：把所有的字符串的起始地址放在一个指针数组中，当需要交换两个字符串时，只须交换指针数组相应两元素的内容（地址）即可，而不必交换字符串本身，如图 5-21 所示。

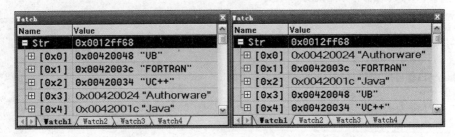

图 5-21　［例 5-12］指针数组排序前后内容的变化

虽然指针数组名是二级指针，可以参加多种指针运算，但由于它是地址常量，不能进行自加、自减等指针运算。

5.6　指针和动态内存分配

用 C 语言编程解决实际问题时，经常遇到规模待定的问题，必须等到程序运行时由用户从键盘输入方能确定下来，这使得编程时数组大小很难确定，定义小了无法解决问题，定义大了浪费内存空间，能否根据实际需求定义一个动态数组呢？在前面的章节里，已经明确地得知 ANSI C 不支持定义动态数组，定义数组时必须使用常量或常量表达式明确规定数组长度。

动态内存分配是指在程序运行过程中，根据程序的实际需要为指针变量申请一定的内存空间的方法。当所申请的内存使用完毕后，还可以释放所占内存，归还给操作系统。C 语言借助指针可以间接地实现动态数组。

ANSI C 标准有两个最常用的动态分配内存的函数 malloc( )和 free( )，包含在 stdlib.h 中。（但个别 C 语言编译系统使用 malloc.h 包含，使用时请查阅具体的版本规定）

分配内存空间函数 malloc 的原型为：

void　*malloc(unsigned int size);

功能：在内存的动态存储区中分配一块长度为"size"字节的连续内存空间。

返回值：分配成功，返回所分配内存空间的起始地址，否则，返回 NULL。

实际使用时，需要先用 sizeof( )求出一个元素所需字节数；再乘上所需元素个数；调用时地址必须由 void *强制转换为所需类型；最后还要查看是否分配成功；如果没有分配成功，必须停止后继操作。

例如：下述程序在输入一个班级的成绩时使用了动态内存分配：

```
#include <stdio.h>
#include <stdlib.h>
void main( void )
{
    int *score, num;
    printf( "请输入人数:" );
    scanf( "%d", &num);
```

```c
if( (score =(int *) malloc( sizeof(int)*num )) == NULL )
{
    printf( "内存分配失败\n" );
    exit(0);
}
else
{
    //内存分配成功,使用指针解决具体问题
    ......
    //问题处理结束后务必释放所申请的内存
    free( score );
}
}
```

其中，释放内存空间函数 free 的原型为：

void   free(void *pointer);

功能：释放 pointer 所指向的内存空间，pointer 是一个任意类型的指针变量，它指向被释放区域的首地址。被释放区应是由 malloc 或 calloc 函数所分配的区域。

【例 5-13】   输入 n 个单词，将其按字典顺序输出，n 从键盘输入。

```c
// Program: EG0513.c
// Description: 输入 n 个单词,将其按字典顺序输出,n 从键盘输入。
#include <stdio.h>
#include <malloc.h>
#include <string.h>
#define MaxLengh 30 //单词最大长度
void main( void )
{
    char tmp[MaxLengh],**words;
    short i, j, k, n=5;
    printf("请输入n:");
    scanf( "%d", &n);
    if( (words =(char **) malloc( sizeof(char *)*n )) == NULL )
    {
        printf( "内存分配失败\n" );
        return ;
    }
    for (i=0; i<n; i++)
    {
        printf("请输入第%d 个单词:", i+1);
        scanf( "%s", tmp);
        if((*(words+i)=(char *)malloc(sizeof(char)*(strlen(tmp)+1)))==NULL)
        {
            printf( "第%d 个单词内存分配失败\n", i+1);
            return ;
        }
        strcpy(*(words+i), tmp);
    }
    for(i=0; i<n-1; i++)
```

```
    {
        k=i;
        for(j=i+1; j<n; j++)
            if(strcmp(words[k], words[j])>0)
                k=j;
        if(k!=i)
        {
            char *tmp;
            tmp=words[i], words[i]=words[k], words[k]=tmp;
        }
    }
    printf( "排序结果\n");
    for(i=0; i<n; i++)
        puts(words[i]);

    free(words);
}
```

程序运行结果如图 5-22 所示。

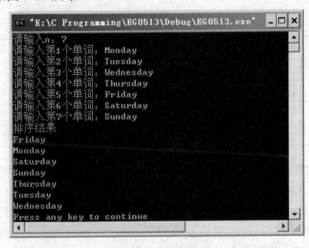

图 5-22　[例 5-13]的程序运行结果

【想一想】

（1）将本例题改用二维数组实现，并比较两者之间的异同。

（2）虽然 [例 5-13] 释放了动态申请的指针数组 words，但动态申请的各字符串内存在程序运行结束后并未释放，造成了**内存泄漏**，必须先释放它们再释放 words：

```
    for(i=0; i<n; i++)
        free(*(words+i));
    free(words);
```

（3）释放所申请内存后的指针成为"野指针"，不能继续使用。

free(words);只是释放了 words 指向的内存空间，words 本身的值还是存在的。所以 free 之后，有一个好的习惯就是将其设为空指针：words=NULL;

（4）尽管 words 是一个指针变量，其指向允许改变，但它是联系动态申请内存的唯一途径，所以在未释放所申请内存之前，千万不要轻易地改变它的指向。

小 结

本章学习了指针这一代表 C 语言特色的构造数据类型，详细讨论了各种指针类型及其运算，并结合一维数组、二维数组、字符串处理、动态数组全面介绍了指针的概念及应用。

指针看起来很复杂，实际上就是一个存储地址的数据类型而已。对于一级指针，可以借助于一维数组名来帮助理解：一维数组名就是一个指针，可以用一维数组名下标法引用数组元素，也可以用一维数组名指针法引用数组元素。一级指针变量如果指向了一维数组的起始元素，就可以像对待一维数组名一样来使用它，唯一的区别是：一维数组名是一个地址常量，地址不能改变，而一级指针变量是一个地址变量，地址可变。

二级指针稍微麻烦些，也可以借助于二维数组名来帮助理解：二维数组在内存里按行存放。可以将其看作一个由若干行指针构成的一维数组，其中，每一个行指针指向了一个真正意义上的一维数组。我们可以借助数组指针和指针数组将多维数组降维处理，减少问题的复杂度。

表 5-1 列举了本章介绍的指针类型，在学习时要注意进行比较，加深理解。

表 5-1 指 针 类 型

定 义	含 义
int Num[n];	定义有 n 个整型元素的数组 Num，数组名 Num 为一级指针常量
int *Ptr;	定义一个一级指针变量 Ptr，指向整型数据
int **Ptr;	定义一个二级指针变量 Ptr，指向一级整型指针
int *Ptr[n];	定义有 n 个一级整型指针变量元素的数组，指针数组名 Ptr 为二级指针常量
int (*Ptr)[n];	定义一个数组指针/行指针变量 Ptr，指向内存中 n 个整型数据元素，Ptr 为二级指针变量

使用指针时的常见错误有：

（1）试图修改地址常量：如对数组名进行自加、自减、将一个字符串的地址赋值给它等。

（2）使用未初始化的野指针，导致系统混乱。

（3）对指向单个基本类型数据的一级指针变量加减。

（4）对两个未指向同一数组元素的指针进行比较、相减。

（5）指针访问越界：比如将一个长字符串复制到短字符串所在空间。

（6）对通过一级指针间接指向单个基本类型数据的二级指针变量进行复杂的指针运算。

（7）尽管内存分配失败，仍然继续非法访问内存。

（8）动态申请的内存在程序运行结束后仍不释放造成内存泄漏。

（9）继续使用已释放所申请内存后的"野指针"。

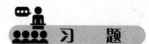

习 题

一、选择题

1. 若定义：float   x, *p=&x; 则下列表达式中错误的是_____。

　　A）*&p　　　　　　B）*&x　　　　　　C）&*p　　　　　　D）&*x

2. 下列程序段的输出结果是_____。

```
int n=6, *p=&n;
*p=8;
printf("%d\n", n);
```

   A）8   B）6   C）7   D）不确定

3. 若定义：short Num[][3]={2, 4, 6, 8, 10, 12}; 则*(Num[1]+1)的值是_____。

   A）8   B）4   C）2   D）10

4. 若定义：float s[10], *p1=s, *p2=s+9; 则下列表达式中，不能表示数组 s 的合法数组元素的是_____。

   A）*(p1—)   B）*(++p1)   C）*(—p2)   D）*(++p2)

5. 下列程序段的输出结果是_____。

```
int a[]={1, 2, 3, 4, 5, 6},*p;
p=a; *(p+3)+=2;
printf("%d,%d\n", *p, *(p+3));
```

   A）0,5   B）1,5   C）0,6   D）1,6

6. 下列程序段的输出结果是_____。

```
int a[]={2, 4, 6, 8, 10};
int *p=&a[4];
printf("%d\n", *--p);
```

   A）10   B）9   C）7   D）8

7. 下列程序段的输出结果是_____。

```
short a[]={1,3,5,7,9}, *p, **k;
p=a; k=&p;
printf("%d, ", *(p++));
printf("%d, ", * *k);
```

   A）2,2,   B）3,5,   C）1,3,   D）1,3

8. 对于数组 x[5][5]，*(x+2)+3 表示_____，*(x[3]+2)表示_____。

   A）x[2][3]   B）&x[2][3]   C）x[3][2]   D）&x[3][2]

9. 若定义 int a[][3]={{1, 2, 3}, {4, 5, 6}}, (*p)[3]=a; 则表达式*(*p+1)的值是_____。

   A）1   B）3   C）4   D）2

10. 在以下定义中，p_____。

```
int (*p)[3];
```

   A）定义不合法

   B）是一个指针数组，每个元素是一个指向整型变量的指针

   C）是一个数组指针，它指向一个具有三个整数的一维数组

   D）是一个指向整型变量的指针

11. 下列程序段的输出结果是_____。

```
char *s="ABCD", *p;
for( p=s; *p ; p++)
```

```
printf("%s\n", p);
```

A）ABCD B）A   C）D   D）ABCD
  BCD   B   C   ABC
  CD   C   B   AB
  D   D   A   A

12. 执行下列程序段后，*(p+5)的值是_____。

```
char s[]="Hello";
char *p;
p=s;
```

A）'o'   B）'\0'   C）'o'的地址 D）不确定的值

13. 若有定义：

```
char s[20]="programming", *ps=s;
```

则不能代表字符 o 的表达式是_____。

A）ps+2   B）s[2]   C）ps[2]   D）ps+=2,*ps

14. 若有定义：

```
char s[20]="programming",*p1=s;
char **p2=&p1;
```

则_____是无效表达式。

A）&*p2   B）*&p1   C）p1++   D）p2+=2

15. 若定义：char s[3][8]={"1", "21", "321"}; *p=*s; 则正确语句是_____。

A）printf("%s", *(p+1*8+0));   B）puts(*(*(p+1)+0));
C）scanf("%s", *(*(p+1)+0));   D）gets(&s[1][1]);

16. 若定义 char s[5][10], *p=*s;则使用 p 来表示数组元素 s[2][3]的表达式是_____。

A）*(p+2*10+3) B）*(p+2*3+10) C）*(*(p+2)+3) D）*(*(p+3)+2)

二、分析程序，写出程序运行结果

1. 阅读下列程序，写出程序运行结果。

```
#include <stdio.h>
void main( void )
{
    int *var, ab;
    ab=100; var= &ab; ab= *var+10;
    printf("%d\n", *var);
}
```

2. 阅读下列程序，写出程序运行结果。

```
#include <stdio.h>
void main( void )
{
    int i=3, *p1;
    int a[3]={15, 30, 45}, *p2;
    p1=&i; p2=a;
    p1=p2+2;
```

```
        printf("%d,%d\n", *p1, *p2);
}
```

3. 阅读下列程序，写出程序运行结果。

```
#include <stdio.h>
void main( void )
{
    int a[]={1, 2, 3, 4, 5}, *p;
    p=a;
    *(p+2)+=2;
    printf("%d,%d\n", *p, *(p+2));
}
```

4. 阅读下列程序，写出程序运行结果。

```
#include <stdio.h>
void main( void )
{
    short a[]={1, 3, 5, 7, 9}, *p, **k;
    p=a; k=&p;
    printf("%d,", *(p++));
    printf("%d\n", **k);
}
```

5. 阅读下列程序，写出程序运行结果。

```
#include <stdio.h>
void main( void )
{
    int num[]={1, 3, 5, 7}, s=1, i, *p=num;
    for(i=0; i<3; i++)
        s*=*(p+i);
    printf("%d\n", s);
}
```

6. 阅读下列程序，写出程序运行结果。

```
#include <stdio.h>
#include <string.h>
void main( void )
{
    char s[][10]={"12", "23", "34", "45", "56"};
    char *s1[5], **s2=s1, s3[10];
    int i, j;
    for(i=0; i<5; i++)
        s1[i]=s[i];
    for(i=0; i<4; i++)
        for(j=i+1; j<5; j++)
            if(strcmp(*(s2+i), *(s2+j))<0)
            {
                strcpy(s3, *(s2+i));
                strcpy(*(s2+i), *(s2+j));
                strcpy(*(s2+j), s3);
            }
    for(i=0; i<5; i++)
```

```
        printf("%s ", s1[i]);
    }
```

7. 阅读下列程序，写出程序运行结果。

```c
#include <stdio.h>
void main( void )
{
    char *p1="123", str[20]="abc", *p2=str;
    while(*p2)
        p2++;
    while(*p2=*p1)
        p1++, p2++;
    puts(str);
}
```

8. 阅读下列程序，写出程序运行结果。

```c
#include <stdio.h>
void main( void )
{
    int a[2][3]={{1, 2, 3}, {4, 5, 6}}, m, *p;
    p=&a[0][0];
    m=(*p)*(*(p+2))*(*(p+4));
    printf("%d", m);
}
```

9. 阅读下列程序，写出程序运行结果。

```c
#include <stdio.h>
void main( void )
{
    char *p="1A2B3C4D";
    while(*p!='4')
        printf("%c", *(p++)+1);
}
```

三、找出下面程序中的错误，并对其予以改正

1. 某同学编写了一个程序对输入的浮点数观察其地址和数值。请仔细阅读他的程序，指出并纠正程序中的错误。

```c
#include <stdio.h>
#define SIZE 10
void main( void )
{
    /*****ERROR*****/
    float *Pointer;
    printf("Input a float: ");
    scanf("%f", Pointer);
    printf("Pointer=%X *Pointer=%f\n", Pointer, *Pointer );
}
```

2. 某同学尝试用指针输入 10 个整数却无法打印。请仔细阅读他的程序，指出并纠正程

序中的错误。

```c
#include <stdio.h>
#define SIZE 10
void main( void )
{
    int Num[SIZE], *ptr=Num;
    int i;

    printf("Input 10 normal numbers: ");
    for(i=0; i<SIZE; i++)
        scanf("%d", ptr++);

    printf("Inputed numbers are :");
    /*****ERROR*****/
    for(i=0; i<SIZE; i++)
        printf("%d ", *ptr++);
    printf("\n");
}
```

3. 下面程序尝试用指针数组输入 10 个字符串并逆序打印。请仔细阅读程序，指出并纠正程序中的错误。

```c
#include <stdio.h>
#define SIZE 10
void main( void )
{
    /*****ERROR*****/
    char *ptr[SIZE];
    short i;

    printf("Input 10 strings:\n");
    for(i=0; i<SIZE; i++)
    /*******ERROR*******/
        scanf("%s", ptr[i]);
    printf("\n");

    printf("Reversed strings are:\n");
    for(i=0; i<SIZE; i++)
        printf("%s\n", ptr[SIZE-i-1]);
    printf("\n");
}
```

4. 下面程序尝试对 2 个字符串排序。请仔细阅读程序，指出并纠正程序中的错误。

```c
#include <stdio.h>
#include <string.h>
void main( void )
{
    /******************ERROR****************/
    char Str1[]="teacher", Str2[]="student";
    char *tmp;

    /*****ERROR*****/
```

```
    if( Str1< Str2 )
        tmp=Str1, Str1=Str2, Str2=tmp;

    printf("str1=%s\nstr2=%s\n", Str1, Str2);
}
```

5．下面程序利用字符指针数组对 5 个字符串进行选择法排序。请仔细阅读程序，指出并纠正程序中的错误。

```
#include <stdio.h>
#include <string.h>
void main( void )
{
    char *tmp, *str[5]={"VB","FORTRAN","VC++","Authorware","Java"};
    short i, j, k, n=5;
    for(i=0; i<n-1; i++)
    {
        k=i;
        for(j=i+1; j<n; j++)
            if(strcmp(str[k], str[j])>0)
                k=j;
            if(k!=i)
            {
                /*******ERROR*******/
                strcpy(tmp, str[i]);
                strcpy(str[i], str[k]);
                strcpy(str[k], tmp);
            }
    }
    for(i=0; i<n; i++)
        puts(str[i]);
}
```

四、编程题

1．用指针编程输入 2 个字符串，将二者连接后的结果输出。本题不得调用 strcat 函数。

2．用指针编程复制字符串，要求每复制三个字符后插入一个空格。例如输入字符串 copyright，复制后的字符串为 cop␣yri␣ght␣。

3．用指针编程输入 2 个字符串，对两个字符串比较大小，最后输出比较结果。本题不得调用 strcmp 函数。

4．用指针编程输入一个字符串，查找其中出现了多少个连续数字字符，输出这些数。

　　例如，输入："123a456"，　　输出："2:123,456"

　　　　　输入："a123b789"，　　输出："2:123,789"

　　　　　输入："abc123"，　　　输出："1:123"

5．用指针编程输入 2 个字符串，求计算第二个字符串在第一个字符串中出现的次数。

6．用指针编程输入一个字符串，删除字符串中所有的*号。例如，输入：a1*2**6***，则删除*号后字符串的内容是 a126。

7．输入一个 3×6 的二维整型矩阵，用数组指针编程查找最大值及其所在行列下标。

8．输入一行字符，统计其中单词的个数。各单词之间用空格、标点符号分隔，空格、标点符号可以是多个。例如输入："Programming␣is␣␣␣fun."，输出："3"。

输入："More␣money,␣more␣problems?␣It␣might␣just␣be␣true."，输出："9"

9．定义 int num[26]统计从终端输入的字符中大写字母的个数，其中 num［0］中统计字母 A 的个数，num[1]中统计字母 B 的个数，依次类推。用#号结束输入。用指针编程解决这一问题。

10．用指针编程输入一个最多包含 5 位的八进制数字字符串，将其转换成十进制整数。

11*．编程实现将一个输入的字符串中的小写字母转换成大写字母。其他字符不变。本题不得调用 strupr 函数。

12*．编写一个程序，输入月份号，输出该月的英文名。例如，输入 3，输出 March，要求用指针数组处理。注：输入月份号错误，输出 illegal month!

13*．编程实现将一个输入的字符串加密。加密算法是对字符循环加 1：a->b，A->B；…z->a，Z->A；其他字符不变。

14*．编写程序输入 n 个整数，查找并删除重复的数字，打印结果。

输入示范：10

　　　　　　　12 35 30 10 35 30 22 7 12 20

输出示范：12 35 30 10 22 7 20

15*．用指针数组编写程序，输入一句由若干单词和若干空格组成的英文字符串，单词之间用若干空格个空格分开，输入保证句子末尾没有多余的空格。要求程序将句中单词颠倒顺序输出。

输入示范：How are you

输出示范：you are How

第6章 函　数

本章学习要点

1. 掌握函数的定义与调用
2. 掌握函数间数据传递的方法
3. 理解函数的嵌套与递归调用
4. 掌握指针函数的概念和调用
5. 了解函数指针的概念和调用
6. 了解 main 函数与命令行参数
7. 理解变量的存储类型、作用域和存在性
8. 了解内部函数和外部函数
9. 理解宏、文件包含等编译预处理

本章学习难点

1. 理解函数的概念和使用
2. 掌握函数间的数据传递
3. 理解变量的存储类型、作用域和存在性

在 C 语言程序中，并非所有的代码都是写在唯一的函数 main( )里。随着程序规模和问题复杂程度的增加，程序的代码越来越长，往往需要大家合作设计、开发。C 语言程序设计为此采用了模块化程序设计思想。模块化程序设计通常是将一个规模大、功能复杂的程序分解成若干个规模小、功能单一、容易实现的模块来实现，这些模块就称为函数。模块之间功能相对独立、互不干扰，易于合作开发，同一功能的模块可以反复调用，避免重复劳动，为提高软件开发效率，改善软件质量提供了有力的保障。

本章主要介绍函数的概念、定义和调用。重点强调如何在函数间传递数据。在本章的最后还将补充介绍变量的存储类型、作用域、存在性以及 C 语言编译预处理功能。

6.1　函数的基本概念

C 语言程序在求解一个规模较大、相对复杂的问题时，通常采用的是自上向下、逐步分解、分而治之的方法，把一个大问题分解成若干个规模较小、功能相对单一、容易求解的小问题，然后分别编程求解。这些规模小、功能单一的程序模块称为函数。函数是 C 语言程序的基本组成单位，一个 C 语言程序往往是由一个主函数 main()和若干个子函数组成的。main()函数可以调用其他子函数，子函数之间也可以互相调用。通常把调用其他子函数的函数称为"主调函数"，被调用的子函数称为"被调函数"。主函数只能是主调函数，而不能是被调函数，

任何被调函数都不能调用主函数。

合理划分函数，不仅可以实现程序的模块化，使程序结构清晰，程序设计变得简单和直观，提高了程序的易读性和可维护性，而且还可以把程序中反复用到的一些计算或操作编成通用的函数，随时调用，这样可以大大地减轻和降低程序设计的复杂程度和开发工作量。C语言编译系统本身就带有很多系统函数供程序开发者使用。我们把这种在程序设计中分而治之的策略称为模块化程序设计方法，又称结构化程序设计。

需要说明的是，在设计一些特别复杂的应用程序时，可能会需要多位程序员协作开发。每位程序员将自己负责开发的程序模块书写在一个或多个独立的 C 源程序文件中，分别予以实现。最后再把所有的源程序文件组合起来形成一个完整的软件工程。每一个 C 语言源程序文件都是一个独立编译单位，编译成功后都会生成一个 obj 目标代码文件。整个工程连接成功后会生成一个可执行文件。其中，只能被本源程序文件中函数调用的被调函数称为内部函数，可以被任何编译单位调用的被调函数称为外部函数。

现在，通过一个简单的开发实例来理解上述概念。该应用软件运行时，首先出现一个菜单，用户选择某一菜单项后进入相应子模块处理具体问题，处理结束后回到主菜单。当在主菜单上选择退出功能后，软件运行结束。将各子模块划分成子函数后，进一步将菜单初始化和界面显示、选择功能划分成子函数，最终设计出来的函数代码框架如下：

```c
#include <stdio.h>
//菜单初始化函数:设置菜单文字
void InitMenu( char *Menu[] )
{
    Menu[0]=" 1. 菜单项 1 名称 ";
    ...
}
// 显示菜单、接受用户选择函数
// 初学者可以使用 printf、getch 函数实现基本交互
// 进阶后可以引入图形、字体、功能键、鼠标等元素进行人机交互
int ChooseMenu( char *Menu[], int MaxItem )
{
    return 1;  // 选择菜单 1
    ...
    return 0;  // 选择退出
}
//各模块
void sub1(void)
{
    ...
}
...
void main( void )
{
    char *Menu[10], MaxItem=10;  //指针数组存储菜单名称:0～9 项
    int done=0;                  //退出标志 done 为 1 时退出
    InitMenu( Menu );            //调用菜单初始化模块
    do
    {
```

```
    // 每轮循环都重新显示界面、接受用户选择、根据用户选择执行相应分支
    switch( ChooseMenu(Menu, MaxItem ) )
    {
        case 1:
            sub1();
            break;
        case 2:
            ...
        case 0:
            done=1;
    }
}while(!done);
}
```

通过这个简单的实例，可以看出结构化程序设计的优越性：

（1）各子模块相互独立、功能单一，通过简化子模块的入口和出口，使应用程序总体结构清晰、容易理解。

（2）分而治之后的各子模块规模小、功能简单，降低了程序设计的复杂性。每个子模块都可以独立设计算法，单独编写和测试，使得大型软件的合作开发成为可能。

（3）各子模块的相对独立提高了应用程序的可靠性：一个子模块中的错误不易扩散和蔓延到其他模块。如果应用程序出现错误，只要找到出错模块，调试修改该模块的几行或几十行代码即可，避免了一旦出错就要阅读理解进而修改全部可能长达几千甚至上万行代码的"悲剧"。

（4）因为可以同时进行集体性开发，大大缩短了应用程序的开发周期。

（5）通过将常用的功能模块编写成公用模块，放在函数库中随时调用，避免了程序开发的重复劳动，降低了应用程序复杂度。

（6）程序结构清晰、易于理解，不仅使得应用程序的开发过程受益，而且将来的维护和功能扩展也会变得十分容易。

在 C 语言中，根据不同的角度对函数有不同的分类方法。

（1）从函数定义的角度出发，可分为用户自定义函数和系统函数。

➤ 用户自定义函数。由程序员按需要编写的函数。对于用户自定义函数，不仅要在程序中定义函数本身，往往还必须在调用之前对其进行说明，然后才能使用。

➤ 系统函数。C 语言编译系统提供非常丰富的系统函数，调用之前无须定义，也不必说明，只需包含有该函数原型的头文件即可在程序中直接调用，如在前面各章的例题中反复用到的 printf、scanf、gets、puts、strcpy、strcmp 等函数均是系统函数。

（2）从函数入口参数的角度出发，可分为有参函数和无参函数。

➤ 有参函数，也称为带参函数。在函数定义及函数说明时都有参数，称为形式参数（简称为形参）。在函数调用时必须给出具体数值，称为实际参数（简称为实参）。进行函数调用时，主调函数将把实参的值传送给形参，供被调函数使用，如：

```
int Max(int a, int b);
```

➤ 无参函数。函数定义和函数说明中均为 void。函数调用时，主调函数和被调函数之间不进行参数传送，如：

```
void Funcl(void);
```

（3）从返回值的角度出发，函数可分为有返回值函数和无返回值函数两种。

➢ 有返回值函数。此类函数被调用执行完后将向主调函数返回一个执行结果，称为函数返回值。有返回值函数必须在函数定义和函数说明中明确返回值的类型，如数学函数：

```
double sqrt(…);
```

➢ 无返回值函数：此类函数执行完成后不向主调函数返回任何值。在定义此类函数时可指定它的类型为空类型"void"，如：

```
void free(…);
```

6.2　函数的定义、说明与调用

6.2.1　函数的定义

函数的定义编写具体实现函数功能的源代码。函数定义的一般形式是：

```
type FunctionName( type variable, …)    // 函数说明
{
    local variable declarations;     // 函数体:局部变量说明
    statements;                      // 函数体:执行语句
}
```

函数定义由函数说明和函数体两部分组成。

函数说明由类型标识符、函数名、形参列表三部分组成。

（1）函数的类型标识符包括存储类型、数据类型两部分。

C 语言规定，函数的存储类型默认为 extern（通常缺省不写），这意味着所定义的函数是外部函数，可以被任何编译单位调用。如果所定义的函数只能被本源程序文件中函数调用，则称其为内部函数，可以在函数定义的数据类型标识前面加上"static"进行限制。使用内部函数，可以将函数的作用域限制在本源程序文件中，使得不同文件中同名函数互不干扰，便于分工协作。

函数的数据类型实际上就是函数返回值的数据类型，被调函数使用 return 语句传递给主调函数一个返回值。函数的数据类型默认为 int 型（缺省即为 int 型）。如果一个函数不需要传递数据给主调函数，可以将该函数的数据类型定义为 void。

（2）用户自定义函数的函数名由用户根据需要命名，但必须符合 C 语言对标识符的规定：

➢ 函数名只能由英文字母、数字、下划线组成，数字不得作为第一个字母。

➢ 函数名大小写敏感，不要使用关键字、预定义标识符。

➢ 函数名应尽可能做到"见名知意"，如 IsLeapYear。

（3）函数可以带有多个形式参数，简称形参。之所以将形参列表中出现的变量称为形式参数，是因为在函数的定义中，这些参数并没有真正分配内存，也没有确切的数值。只有在函数被调用时，形参才会分配内存，接受对应实参的数值；当函数调用结束时，形参的内存也随之被释放，不再有效。

形参列表中出现多个形参时，每一个形参都必须说明其数据类型，形参之间不得重名

或重复说明，彼此之间用","分隔。形参应与调用时的实际参数（简称实参）保持一致：数据类型一致，个数一致，顺序也必须一致。形参属于函数的内部变量或局部变量，调用时自动和实参一一对应，初始化初值，所以也常常称为入口参数。零个形参用 void 表示。

函数说明后的一对{}包围的部分称为函数体，主要由局部变量说明、执行语句两部分组成。

【例 6-1】 用 IsPrime 函数判断一个数是否为素数。

```c
// Program: EG0601.c
// Description: 判断一个数是否为素数
int IsPrime( int Num )
{
    int j;
    for(j=2; j<Num; j++)
        if( Num%j==0 )
            return 0;
    return 1;
}
```

该函数的功能是判断入口形参 Num 是否为素数。如果在 2～Num-1 之间存在 Num 的因子，Num 不是素数，函数返回 0（假，false）；否则，Num 是素数，函数返回 1（真，true）。所以函数的数据类型定义为 int 型。

C 语言不允许在一个函数的函数体内定义其他函数，即 C 语言函数的定义不能嵌套。每一个函数都是一个相对独立的程序模块，从而有力地支持了结构化程序设计方法。

一个软件到底要分成几块，哪些功能划分到一个函数，这是一件非常复杂的任务。通过编者多年的实践，总结了以下几点基本原则供读者参考：

（1）尽可能简化 main 函数，降低 main 函数的复杂程度，增加它的可读性。

（2）将程序中存在的若干相同或变量不同但算法、语句排列相同的语句组编成函数，以便随用随调。

（3）当程序中需要实现复杂的选择、跳转时，将后续流程编成函数；

（4）当程序较长，不易分析、调试时，将其拆分成若干子函数。单个函数的规模尽量限制在 30~100 行以内，局部变量的数目一般不要超过 10 个。

（5）一个函数一般只完成一个功能，不要将太多的功能封装到一个函数中。

在第 1 章里已经介绍了函数在程序中定义的顺序是任意的。习惯上将 main()函数放在最后面，这是因为 main()函数会调用其他子函数。C 语言规定，如果被调函数出现在主调函数后面，必须提前对被调函数予以说明。

6.2.2　函数的说明

在主调函数中调用其他子函数之前一般应对该被调函数进行说明（声明），这就如使用变量之前要先进行变量说明一样，其目的是使编译系统知道被调函数入口、出口情况，以便在主调函数中作相应的处理。

函数说明的一般形式为：

type FunctionName (type variable, …);　　//函数说明

其中，形参列表中的变量名可以不写，但类型必须保留，这便于编译系统检测形、实参

数的类型是否一致，防止出现两者不一致的错误。

函数的类型（type）包括存储类型、数据类型两部分。函数的数据类型必须和函数定义保持一致。外部函数的存储类型是在函数的数据类型前显式声明"extern"。内部函数的存储类型是在函数的数据类型前显式声明"static"。函数的存储类型默认为"extern"（这意味着外部函数的存储类型通常缺省不写）。

函数的说明和函数定义中的函数说明有所不同：

（1）位置不同。前者往往出现在头文件中、源程序开始处、主调函数的内部变量说明处；后者出现在函数体前。

（2）格式不同。前者必须以";"作为语句结束符；后者后面禁止书写";"否则会语法出错。

（3）成分不同。前者通常省略形参变量名，即使书写了形参，也没有任何意义；后者则不能省略形参，函数调用时将为这些形参分配内存空间，接收入口数据。

函数的说明和函数定义是两个不同的概念。函数定义是一个完整的、独立的模块描述，不仅包含了函数说明，更包含了具体功能的实现，而函数说明仅包含函数类型、参数个数及类型等函数的外在特性：调用时需要多少参数，分别是什么类型，返回何种类型数据给主调函数等。正因为如此，当用户自定义函数定义出现在主调函数之前时，可以省略函数说明；但即使源程序已对函数予以说明，程序中仍然必须完整地定义该函数。

C 语言规定：在以下几种情况时可以省略被调函数的函数说明。

（1）如果被调函数的返回值是整型或字符型时，可以不对被调函数作说明，直接调用。这时系统将自动对被调函数返回值按整型处理。

（2）当被调函数的函数定义出现在主调函数之前时，主调函数中可以不对被调函数作说明，直接调用。

（3）已在包含的头文件中或源程序开始处对被调函数预先说明，则无须再在主调函数中的内部变量说明处对被调函数作说明。例如，对系统函数的调用不需要作说明，但必须把包含该函数说明的头文件用 include 语句包含在源程序开始处。

6.2.3　函数的调用

C 语言被调函数的一般形式为：

函数名(实参列表)

说明：

（1）实参列表所列参数必须与形参保持一致：**数据类型一致，个数一致，顺序也必须一致**，以便于系统按顺序一一对应传递数据。

（2）实参可以是常量，也可以是变量、表达式或函数，但必须有确定值。各实参之间用逗号分隔，如 max(20, max(10, 30))。

（3）调用无参函数时，实际参数列表为空，但( )仍然保留，例如：getchar();。

在 C 语言中，可以用以下几种方式调用函数：

（1）语句调用：在函数调用的后面加上分号即构成函数语句。例如：

```
gets(string);
printf("Hello,World!\n");
```

（2）表达式调用：函数作为表达式中的一个操作数出现在表达式中，函数调用结束后，函数返回值参与表达式的运算。这种方式要求函数必须有返回值。例如：

```
m=max(a, b);
```

max(a, b)函数调用结束后，把 max 函数的返回值赋予变量 m。

（3）参数调用：函数作为另一个函数调用的实际参数出现。函数调用结束后，函数的返回值作为实参参加另一个函数的调用，这种方式要求该函数必须有返回值。例如：

```
printf("%d", max(a, max(b, c)));
```

max(b, c)函数调用结束后，返回值和变量 a 再次作为实参参加 max 函数调用，这次调用的返回值作为 printf 函数的实参来使用。

在函数调用中还应该注意的一个问题是求值顺序的问题。所谓求值顺序是指对实参表中各量是自左至右使用还是自右至左使用？各版本 C 语言编译系统对此规定不一。

【例 6-2】　测试 VC 的实参求解顺序。

```
// Program: EG0602.C
// Description: 测试 VC 的实参求解顺序
#include <stdio.h>
void main( void )
{
    int i=8;
    printf("%d\n%d\n", i+=3, i-=2);
}
```

程序运行结果如图 6-1 所示。

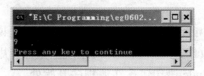

图 6-1　［例 6-2］的程序运行结果

i 的初值为 8。VC++按照从右至左的顺序求解 printf 实参：先运算 i-=2，i 的值为 6；然后再运算 i+=3，i 的值为 9，程序输出两个 i，结果为 9，9。注意：ANSI C 输出 9，6。

6.3　函数间的数据传递

C 语言程序中，各子函数之间相对独立，但加工的数据对象往往是同一批数据。这些数据常常在函数之间流动，函数之间必然存在数据相互传递的过程。在 C 语言中，可以使用形实结合参数传递、函数的返回值、全局变量等方式在函数间传递数据。

形实结合参数传递是指主调函数访问被调函数时，实参的数值按顺序一一对应传递给形参的方式。根据传递内容的不同，形实结合参数传递可以分为值传递（赋值传递）、地址传递（引用传递）。

6.3.1 值传递

值传递（赋值传递）是指函数调用时，主调函数把待加工数据直接作为实参的值传送给被调函数的形参，从而实现主调函数向被调函数的数据传送。

值传递（赋值传递）的特点是：

（1）传递方式。形参在被调函数被调用时分配内存，并将实参的值复制到形参中；调用结束，形参变量所分配的内存也随之被释放，不再有效。

（2）特点。单向传递。由于形参与实参分别占用不同的内存，形参的变化不影响实参的数值。函数调用中发生的数据传送是单向的。即只能把实参的值传送给形参，而不能把形参的值反向地传送给实参。因此在函数调用过程中，即使形参的值发生了变化，实参中的值也不会改变。

说明：

（1）实参可以是常量、变量、表达式、函数等，无论实参是何种类型，在进行函数调用时，它们都必须具有确定的值，以便把这些值传送给形参。

（2）实参和形参在数量上、类型上、顺序上应严格一致，否则会发生类型不匹配的错误。

（3）程序执行到主调函数时，实参分配了内存，或初始化，或输入，或赋值，实参具有确定值；当程序进入被调函数后，实参变量暂时屏蔽不能访问；被调函数执行结束后，程序返回到主调函数继续执行，此时实参变量恢复正常，可以继续使用。切勿将同名的实参和形参误认为同一个变量。

【例 6-3】 在对两个整数排序时经常会将顺序不符合要求的两个变量中的数据进行交换。下面程序设计的 swap 函数能完成这一功能吗？

```c
// Program: EG0603.C
// Description: 利用函数交换两个整数
#include <stdio.h>
void swap( int a, int b)
{
    int tmp;
    tmp=a;
    a=b;
    b=tmp;
}
void main( void )
{
    int a=15, b=5;
    printf("函数调用前, a=%d, b=%d\n", a, b );
    if(a>b)
        swap(a, b);
    printf("函数调用后, a=%d, b=%d\n", a, b );
}
```

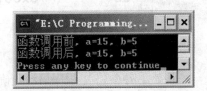

程序运行结果如图 6-2 所示。

主函数首先定义并初始化了两个 int 型变量 a、b，

图 6-2 ［例 6-3］的程序运行结果（一）

分别等于 15、5，打印 a、b 的值；在发现顺序不满足从小到大后调用了 swap 函数，将实参 a、b 的值 15、5 传递到形参 a、b 中，形参 a、b 的内存在调用 swap 时分配；然后通过临时变量 tmp 交换了形参 a、b 的值，到此 swap 调用结束，释放形参 a、b 和局部变量 tmp 的内存，返回主函数；回到主函数后再次打印 a、b 的值。第二次打印的结果表明，实参 a、b 的值并没有因为形参 a、b 内容的互换而发生变化。

本题实参和形参变量虽然重名，但它们各自使用独立的内存，互不干扰。如何才能发现 swap 函数执行过程中形参值的变化呢？一种方法是在 swap 函数的最后添加语句：

```
printf("函数调用中：a=%d, b=%d\n", a, b );
```

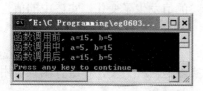

图 6-3 ［例 6-3］的程序运行结果（二）

程序运行结果如图 6-3 所示。

另一种更好的方法是设置程序断点，单步调试程序，可以更仔细地观察实参和形参的变化，如图 6-4 所示。在调试中注意在查看变量 a、b 的值同时，在 memory 视图里观察&a，&b。在图 6-4 上图可以发现程序开始运行时主函数在 0X12ff7C 处分配了 4 个字节给实参 a，在 0X12ff78 处分配了 4 个字节给实参 b（此时尚未调用 swap，不存在形参 a、b）。调用了 swap 函数后，在图 6-4 中图可以发现 swap 函数在 0X12ff24 处分配了 4 个字节给形参 a，在 0X12ff28 处分配了 4 个字节给形参 b，在 memory 视图里可以看到实参 a、b 的内存里数值还在，但暂时不能访问。返回主函数之后，在图 6-4 下部分再次看到了实参 a、b，但形参 a、b 内存已经释放，不再有效。

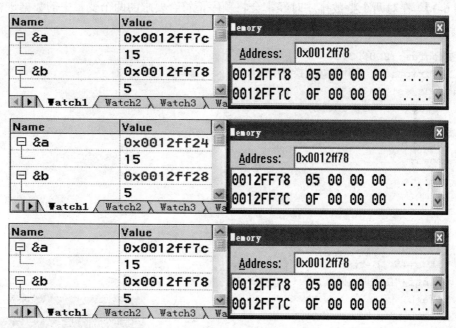

图 6-4 单步调试观察［例 6-3］内存变化情况

虽然［例 6-3］中程序语法正确，但并没有达到预期的设计目标，我们将在下一节对其进一步的修改。

尽管赋值传递中形参的变化对实参没有影响，很多函数设计时往往会坚持一个原则：尽量不要将函数的形参作为自己的工作变量。通常会在函数体内部重新定义一些局部变量，接受形参的数值，代替形参完成相应的工作，避免"改变形参影响了实参"。

6.3.2　地址传递

准确地讲，地址传递（引用传递）仍然是值传递，不过，这时作为参数传递的不再是普通数据，而是待加工数据的地址。将地址作为实参传递到形参指针中，通过指针指向同一个内存单元。当被调函数改变了该内存单元存储的数据后，主调函数再次访问该内存单元便会得到变化后的数据。

【例 6-4】　修改［例 6-3］的程序，设计一个能够交换两个变量中的数据的 swap 函数。

```c
// Program: EG0604.C
// Description: 利用函数交换两个整数
#include <stdio.h>
void swap( int *a, int *b)
{
    int tmp;
    tmp=*a;
    *a=*b;
    *b=tmp;
}
void main( void )
{
    int a=15, b=5;
    printf("函数调用前, a=%d, b=%d\n", a, b );
    if(a>b)
        swap(&a, &b);
    printf("函数调用后, a=%d, b=%d\n", a, b );
}
```

程序运行结果如图 6-5 所示。

主函数首先定义初始化了两个 int 型变量 a、b，分别等于 15、5，打印 a、b 的值；在发现顺序不满足从小到大后调用了 swap 函数，将实参：15、5 的地址传递到形参指针 a、b 中（实参是地址，不是 15、5！），通过临时变量 tmp 交换了形参指针 a、b 指向的内存单元内容，到此 swap 调用结束，释放形参指针 a、b 和局部变

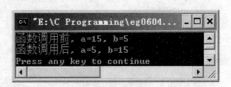

图 6-5　［例 6-4］的程序运行结果

量 tmp，返回主函数；回到主函数后再次打印 a、b 的值。第二次打印的结果表明，a、b 业已按照从小到大的顺序排列。

【想一想】

（1）现在，你能明白为什么 scanf 输入数据给 Num 时参数必须写地址的原因了吗？

```c
int Num;
scanf("%d", &Num);
```

（2）下面的 swap 函数利用地址传递数据，却意外地发现仍然不能交换两个变量的值，这是为什么？

```c
void swap( int *a, int *b)
```

```
{
    int *tmp;
    tmp=a;
    a=b;
    b=tmp;
}
```

 注 意

　　地址传递仍然是值传递，不能企图通过修改形参来改变实参。地址传递的实质是将主调函数的一个地址传递到被调函数中，借助形参指针修改实参指向的内存单元内容，注意［例 6-4］中形参和实参本身存储的地址值并没有发生变化。

（3）你会模仿图 6-4 单步调试观察［例 6-4］的内存变化情况吗？

借助地址传递"共享内存"这一思路，不仅可以通过主调函数向被调函数"传递"单个数据，还可以将批量数据的起始地址传递给被调函数，让被调函数共享主调函数中的批量数据。

【例 6-5】 设计一个能求指定字符串长度的函数 strlen。

```
// Program: EG0605.c
// Description: return length of a string
#include <stdio.h>
int strlen( char str[] )
{
    int i=-1;
    while( str[++i] );
    return i;
}
void main( void )
{
    char *Str="This is a test";
    printf("The length of \"%s\" is %d.\n", Str, strlen(Str));
}
```

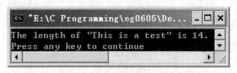

图 6-6　［例 6-5］的程序运行结果

程序运行结果如图 6-6 所示。

strlen 函数通过形实结合地址传递得到主调函数的字符串地址，下标顺序递增访问到字符串结束符"\0"，最后将求出的长度返回主调函数。

【想一想】

（1）strlen 函数是否通过 char str[] 定义了一个一维数组？是否将主函数里 Str 指向的字符串都复制到这个新定义的 str 数组空间？

这是地址传递中最容易混淆的错误。strlen 函数并没有定义一个新数组，只是通过形、实结合地址传递将主函数里 Str 存储的地址赋给指针 str，然后借助指针的下标形式顺序访问主函数里字符串常量中的每个字符。

（2）被调函数也可以将接收到的地址返回给主调函数，让主调函数通过该地址批量访问数据。注意被调函数只可以返回一个数据，不可误解为可以通过被调函数返回批量数据。详见 6.5 节指针函数的介绍。

　　主调函数定义：char Str[10]; 存储一个字符串或定义：char *Str; 指向一个字符串后，可以借助地址批量"共享数据"：

　　（1）实参可以是数组名 Str、数组起始元素地址&Str[0]、指向数组起始元素的指针变量名 Str、字符串常量（注意只传递地址！）。

　　（2）被调函数的形参可以是指针变量 char *str 或数组名形式的指针 char str[]/char str[10]，其中 char str[] 指向变长的字符串，char str[10]指向长度最长为 9 的字符串。

　　（3）形参无论是指针变量还是数组名形式的指针，都将在形、实结合时初始化地址值。

　　（4）地址传递中形、实参数可以从上述形式中任选两种：

```
#include <stdio.h>                    void main( void )
int strlen( char *str )              {
{                                        char Str[]="This is a test";
    int i=0;                             printf("The length of \"%s\" is %d.\n",
    while( *(str+i) )                        Str,  strlen(Str));
        i++;                         }
    return i;
}
```

【例 6-6】通过函数输入 10 个整数，然后利用冒泡法从小到大排序，最后输出排序结果。

```
// Program: EG0606.c
// Description:  bubble sort using function
#include <stdio.h>
void Input( int data[10], int size)
{
    int i;
    printf("Input %d int: ", size);
    for( i=0; i<size; i++ )
        scanf("%d", data+i);
}
void Sort( int data[], int size)
{
    int i, j, tmp;

    for( i=0; i<size-1; i++ )
        for( j=0; j<size-i-1; j++ )
            if( data[j]>data[j+1] )
                tmp=data[j], data[j]=data[j+1], data[j+1]=tmp;
}
void Print( int *data, int size)
{
    int i;
    printf("The sorted number is : ");
    for( i=0; i<size; i++ )
        printf(" %d", data[i] );
    printf("\n");
}
void main( void )
{
    int Num[10], SIZE=10;

    Input(Num, SIZE);
```

```
    Sort(Num, SIZE);
    Print(Num, SIZE);
}
```

程序运行结果如图 6-7 所示。

图 6-7　［例 6-6］的程序运行结果

［例 6-6］主函数分配 40 个字节内存用于存储 10 个整数后，利用地址传递调用三个子函数分别进行输入、排序、打印，形参均为指向数组起始元素的数组名形式的指针或指针变量。

Input 函数采用数组名形式的指针接受了主调函数传递过来的地址，采用指针形式通过循环输入 10 个整数存入主调函数定义的 Num 数组元素中。Sort 采用变长指针接受了主调函数传递过来的地址，采用下标形式通过冒泡法排序将主调函数里的 Num 数组元素从小到大排列。Print 函数采用指针变量接受了主调函数传递过来的地址，采用下标形式通过循环顺序打印主调函数里的 Num 数组元素。

这种通过地址传递在被调函数中批量处理数据的方法很值得大家在 C 语言程序设计时借鉴。

【想一想】

试修改［例 6-6］程序通过函数输入 10 个字符串，然后进行选择法逆字典顺序排序，最后输出排序结果。

使用函数对 10 个字符串排序和对 10 个整数排序在本质上是相同的。当主调函数定义一维数组存储了单个字符串，或定义一个指针变量指向一个字符串常量时，被调函数为了接收单个字符串的地址，形参可以用一维数组形式的指针，也可以使用指针变量。如果主调函数定义了一个存储多个字符串的二维实参数组，或数组指针、指针数组，被调函数在接收时也必须使用等价的二级指针形式。

阅读［例 6-6］可以发现，在 C 语言中，很少将所有代码都编写到 main 函数中，正确的做法是，根据功能把程序划分成若干函数，由多个函数组成一个完整的程序。其中，每一个函数的函数体代码行数越少，就越容易编写，越容易阅读、理解，越容易维护、扩展。

6.3.3　函数的返回值

被调函数调用结束后可以向主调函数返回一个数据，称为函数的返回值。

被调函数在执行到函数体中的 return 语句时，立即终止函数体的执行，传递给主调函数一个返回值。main 函数执行到函数体中的 return 语句时，立即终止程序的执行，传递给调用者（通常为调试环境或操作系统）一个返回值。

缺省 return 语句的情况下，被调函数在执行完函数体的最后一条语句之后，遇到了函数的结束符"}"（事实上这个花括号并不会出现在目标码中，但可以这样理解），被调函数执行完毕，返回到主调函数。main 函数在执行到主函数的结束符"}"时，结束程序的执行，返回调用者。

return 语句有两种等价的使用形式：

return(表达式);

或:

return 表达式;

return 语句的功能是结束被调函数的运行,返回到主调函数的调用处继续向下执行,return 表达式的运算结果就是被调函数传递给主调函数的返回值。主调函数可以使用和返回值相同数据类型的变量接收该返回值。

【例 6-7】 试写一函数实现两个字符串的比较。

```c
// Program: EG0607.c
// Description:  试写一函数实现两个字符串的比较
#include <stdio.h>
int strcmp(char *str1, char *str2)
{
    while(*str1 && *str2 && *str1==*str2)
        str1++, str2++;
    return *str1-*str2;
}
void main( void )
{
    char str1[80], str2[80];
    int mycmp;
    gets(str1);
    gets(str2);
    mycmp=strcmp(str1, str2);
    printf("strcmp(str1,str2)=%d\n", mycmp);
}
```

程序运行结果如图 6-8 所示。

函数 strcmp 的形参指针从实参接收到两个字符串地址,通过循环顺序指向两个字符串对应位置的字符,若两者相等且两个字符串均未结束,两个形参指针自增指向下一个字符继续比较,否则返回两个字符的 ASCII 差值:若串 1 字母靠近 Z 或 z,差值大于 0;若串 2 字母靠近 Z 或 z,差值小于 0;若两者完全相等,

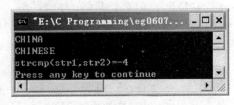

图 6-8 [例 6-7] 的程序运行结果

则一直会比较到字符串结束符 NULL 为止,NULL – NULL =0。main 函数接收到 strcmp 的返回值后通过 printf 输出比较结果。

使用 return 语句只能传递一个返回值给主调函数。虽然被调函数可以根据需要在函数体内设置多个 return 语句,但每次访问被调函数只会执行其中的一条 return 语句。

【例 6-8】 符号函数 int sign(int x)返回 x 的符号。

```c
// Program: EG0608.c
// Description:  求 x 的符号
int sign( int x )
{
    if(x>0)
        return 1;
    if(x==0)
```

```
        return 0;
    if(x<0)
        return -1;
}
```

虽然 sign 函数里有 3 个 return 语句，但 x>0 时，仅执行 return 1;结束 sign 函数的调用，返回主调函数，并不执行另 2 个 return 语句；x==0 和 x<0 两种情况同样仅执行 1 个 return 语句。

当被调函数的数据类型与 return 表达式的类型不一致时，将会自动转换 return 表达式计算结果的数据类型，以保持和被调函数的数据类型一致，但类型转换可能丢失部分数据。所以定义被调函数时，被调函数的数据类型必须和函数返回值，也即和 return 表达式，保持相同的数据类型。

通常 void 型函数的函数体通常没有 return 语句，执行完函数体遇 "}" 时自动返回主调函数。个别 void 型函数使用了 "return;" 语句提前停止函数体的运行。

6.3.4　全局变量

全局变量又称为外部变量，它是在函数外部定义的变量。全局变量一经定义，就会在程序运行结束之前一直占据分配给它的内存空间，在随后的所有函数中都可以直接引用它。利用全局变量的这一特性可以在函数间共享数据。

【例 6-9】　全局数组排序。

```c
// Program: EG0609.c
// Description: bubble sort
#include <stdio.h>
#define SIZE 11
int Num[SIZE]={ 0, 2, 9, 6, 8, 7, 4, 5, 3, 1, 0 };
void sort( void )
{
    int i, j, tmp;
    for( i=1; i<SIZE; i++ )
        for( j=1; j<SIZE-i; j++ )
            if(Num[j]>Num[j+1])
                tmp=Num[j], Num[j]=Num[j+1], Num[j+1]=tmp;
}
void main( void )
{
    int i;
    printf("Normal numbers: ");
    for( i=1; i<SIZE; i++ )
        printf(" %d ", Num[i] );
    printf("\n");
    sort();
    printf("Sorted numbers: ");
    for( i=1; i<SIZE; i++ )
        printf(" %d ", Num[i] );
    printf("\n");
}
```

为了和日常生活数数习惯一致，本题排序的十个数从 Num[1]到 Num[10]，Num[0]闲置，所以定义数组大小为 11。程序运行结果如图 6-9 所示。

图 6-9 ［例 6-9］的程序运行结果

源程序一开始便定义了一个全局数组 Num，这样在所有函数中都可以直接引用它。程序运行时，main 函数首先顺序打印全局数组 Num 中元素，然后调用 sort 函数对 Num 进行冒泡法排序，返回 main 函数后再次访问全局数组 Num 打印排序结果。main 函数和 sort 函数都是无须说明，直接引用全局数组 Num 中元素。

> 注 意
>
> 如果要引用其他编译单位或其后位置定义的全局变量，需要在引用前对其予以说明。
>
> ```
> void main( void )
> {
>     extern int a; //全局变量的说明符为 extern
>     ...
> }
> int a=-8;
> ```

使用全局变量将减低程序中各函数的独立性，密切它们之间的联系。一旦在某个函数里对其进行了修改，将波及所有引用该全局变量的函数，导致不可预见的错误。所以，一般不建议使用全局变量，如果必须使用全局变量，建议在函数内使用其他变量访问全局变量，不要将全局变量作为可修改的工作变量。

6.4 函数的嵌套与递归

6.4.1 函数的嵌套

C 语言中不允许作嵌套的函数定义，因此各函数之间是平行的，不存在上一级函数和下一级函数的问题。但是 C 语言允许在一个函数的定义中出现对另一个函数的调用。这样就出现了函数的嵌套调用，即在被调函数中又调用了其他函数。

【例 6-10】 输入两个字符串，将二者连接后输出结果。本题不得调用用于字符串处理的系统函数。

```
// Program: EG0610.c
// Description: 输入 2 个字符串，将二者连接后输出结果。
#include <stdio.h>
int strlen( char str[] )
{
    int i=-1;
    while( str[++i] );
    return i;
}
```

```
char *StrCat( char *ptr1, char *ptr2 )
{
    int len;
    len=strlen(ptr1);
    ptr1+=len;
    len+=strlen(ptr2);
    while(*ptr1=*ptr2)
        ptr1++, ptr2++;
    return ptr1-len;
}
void main( void )
{
    char str1[20], str2[20];
    printf("请输入 2 个字符串:\n");
    gets(str1);
    gets(str2);
    printf("合并字符串为%s\n", StrCat(str1,str2));
}
```

图 6-10　［例 6-10］的程序运行结果

程序运行结果如图 6-10 所示。

main 函数首先输入了两个字符串，然后调用 StrCat 函数进行字符串连接。StrCat 函数使用形参指针 ptr1、ptr2 接收了两个字符串的起始地址，然后调用 strlen 函数求 ptr1 所指字符串长度，让 ptr1 指向第一个字符串结束符，再次调用 strlen 函数求 ptr2 所指字符串长度叠加到前一个长度上，顺序从第二个字符串中取字符追加到第一个字符串的尾部，直到第二个字符串取完为止，通过指针减法返回第一个字符串的起始地址给 main 函数。main 函数根据返回的字符串地址打印连接结果。StrCat 函数返回的地址是主函数传递过来的，在 StrCat 函数调用结束后该地址仍然有效，有关指针函数的内容详见 6.5 节。

［例 6-10］主函数调用了 StrCat 函数，StrCat 又两次调用了 strlen 函数，构成了嵌套调用。程序执行过程如图 6-11 所示。

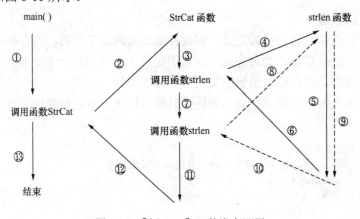

图 6-11　［例 6-10］函数嵌套调用

6.4.2　函数的递归

一个函数在它的函数体内直接或间接地调用了它自己，称为递归调用，这种函数被称为递归函数。C 语言允许函数的递归调用。在递归调用中，该函数既是主调函数又是被调函数。执行递归函数将反复调用其自身，每调用一次都进入新一层的函数体，直到递归终止。

【例 6-11】　递归法计算 n!的函数 int factorial(int n) 如下：

```
// Program: EG0611.c
// Description: 递归法计算 n!
int factorial(int n)
{
    if(n<0)
    {
        printf("n<0,input error");
        return -1;
    }
    if(n==0||n==1)
        return 1;
    return  factorial(n-1)*n;
}
```

factorial 函数是一个递归函数，总是将 n! 转化为 factorial(n-1)*n，即(n-1)! *n。为了防止递归调用无休止地进行，必须在函数内有终止递归调用的手段。常用的办法是加条件判断，满足某种条件后就不再递归，然后逐层返回，例如 factorial 函数递归到 n=0 或 1 时将直接返回 1 表示 0!、1!，从而结束函数的执行，不再递归调用，程序开始逐层返回主调函数：factorial(1)的函数返回值为 1，factorial(2)的返回值为 factorial(1)*2=2，factorial(3)的返回值为 factorial (2)*3=6，factorial(4)的返回值为 factorial(3)*4=24，……，最后返回值 factorial(n)。函数递归调用过程如图 6-12 所示。

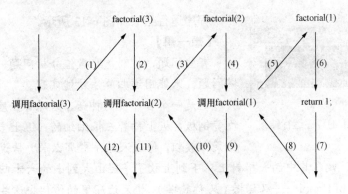

图 6-12　[例 6-11] 函数递归调用过程

程序中给出的函数 factorial 是一个递归函数。主函数调用 factorial 后即进入函数 factorial 执行，如果 n<0、n==0 或 n=1 时都将结束函数的执行，否则就递归调用 factorial 函数自身。由于每次递归调用的实参为 n-1，即把 n-1 的值赋予形参 n 再次递归调用 factorial 函数；当 n-1 递减到 1 或 0 时，满足收敛条件，直接返回 1，结束本次递归，然后逐层回溯。

[例 6-11] 也可以不用递归的方法来完成。可以设置累乘器，初值为 1；然后循环累乘，即累乘器先累乘 2，再累乘 3……直到 n。比较这两个算法可以看出：递归程序算法清晰、简洁，可读性强，代码紧凑，更容易理解和实现。但递归也存在一些缺点：每递归一次，都将

进入新一层的被调函数函数体，需要在内存堆栈区分配空间，用于存放函数变量、返回值等，所以递归次数一多，程序运行速度就慢，占用内存也大，甚至可能引起堆栈溢出。递归调用最大的问题是问题必须收敛，否则无法递归调用。

【例 6-12】 用递归法计算字符串长度。

```c
// Program: EG0612.c
// Description: 递归法计算字符串长度
#include <stdio.h>
int strlen( char *str )
{
    if (*str==NULL)
    {
        return 0;
    }
    else
        return strlen( ++str )+1;
}
void main( void )
{
    char str[20];
    printf("请输入 1 个字符串:\n");
    gets(str);
    printf("字符串长度为%d\n", strlen(str));
}
```

程序运行结果如图 6-13 所示。

【想一想】

有些问题，特别是非数值分析问题，如汉诺（Hanoi）塔问题，只能用递归算法才能实现。

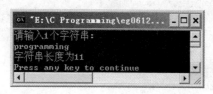

图 6-13　[例 6-12] 的程序运行结果

这是一个古印度的神话，据说有一座神庙，庙里有一块黄铜板，板上插着三根细细的、镶上宝石的细针，细针像菜叶般粗，像成人的手臂那么长。传说印度教的主神梵天在创造地球时，就在其中的一根针上从下到上放了半径由大到小的六十四片金圆盘，这就是有名的 Towers of Hanoi——汉诺塔（又称梵塔）。梵天让庙里的僧侣把这些圆盘由原先的那根针上全部移到另外一根指定的针上，一次只能移一片圆盘，移动可以借助第三根针进行。但不管在什么情况下，任何针上的圆盘都必须保持小盘在上，大盘在下。梵天告诉僧侣们，如果有一天，这六十四片圆盘从指定的针上完全转移到另外一根指定的针上，世界末日就会降临，一切都将寂灭，进入极乐世界。

设有 A，B，C 三根针。A 针上套有 64 个大小不等的圆盘，大的在下，小的在上。要把这 64 个圆盘从 A 针移到 C 针上，每次只移动一个圆盘，在任何时候，任何针上的圆盘都必须保持小盘在上，大盘在下。请仔细阅读、分析、理解下面求移动步骤的程序。

【例 6-13】 用递归法求解 Hanoi 塔问题。

```c
// Program: EG0613.c
```

```
// Description: 递归法求解 Hanoi 塔问题
#include <stdio.h>
void move(int num, char one,char two,char three)
{
    if(num==1)
        printf("%c-->%c\n", one, three);
    else
    {
        move( num-1, one, three, two);
        printf("%c-->%c\n", one, three);
        move( num-1, two, one, three);
    }
}
void main( void )
{
    int Num=4;
    printf("Step to moving %d diskes:\n", Num);
    move(Num,'A','B','C');
}
```

move 函数是一个递归函数，它有四个形参 num、one、two、three。num 表示要移动的圆盘数，one、two、three 分别表示三根针，move 函数的功能是把 one 上的 num 个圆盘移动到 three 上。当 num==1 时，直接把 one 上的圆盘移至 three 上，输出 one→three。如 num!=1 则分为三步：将 one 上面的 num-1 个圆盘看成一个整体，先将 one 上的 num-1 个圆盘移动到 two 上，再将最底下一个圆盘移至 three 上，最后将 two 上的 num-1 个圆盘移动到 three 上。这样 num 个圆盘的移动问题便通过递归降低问题规模为 num-1 个圆盘的移动问题，不断递归，直到 num 为 1 时递归收敛，逐层回溯。

经计算六十四片圆盘共需移动 18446744073709551615 次，即使耗尽僧侣们毕生精力也不可能完成如此耗时的移动。为了节约程序运行时间，我们选择圆盘数 Num=4 片来求解 Hanoi 塔问题。程序运行结果如图 6-14 所示。

图 6-14　［例 6-13］的程序运行结果

6.5 指针函数与函数指针

6.5.1 指针函数

在 C 语言中允许一个函数的返回值是一个指针(地址)，这种返回指针值的函数称为指针型函数，如［例 6-10］中定义的函数 char *StrCat(char *ptr1, char *ptr2)。

定义指针型函数的一般形式为：

```
type *FunctionName ( type variable, …)      函数说明
{
    local variable declarations;            函数体: 局部变量说明
    statements;                             函数体:执行语句
}
```

其中函数名之前加了"*"号表明这是一个指针型函数，即函数的返回值是一个指针（地址）。类型说明符表示了返回的指针所指内存单元内容的数据类型。

【例 6-14】 试用指针函数，输入一个 0～6 之间的整数，输出对应的周日～周六英文星期名称。

```
// Program: EG0614.c
// Description: 用指针函数求输入整数对应的英文星期名称。
#include <stdio.h>
void main( void )
{
    int week;
    char *WeekName(int);
    printf("Input Week No:\n");
    scanf("%d", &week);
    printf("week No:%2d-->%s\n", week, WeekName(week));
}
char *WeekName(int week)
{
    char *name[]={ "Sunday", "Monday", "Tuesday",
     "Wednesday", "Thursday", "Friday",
     "Saturday", "Illegal day"};
    return((week<0||week>6) ? name[7] : name[week]);
}
```

指针型函数 WeekName 返回一个指向对应的英文星期名称字符串常量的地址。WeekName 函数中定义初始化一个指针数组 name，name 数组元素分别指向八个表示各个星期名及出错提示的字符串常量，name[0]指向"Sunday"，name[1]指向"Monday"…name[7]指向出错提示"Illegal day"。主函数输入周 week，在 printf 语句中调用 WeekName 函数。WeekName 函数形参接受值传递，若 week 小于 0（周日）或大于 6（周六），返回指向出错提示字符串"Illegal day"的指针 name[7]。否则返回指向对应的星期名的指针。

程序运行结果如图 6-15 所示。

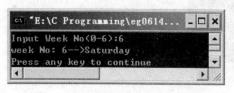

图 6-15 ［例 6-14］的程序运行结果

【想一想】

（1）WeekName 函数返回的地址指向程序区中的字符串常量（C 语言程序使用内存情况可参看图 6-25），返回的地址一直有效；

（2）[例 6-10] 中定义的函数 char *StrCat(char *ptr1, char *ptr2) 返回的地址指向了 main 函数定义的字符数组 str1，返回的地址在 StrCat 调用结束后仍然有效；

（3）如果指针函数返回了函数内部定义的局部变量地址，情况又会是怎样了呢？

【例 6-15】　用指针函数将指定的十进制数转换为十六进制，观察运行结果。

```c
// Program: EG0615.c
// Description: 用指针函数将指定的十进制数转换为十六进制
#include <stdio.h>
#include <string.h>
void reverser( char *Begin, char *End )
{
    char tmp;
    if(Begin < End)
    {
        tmp = *Begin;
        *Begin = *End;
        *End = tmp;
        reverser(++Begin, --End);
    }
}
void reverse( char *Str )
{
    reverser(Str, Str +strlen(Str)-1 );
}
char *itoh(unsigned int Num)
{
    int Hex,i=0;
    char HexNum[10];
    do
    {
        Hex=Num%16;
        HexNum[i++]=(Hex<=9)?Hex+'0':Hex-10+'a';
    }while(Num/=16);
    reverse(HexNum);
    return HexNum;
}
void main( void )
{
    printf("Hex(%d)=%s\n", 18, itoh(18));
}
```

程序运行结果输出了乱码，如图 6-16 所示。

为什么程序运行会输出乱码呢？这是因为指针函数返回了局部变量的数据地址。指针函数 itoh 返回的地址 HexNum 是局部变量，当 main 函数得到这个地址准备打印转换结果时，局部变量 HexNum 已随被调函数一起结

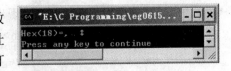

图 6-16　[例 6-15] 的程序运行结果

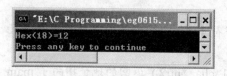

图 6-17　[例 6-15] 修改后的程序运行结果

束，HexNum 指向的内存空间已经被释放，数据不再有效，当然会输出乱码了。要想得到正确的转换结果，需要修改 HexNum 的定义，将其定义为全局寿命的变量即可：

```
static char HexNum[10];
```

修改后的程序运行结果如图 6-17 所示。

有关变量的局部寿命、全局寿命详见 6.7 节。

6.5.2　函数指针

在 C 语言中，数组名指向了内存中一段连续的存储区域，可以通过数组的下标形式去访问这些内存数据，也可以通过数组名的指针形式去访问它们，还可以定义一个相同类型的指针变量指向这段内存的起始地址，从而通过指针变量去引用数组元素。事实上，C 语言程序运行时，每一个函数都占用一段内存区域，而函数名就是指向函数所占内存区的起始地址的函数指针（地址常量）。现在除了通过引用被调函数函数名——这个函数指针常量让正在运行的程序转向该入口地址执行被调函数的函数体，还可以把被调函数的入口地址赋给一个指针变量，使该指针变量指向该函数，然后通过指针变量找到并调用该被调函数。这种指向函数的指针变量称为函数指针变量。

函数指针变量定义的一般形式为：

type　(*FuctionPointerName)();

其中 type 表示被指函数的返回值的类型；"(*FuctionPointerName)" 表示定义了一个指针变量；"()" 表示该指针变量指向了一个函数。

例如：

```
int max(int x,int y);
int (*ptr)();
ptr=max;
printf("Max(%d,%d)=%d\n", 12, 18, (*ptr)(12, 18) );
```

函数指针变量 ptr 指向 max 函数入口，调用 ptr 指向的函数将会返回一个整型数据。

函数指针变量形式被调函数的步骤如下：

（1）先定义函数指针变量，如 int (*ptr)( )；

（2）把一个函数的函数名（入口地址）赋予该函数指针变量，如 ptr=max；

（3）用函数指针变量形式调用函数，如(*ptr)(12, 18)。

被调函数的一般形式为：

(*函数指针变量名) (实参列表)

有时，在程序运行的时候要根据不同的条件调用不同的函数，这时使用函数名地址常量肯定不行，而函数指针变量就能体现出较大的优势。例如 C 语言提供了一个快速排序的系统函数 qsort( )，原型在头文件<stdlib.h>里：

```
void qsort(void *base, size_t nmem, size_t size, int (*comp)(const void *,
const void *));
```

qsort 根据 comp 所指函数提供的比较结果对 base 所指向的数组进行排序，nmem 为参加排序的元素个数, size 为每个元素所占的字节数。例如要对元素进行升序排列, 则定义 comp 所指向的函数: 如果第一个参数比第二个参数小, 则返回一个小于 0 的值, 反之则返回一个大于 0 的值, 如果相等, 则返回 0。qsort( )是一个通用排序函数, 用户需要自己编写一个比较函数对待比较的整数或字符串进行比较, qsort( )通过形、实参数结合给函数指针变量形参赋值, 实现对比较函数的调用。

【例 6-16】 调用 qsort( )对一组整型数按从小到大顺序排序。

```c
// Program: EG06016.C
// Description: 调用 qsort()对一组整型数从小到大排序
#include <stdio.h>
#include <stdlib.h>
#define SIZE   8
int comp( void *, void *);
void main( void )
{
    int i;
    int Num[SIZE] = {5, 6, 8, 2, 9, 1, 3, 0};
    qsort(Num, SIZE, sizeof(int), comp);
    for (i = 0; i < SIZE; i ++)
        printf("%3d,", Num[i]);
    printf("\b \n");
}
int comp( void *p,  void *q)
{
    return (*(int *)p - *(int *)q);
}
```

程序运行结果如图 6-18 所示。

【想一想】

qsort 排序的顺序, 可以从小到大, 也可以从大到小。如果要求按照从大到小的顺序排序, 本题程序应如何修改?

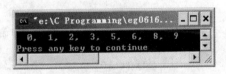

图 6-18　[例 6-16] 的程序运行结果

系统函数 qsort 既可以对整型数排序, 又可以对字符串排序, 最主要的秘诀就是在 qsort 内部排序时使用了函数指针变量(*comp)( )调用用户自己编写的比较函数对正在排序的两个数据比较大小。

使用函数指针变量还应注意函数指针变量不能进行算术运算, 这与普通一级指针变量不同。普通一级指针变量指向某个数组元素, ±1 后可指向后一个或前一个的数组元素; 函数指针指向的是程序代码存储区, 对函数指针 ±1、++、--毫无意义。

注　意

函数指针变量 int (*p)( )、指针型函数 int *p( )是两个完全不同的量:

int (*p)( )说明 p 是一个指向函数入口的指针变量, 该函数的返回值是整型量, (*p) 的两边的括号不能少;

int *p( )则说明 p 不是一个变量, 而是一个指针型函数, 其返回值是一个指向整型量的指针, *p 两边没有括号。对照函数的定义可以发现, int *p( )只是函数定义的一部分, 一般还应该有形参列表和函数体。

6.6　main 函数与命令行参数

到目前为止，所介绍的 main 函数都是不带参数的，因此 main 的形参都是 void 或直接写成空括号。实际上，main 函数可以带两个形参：argc 和 argv，argc 是一个整型变量，argv 是一个指向字符串的指针数组。因此，main 函数可写为：

```c
void main (int argc, char *argv[])
{
    …     //函数体
}
```

由于 main 函数不能被其他函数调用，因此不可能在程序内部取得实际值。那么，在何处把实参值赋予 main 函数的形参呢？实际上，main 函数的参数值是从操作系统命令行上获得的。当要运行一个可执行文件时，在命令行提示符下键入文件名，再输入实际参数即可把这些实参传送到 main 的形参中去。

命令行提示符下命令行的一般形式为：

```
C:\>可执行文件名　参数　参数…;
```

操作系统将会按实际参数的个数自动赋值给 argc，注意：可执行文件名本身也算一个参数。字符指针数组 argv 的各元素值为命令行中各字符串的起始地址，指针数组的长度即为参数个数，即 argc。按照 C 语言习惯，可执行文件名对应到 argv[0]。

【例 6-17】　显示命令行中输入的参数。

```c
// Program: EG0617.C
// Description: 显示命令行中输入的参数。
#include <stdio.h>
void main( int argc, char *argv[] )
{
    short i=0;
    while(i<argc)
    {
        printf("参数%d->%s\n", i, argv[i]);
        i++;
    }
    getchar();
}
```

在 VC++集成环境下设置命令行参数的方法是：

右键单击当前项目，选择"属性""配置属性""调试"，在右侧"命令参数"栏输入要添加的参数，各参数间用空格分离。如图 6-19 所示。

程序运行结果如图 6-20 所示。

也可通过 Windows 开始菜单的"运行"执行"cmd"命令进入命令行方式，程序运行如图 6-21 所示。

还可以在 Debug 文件夹里创建一个 test.bat，内容为"eg0617 test argc and argv"。运行批处理文件的结果如图 6-22 所示。

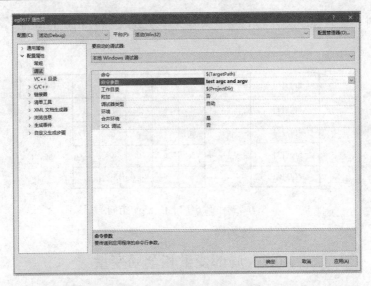

图 6-19　在 VC ++集成环境下设置命令行参数

图 6-20　［例 6-17］的程序运行结果

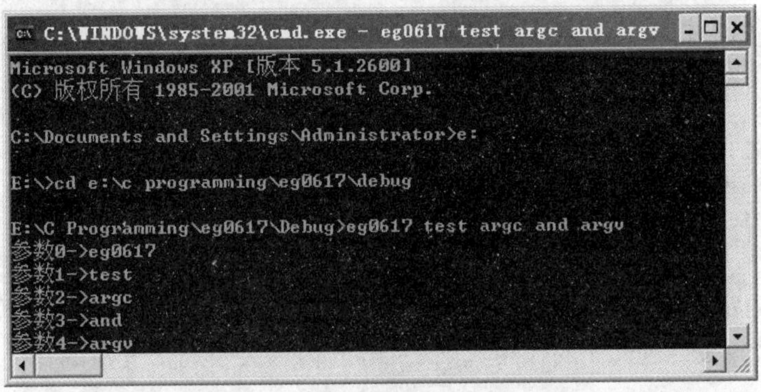

图 6-21　［例 6-17］的程序运行结果

图 6-22　［例 6-17］的程序运行结果

程序运行时，连同程序文件名 E24 一共有 5 个参数，因此 argc 的值为 5。argv 的指向如图 6-23 所示。

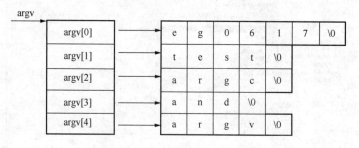

图 6-23　［例 6-17］的 argv 指向

6.7　局部变量和全局变量

在讨论函数的形参变量时曾经提到，形参变量只在被调用期间才分配内存，调用结束后立即释放内存，不再有效。这一点表明形参变量只有在被调函数的函数体内才是有效的，离开该函数就不能再使用了。这种变量有效性的范围称为变量的作用域。不仅对于形参变量，C 语言中所有的变量都有自己的作用域。变量说明的方式不同，其作用域也不同。C 语言中的变量，按作用域范围可分为两种，即局部变量和全局变量。

局部变量又称为内部变量，在函数体内定义说明，作用域仅限于函数体内，离开该函数后，内存空间被释放，寿命终止，继续使用该变量将导致语法出错。

例如在［例 6-10］定义的外部函数 strlen 中：

```
int strlen( char *str )
{
    int i=-1;
    while( str[++i] );
    return i;
}
```

函数 strlen 内定义了二个局部变量：strlen 为形参，i 为整型变量。在函数 strlen 的范围内 str、i 有效，或者说变量 str、i 的作用域限于 strlen 内。关于局部变量的作用域还要说明以下几点：

1）主函数中定义的变量也只能在主函数中使用，不能在其他函数中使用。同时，主函数中也不能使用其他函数中定义的变量。但主函数的执行将一直持续到程序运行结束，主函数内的局部变量寿命比较长，这一点是与其他子函数有所不同，应予以注意。

2）形参变量是属于被调函数的局部变量，实参变量是属于主调函数的局部变量。

3）允许在不同的函数中使用相同的变量名，它们代表不同的对象，分配不同的单元，互不干扰，也不会发生混淆。如在［例 6-9］中，主函数和 sort 函数都定义了一个计数器 i，它们从属于不同模块，作用域互不重叠：

```
void sort( void )
{
    int i, j, tmp;
```

```
    …
}
void main( void )
{
    int i;
    …;
}
```

4）在复合语句中也可定义变量，其作用域只在复合语句范围内。

```
void main()
{
    int x=5;
    …
    {
        float y=2.5;
        …
        printf("y=%f\n",y);          //y 作用域
    }
    …
    printf("x=%d\n",x);              //x 作用域
}
```

本程序在 main 函数的一个复合语句内定义了一个单精度型变量 y，并赋初值为 2.5。应该注意这个单精度型变量 y 仅在复合语句内起作用，而在复合语句外，y 的内存空间被释放，y 的寿命终止，不得继续使用。

全局变量是在函数外部定义的变量，又称为外部变量。它不属于哪一个函数。全局变量一经定义，在随后的所有函数中都可以直接引用。利用全局变量的这一特性可以在函数间传递数据。

全局变量的作用域从变量定义的位置开始到本源程序文件结束，以及有 extern 说明的其他源文件。全局变量在定义所在源程序文件之后的任何位置无须说明就可以使用。如果想引用其他编译单位或本源程序文件其后位置定义的全局变量，需要在引用前对其予以说明，全局变量的说明符为 extern。

例如：

```
void main( void )
{
    extern int a;                   //说明全局变量时 extern 不可省略
    …
}
int a=-8;                           //定义全局变量时，extern 通常缺省
```

如果外部变量与局部变量同名，则在局部变量的作用范围内，外部变量被"屏蔽"，不起作用或称不可见。

【例 6-18】　外部变量与局部变量同名测试。

```
// Program: EG0618.C
// Description: 外部变量与局部变量同名测试
#include <stdio.h>
int a=12, b=6;                 //定义外部变量 a,b
int max(int a,int b)           //a,b 为外部变量
```

```
{
    return  a>b?a:b;
}
void main( void )
{
    int a=30;
    printf("%d\n",max(a,b));
}
```

程序运行结果如图 6-24 所示。

虽然程序定义了全局变量 a、b，但在 main 函数局部变量 a 的作用域上，全局变量 a 不可见，main 函数将局部变量 a 的值 30、全局变量 b 的值 6 传递到被调函数 max 的形参变量 a、b 中，在被调函数 max 运行时，重名的全局变量 a、b 均不可见。

图 6-24 ［例 6-18］的程序运行结果

表 6-1 对外部变量定义与外部变量说明的不同之处做了比较。

表 6-1   **外部变量的定义与说明**

项　目 区　别	外部变量定义	外部变量说明
次数	只能定义 1 次	可说明多次
位置	所有函数之外	函数内或函数外
分配内存	分配内存,可初始化	不分配内存,不可初始化

应尽量少使用全局变量，因为：

（1）全局变量在程序全部执行过程中一直占用存储单元，浪费内存；

（2）降低了函数的独立性、通用性、可靠性、可移植性；

（3）降低了程序清晰性，容易导致不可预见的错误。

6.8　变量的存储类型和作用域

变量是程序运行期间其值可变的量。C 语言的变量具有三种属性：

（1）数据类型：变量中存放数据的性质/加工类别；

（2）存储类型：变量的存放形式；

（3）作用域：变量的有效使用范围。

变量的数据类型决定了分配给变量的内存大小、所能存储数值的范围。变量的存储类型决定了存放数据的存储区域。而变量的存储区域和变量在程序中说明的位置决定了变量的作用域，即使用范围。

可见性：如果变量可被作用域内语句调用，称变量可见，否则称其不可见。

存在性：如果变量所分配存储空间可使用，称变量存在或有寿命；如果变量所分配存储空间已被释放，变量不再能使用，称变量不存在或寿命终止。

6.8.1 变量的存储类型

C 语言变量的存储类型可分为 auto 自动型、register 寄存器型、static 静态型、extern 外部型，分别属于静态存储方式和动态存储方式。其中，静态存储方式是指在程序运行期间分配固定存储空间的方式；动态存储方式是在程序运行期间根据需要分配动态存储空间的方式。

C语言程序使用内存情况如图6-25所示。

用户存储空间可以分为三个部分：

1）程序区；

2）静态存储区；

3）动态存储区。

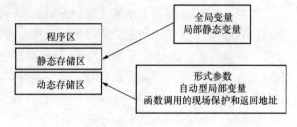

图 6-25　程序使用内存

程序区主要存放二进制的程序代码。编写源程序代码中引用的常量也存放在这里。程序执行完毕后释放程序区内存，这些变量不复存在，不再可见。

全局变量和局部静态变量存放在静态存储区，在程序开始执行时给它们分配存储空间。在程序执行过程中它们始终占据固定的存储单元，一直存在、可见，不动态地进行分配和释放。它们在程序执行完毕后予以释放，不再存在，不再可见。

动态存储区，又称堆栈区，主要存放以下数据：

1）函数形式参数；

2）自动型局部变量；

3）函数调用时的现场保护和返回地址。

在程序执行过程中，动态存储区存取的空间的分配和释放是动态的：函数开始调用时分配动态存储空间，函数执行完毕时释放所占空间。同一个函数每一次调用时分配的空间地址都可能不同，子函数局部变量的寿命只是应用程序执行周期的一部分。有关堆栈的概念，详见有关计算机原理的图书。

6.8.2 auto 自动型变量

除了专门声明为 static 型的局部变量以外，函数体中定义的局部变量都是动态地分配存储空间的，数据存储在动态存储区中。函数的形参和在函数中定义的变量（包括在复合语句中定义的变量）都是如此，在调用该函数时系统会给它们分配存储空间，在函数调用结束时就自动释放这些存储空间。这类局部变量称为自动型变量。局部变量，如形参，一般都将缺省说明成自动型变量，也可以用关键字 auto 显式声明。

堆栈区动态存储的变量具有"先进后出"的特性，例如：

```
void main( void )
{
    int x;
    {
        float x=2.5;
        {
            char x='c';
            printf("1st x=%c\n", x);
        }
```

```
        printf("2nd  x=%f\n", x);
    }
    printf("3th x=%d\n", x);
}
```

其中三个 auto 型局部变量重名，在 char 型 x 变量作用域上，char 型 x 变量可见，int 型 x 变量和 float 型 x 变量不可见；程序执行到第二条打印语句时，char 型 x 变量所占的存储单元释放，寿命终止，float 型 x 变量可见，int 型 x 变量不可见；程序执行到第三条打印语句时，float 型 x 变量所占的存储单元释放，寿命终止，int 型 x 变量可见；int 型 x 变量所占的存储单元最后释放。

总结一下，auto 型变量具有以下特性：

（1）存储在堆栈区/动态存储区。

（2）auto 型变量在函数体内说明或缺省说明；形参缺省说明。

（3）值的暂时性：进入函数时分配堆栈空间，退出函数后，空间自动释放，变量不再存在，不得继续访问。

（4）auto 型变量未初始化时，其值无意义，必须先赋初值再引用。

（5）作用域局部性，仅限于定义它的模块。

（6）可见性与存在性基本一致，但具有一定的独立性（在重名变量的作用域上不可见）。

6.8.3　register 寄存器型变量

register 型变量直接将数值存储在 CPU 的通用寄存器中，程序运行时无需读写内存即可使用，高效、便捷。register 型变量只能在函数体内说明、使用。由于 CPU 中的通用寄存器个数有限，不要设定太多数目的寄存器型变量，一般两个为宜。register 型变量数目太多会自动转为 auto 型。

```
void main( void )
{
    register short i＝0, MaxNum=10;
    ...
    while(i<=MaxNum)
    {
        ...
        i++;
    }
    ...
}
```

说明：

（1）值的暂时性：register 型变量进入函数时临时分配寄存器，退出函数后，寄存器自动释放，变量不再存在，不得继续访问。

（2）register 型变量未初始化时，其值无意义，必须先赋初值再引用。

（3）一些系统的通用寄存器字长有限，register 型变量不能为 double, float 型。

（4）一些系统 CPU 中的通用寄存器个数有限，过多的 register 型变量会自动转为 auto 型。

（5）优化的编译系统自动将使用频繁的变量放在寄存器中，不再需要程序指定谁是 register 型变量。

6.8.4　static 静态变量

static 型变量存储在静态存储区，称为静态变量，这类变量在定义分配存储空间后就一直占用该内存空间，直到整个程序运行结束。static 型变量可以是局部变量，也可以是全局变量。当 static 型变量定义在函数内部时，称为局部静态变量，作用域仅限于函数内部；函数调用结束后，static 型局部变量仍然使用所分配的内存保留原值，但不能调用，即 static 型局部变量具有全局寿命和局部可见性。在下一次调用该函数时，static 型局部变量不再初始化，仍然保留上一次函数调用结束时的值。

【例 6-19】　考察局部静态变量的值。

```c
#include <stdio.h>
int fun(int a)
{
    auto int b=0;
    static int c=3;
    b=b+1;
    c=c+1;
    return(a+b+c);
}
void main(void)
{
    int a=2, i;
    for(i=0; i<3; i++)
        printf("%2d", fun(a));
    printf("\n");
}
```

程序运行结果如图 6-26 所示。

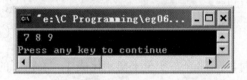

图 6-26　［例 6-19］的程序运行结果

【想一想】

为什么程序运行结果会是 7 8 9 呢？

局部静态变量和自动型变量的对比：

（1）局部静态变量属于静态存储类别，在静态存储区内分配存储单元。在程序整个运行期间都不释放。而自动型变量（即局部动态变量）属于动态存储类别，占动态存储空间，函数调用结束后即释放。

（2）局部静态变量在编译时赋初值，即只赋初值一次；而对自动型变量赋初值是在函数调用时进行，每调用一次函数重新分配内存，重新初始化。

（3）如果在定义局部变量时不赋初值，则对局部静态变量来讲，编译时自动赋初值 0（对数值型变量）或空字符（对字符变量）。而对于自动型变量，如果不赋初值则它的值是一个不确定的值。

【**例 6-20**】 打印 1～10 的阶乘数值。

```
// Program: EG0620.C
// Description: 打印 1～10 的阶乘数值
#include <stdio.h>
int fac(int n)
{
    static int f=1;
    return f*=n;
}
void main( void )
{
    int i;
    for(i=1; i<11; i++)
        printf("%d!=%d\n", i, fac(i));
}
```

程序运行结果如图 6-27 所示。

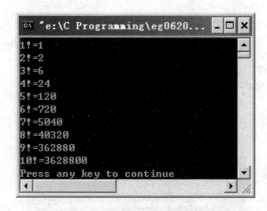

图 6-27 ［例 6-20］的程序运行结果

函数 fac 在首次调用时，局部静态变量 f 初始化成 1，求完 1 的阶乘后，fac 的首次调用结束，但局部静态变量 f 的值保持，寿命继续；在被调函数 fac 求 n 的阶乘时，f 记录了 n-1 的阶乘数值。

总之，如果希望函数中的局部变量的值在函数调用结束后不消失而保留原值，可以用关键字 static 将其指定为局部静态变量。

（1）静态变量定义在函数内部时为局部静态变量，作用域仅限于函数内部；静态变量定义在函数外部时为全局静态变量，作用域限于本源程序文件。

（2）值的永久性：一经分配存储空间就一直占用该空间直到程序运行结束。

（3）静态变量未初始化时自动赋 0 值。

（4）局部静态变量可见性与存在性不一致；全局静态变量一经定义或说明，在本源程序文件随后的所有函数中一直可见（在重名变量作用域上屏蔽）。

（5）静态变量仅编译时初始化一次，下次调用时不再赋初值，保留上次调用结束时的值。

（6）基于全局变量的副作用，建议少用或不用全局静态变量。

6.8.5　extern 外部型变量

在函数体外定义的变量存储类型缺省为 extern，即外部型变量，属全局变量，它的作用域为从变量定义处开始，到本程序文件的末尾。如果外部型变量不在文件的开头定义，其有效的作用范围只限于定义处到文件终了。如果在定义点之前或其他源程序文件的函数要引用该外部型变量，则应该在引用之前用关键字 extern 对该变量作外部型变量声明。表示该变量是一个已经定义的外部型变量。有了此声明，就可以从声明处起，合法地使用该外部型变量。

例如，有一个应用程序由三个源程序文件构成。file1.c 的内容是：

```
int x;
extern float y;
void main( void )
{
    int local;
    ...
}
```

file2.c 的内容是：

```
extern int x;
static int z;
void func2( void )
{
    ...
}
```

file3.c 的内容是：

```
float y;
static int z;
func3()
{
    extern int x;
    ...
}
```

file1.c 定义了一个外部型变量 x，并通过两次说明时用关键字 extern 将其作用域扩展到了 file2.c、file3.c，这样在整个应用程序范围内 x 均可见。file3.c 定义了一个外部型变量 y，并通过一次说明时用关键字 extern 将其作用域扩展到了 file1.c，这样在 file1.c、file3.c 程序范围内 y 均可见。file2.c 定义了一个全局静态变量 z，作用域限定为 file2.c 范围内；file3.c 定义了一个全局静态变量 z，作用域限定为 file3.c 范围内，两个全局变量 z 虽然寿命全局，但局部可见。

总之，extern 型变量存储在静态存储区，一般用于在多个编译单位之间传送数据。

（1）extern 型变量定义时可缺省存储类型，说明时用 extern 扩展作用域；

（2）作用域全局性、值的永久性、可见性与存在性一致；

（3）extern 型变量未初始化时自动赋 0 值；

（4）extern 型变量可多次说明，但只分配一次空间；

（5）基于全局变量的副作用，建议少用或不用 extern 型变量。

6.9　编 译 预 处 理

C 语言语句可分为三类：

- 说明、定义变量和函数的说明性语句；
- 完成预期功能的执行语句；
- 文件包含、宏定义、条件编译等编译预处理语句。

编译预处理语句一般都放在源程序文件的开始部分，它们并不实现程序的功能，而是发布给编译系统，告诉编译系统在对源程序进行编译的第一遍扫描(词法扫描和语法分析)之前应该做些什么。C 语言编译系统真正编译的是预处理过的源程序版本。

编译预处理语句在书写时除了一般都放在源程序文件的开始部分以外，在格式上还有一些特殊的规定：

- 以"#"开头，一般位于文件开始某行行首；
- 每条预处理语句单独占一行；
- 语句不以";"结尾。

合理地使用预处理功能可以使编写的程序容易阅读、修改、调试和移植，也有利于程序模块化设计，提高算法效率。

6.9.1　文件包含

文件包含预处理语句的一般形式为：

#include　　<头文件名>

或

#include　　"头文件名"

其中的"#"表示这是一条预处理语句。凡是以"#"开头的均为预处理语句。"include"为文件包含预处理语句。文件包含预处理语句的功能是把指定的文件取代该语句并插入该语句所在位置，从而把指定的文件和当前的源程序文件连成一个源文件。

文件包含可以插入*.c 源程序文件，但更多的是插入*.h 头文件。通常会把公用的符号常量（宏定义）、自定义数据结构、函数说明单独组成一个*.h 头文件，每个程序员在其源程序文件的开头用包含语句包含该文件即可使用。这样，可以避免在每个文件开头都去书写那些公用量，从而减少重复性劳动，提高工作效率，并减少出错几率。

对文件包含预处理语句还要说明以下几点：

（1）头文件名可以用双引号括起来，也可以用尖括号括起来。例如以下写法都是允许的：

```
#include  <math.h>
#include  "LXHAPI.h"
```

但是这两种形式是有区别的：使用尖括号表示在 VC 系统设定的头文件文件夹中去查找需嵌入的头文件（搜索路径一般是由 VC++在安装时设置的），而不去源文件文件夹查找。这种格式通常用于包含系统提供的头文件；

使用双引号则表示首先在源文件所在当前文件夹中查找，若未找到才到系统文件夹中去查找。用户自定义头文件通常用这种格式包含进来。

（2）一条 include 语句只能指定一个头文件，若有多个头文件要包含，则需用多条 include 语句，每条预处理语句单独占一行。

（3）文件包含允许嵌套，即在一个头文件中又可以包含另一个头文件。

6.9.2　宏定义

在 C 语言源程序中允许用一个标识符来表示一串字符，称为宏，该标识符称为宏名，这串字符被称为宏的内容。宏定义是用宏定义预处理语句#define 完成的。

在编译预处理时，预处理程序对程序中所有出现的宏名，都会直接用对应宏定义中的字符串去替换，这被称为宏展开。宏的这种简单字符替换是由预处理程序自动完成的。

在 C 语言中，宏分为有参数和无参数两种。下面分别讨论这两种宏的定义和调用。

1. 不带参数的宏定义

不带参数的宏名后直接出现一串字符，其定义的一般形式为：

```
#define  标识符  字符串
```

其中的 "define" 表示宏定义，"标识符" 为所定义的宏名字符串，"字符串" 可以是任意一组字符。

［例 6-21］中的符号常量 PI 就是一种无参宏。不过，宏定义是用宏名来表示一串字符，在宏展开时直接用该字符串取代宏名字符串，这只是一种简单的字符替换，宏的内容可以是代表常数的字符串，也可以是代表表达式的字符串，如 "3+2"，甚至可以是不完整的表达式，如 "x+" 等。预处理程序不对宏定义作任何语法检查，也不会对它作任何运算。

【例 6-21】　测试 VC 不带参数的宏定义。

```
// Program: EG0621.C
// Description: 测试 VC 不带参数的宏定义
#include <stdio.h>
#define  PI  3.1415926
#define  R  3+2
void main( void )
{
    printf("PI*R*R=%f\n", PI*R*R);
}
```

程序定义两个宏，其中 R 代表了表达式 3+2，在 printf 语句中调用该宏输出一个圆面积。可是在预处理时经宏展开后该语句变为：

```
printf("PI*R*R=%f\n", 3.1415926*3+2*3+2);
```

这显然与题意要求不符。所以常常在宏定义中引用( )以保证替换的正确进行：

```
#define  R  (3+2)
```

宏展开的结果为：

```
printf("PI*R*R=%f\n", 3.1415926*(3+2)*(3+2));
```

因此在作宏定义时必须十分注意，要保证在宏展开之后不发生语法或逻辑错误。

对于宏定义还要说明以下几点：

（1）字符串常量中出现的宏名不予置换，如 printf 语句的输出格式字符串中的 R 就没有宏展开。

（2）宏名习惯上用大写字母表示，以便有别于变量，但也可以使用小写字母。

（3）宏定义允许嵌套，即在宏定义的字符串中可以引用已经定义的宏名。在宏展开时由预处理程序逐个替换。

例如：

```
#define  PI  3.1415926
#define  R  (3+2)
#define  S  PI*R*R
```

对语句：

```
printf("PI*R*R=%f\n", S);
```

宏展开的结果为：

```
printf("PI*R*R=%f\n", 3.1415926*(3+2)*(3+2));
```

（4）宏定义既不说明语句，也不是执行语句，在行末不必加分号，如加上分号则连分号也一起替换。

2. 带参数的宏定义

C 语言允许宏带有参数。同函数类似，在宏定义中的参数称为形式参数，在宏调用中的参数称为实际参数。调用带参数的宏定义，不仅要宏展开，而且要用实参去替换形参。但宏的实参替换形参，只是简单的字符替换，形式参数不是变量，不必定义类型，也不会分配内存，更不存在作用域、数据传递的问题。

带参数的宏定义的一般形式为：

```
#define  宏名(形参列表)  字符串
```

在字符串中将调用各个形参。

调用带参数宏定义的一般形式为：

```
宏名(实参列表);
```

例如：

```
#define  MAX(x,y)  x>y?x:y            //宏定义
void main( void )
{
    int  a, b, t;
    ...
    t=MAX(a, b);                      /*宏调用*/
    ...
}
```

在宏展开时，用实参 a、b 去代替形参 x、y，经宏展开后的语句为：

```
t=a>b?a:b;
```

对于带参数的宏定义有以下问题需要说明：

（1）带参数的宏定义中，宏名和形参列表之间不能有空格出现。

例如，把：

```
#define MAX(x,y)  x>y?x:y
```

写为：

```
#define MAX (x,y) x>y?x:y
```

将被认为是不带参数的宏定义，宏名 MAX 代表字符串(x,y)　(x>y)?x:y。宏展开时，宏调用语句：

```
t=MAX(a,b);
```

将变为：

```
t=(x,y) x>y?x:y(a,b);
```

因为程序中根本没有定义变量 x、y，上述表达式的语法也明显不对，结果导致了一系列的错误。

（2）在带参数的宏定义中，字符串内容的形参通常要用括号括起来以避免出错。

看一个求 x 平方的宏：

```
#define SQUARE(x) x*x
```

利用这个宏求 $6^2/3^2$ 的语句是：

```
printf("result=%f\n", SQUARE(6)/SQUARE(3));
```

宏展开的结果为：

```
printf("result=%f\n", 6*6/3*3);
```

程序运行结果为：36.000000。为什么会这样？因为宏展开只是简单的字符替换，不会分别求出 6 和 3 的平方再相除。将宏定义内容的形参加上括号：

```
#define SQUARE(x) ((x)*(x))
```

上述利用宏求 $6^2/3^2$ 语句的展开结果变为：

```
printf("result=%f\n", SQUARE(6)/SQUARE(3));
```

宏展开的结果为：

```
printf("result=%f\n", ((6)*(6))/((3)*(3)));
```

程序运行结果为：4.000000，结果正确。为什么要加那么多括号呢？

仅仅求 $6^2/3^2$，在整个字符串外加括号就够了：

```
#define SQUARE(x) (x*x)
```

可要求 $(a+b)^2/(c+d)^2$ 就必须在参数两侧加括号。请仔细想想是不是这样？请将 $(a+b)^2/(c+d)^2$ 代到上面的两个宏里展开试试，看看到底有什么不同。

（3）因为宏展开是将程序中的形参字符串直接替换成实参字符串，并不进行语法检查，所以宏定义中的形参、实参字符任意。这与函数的使用有很大的不同，函数的形参必须是合法的 C 语言标识符，实参必须是有确定值的表达式。

带参数的宏定义和带参数的函数调用形式很相似，形实参数目也必须一一对应，但是它们有着本质上的不同。

```
int square(int x)
{
```

```
    return x*x;
}
```

对比带参数的宏定义 SQUARE(x)和带参数的函数 int square(int x)，可以总结出如表 6-2所示的不同。

表 6-2　　　　　　　　　　　　带参数的宏定义与函数的比较

区　别　　项　目	带参数的宏定义	带参数的函数
处理时间	编译前宏展开	程序运行时调用
参数类型	形实参数均为字符串，无类型	形参类型必须和实参保持一致，实参必须有确切值
形参定义	形参无需分配内存简单的字符置换	形参必须分配内存
数据传递	无	值传递：先求实参值，再代入形参
返回值	无	函数可以有返回值
程序长度	变长	不变
运行时间	不占运行时间	调用和返回占时间

6.9.3　条件编译

在调试大型应用软件时，经常需要查看大量变量的中间结果，所以会在程序中设置许多用于测试的语句，比如在屏幕上打印输出这些变量的当前值。等到全部调试完毕后，就需要删除这些调试语句。在软件维护阶段，常常会反复增删这些语句。能不能不要这么麻烦呢？条件编译预处理语句的功能正好可以满足这一要求。编译系统可以按条件编译预处理语句指定条件的处理与否决定是否编译其中的程序代码。条件编译预处理语句不仅可以用于调试程序，还可以解决跨平台开发软件的兼容问题，制作软件的专业版、精简版的压缩问题等。

条件编译预处理语句的一般形式是：

```
#if 条件表达式
    程序段 1
[#else
    程序段 2]
#endif
```

条件编译的功能是，如果条件表达式成立（条件表达式的值为非 0），则对程序段 1 进行编译，否则对程序段 2 进行编译。因此可以使程序在不同条件下，完成不同的功能。#else 分支可以缺省。

例如，在调试阶段，将调试标志 DEBUG 定义为 1：

```
#define  DEBUG   1
…
#if  DEBUG
    printf(…);                //调试语句
#endif
…
```

此时调试语句参加编译，所生成的软件可以正常显示调试信息。当全部调试完毕后，将调试标志 DEBUG 定义为 0：

```
#define  DEBUG   0
```

此时调试语句不再参加编译，所生成的软件不再包含任何调试信息。

#ifdef 和#ifndef 分别等价于#if defined 和#if !defined。显然，#if 更简单、直观。

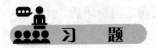

小　结

函数是 C 语言程序设计的基本单位。C 语言通过函数组织程序，一个程序由若干个源程序文件组成，每个源程序文件由若干个函数组成。程序设计的任务就是设计这些函数，并确定它们之间的调用关系。

函数的定义由函数说明和函数体组成。对函数的调用出现在函数的定义之前时，必须使用函数说明（又称函数原型）或包含有函数原型的头文件对被调函数予以说明。

调用函数时，必须形实参数在个数、类型、顺序上一一对应。实参的值将单方向地传送给形参，在被调函数中改变形参的值对实参没有影响。可以将主调函数数据的地址传送到被调函数，被调函数借助这个地址改变主调函数的数据。

被调函数可以通过 return 语句将一个数据返回给主调函数。被调函数的数据类型必须和函数返回值类型一致。

函数之间允许相互调用。函数不仅可以嵌套调用，还可以直接或间接地递归调用自身。

C 语言程序设计所使用的变量的类型包括两种属性：存储类型和数据类型。register 型变量通常由系统自动选定。auto 型变量通常缺省说明。局部静态变量具有全局寿命，但仅限于函数内部可见；函数调用结束后，static 型局部变量仍然使用所分配的内存保留原值，但不再可见。static 型变量、extern 型变量默认初始化为 0，且只初始化一次。基于全局变量的副作用，建议不用或少用 static 型全局变量、extern 型变量。

使用预处理功能便于程序的修改、阅读、移植和调试，也便于实现模块化程序设计。

文件包含是预处理的一个重要功能，它可用来把多个源程序文件连接成一个源程序文件进行编译，结果将生成一个目标文件。

宏定义是用一个标识符来表示一个字符串，这个字符串可以是常量、变量或表达式等。在宏调用中将用该字符串代换宏名。宏定义可以带有参数，宏调用时是以实参代换形参，而不是值传送。为了避免宏代换时发生错误，宏定义中的字符串应加括号，字符串中出现的形式参数两边也应加括号。

条件编译允许只编译源程序中满足条件的程序段，使生成的目标程序较短，从而减少了内存的开销，提高了程序的效率。

习　题

一、选择题

1. 若函数定义缺省了数据类型，此时函数的数据类型是_____。

　　A）void　　　　　　　B）int　　　　　　　C）float　　　　　　　D）double

2．以下函数说明正确的是_____。

　　A）double fun(int x, int y);　　　　　　B）double fun(int x; int y);

　　C）double fun(int x, int y)　　　　　　 D）double fun(int x, y)

3．下面函数中能正确交换 x 和 y 中的值，且返回交换结果的是_____。

　　A）void fun(int *x,int *y) {int *p; *p=*x;*x=*y;*y=*p}

　　B）void fun(int x,int y) {int t;t=x;x=y;y=t; }

　　C）void fun(int *x,int *y) {*x=*y;*y=*x; }

　　D）void fun(int *x,int *y) { int p; p=*x;*x=*y;*y=p;}

4．以下程序中，能够通过调用函数 fun，使 main 函数中的指针变量 p 指向一个合法的整型单元的是_____。

```
A) void main(void)              B) void main(void)
   {  int *p;                      {  int *p;
      fun(p); … }                     fun(&p); …}
    int fun(int *p)               int fun(int **p)
   {  int s;                      {  int s;
      p=&s; }                        *p=&s; }
```

```
C) #include<stdlib.h>            D) #include<stdlib.h>
   void main(void)                  void main(void)
   {  int *p;                       {  int *p;
      fun(&p); …}                      fun(p); …}
    int fun(int **p)                int fun(int *p)
   {*p=(int*)malloc(sizeof(int));}  {p=(int*)malloc(sizeof(int)); }
```

5．以下程序有语法性错误，有关错误原因的正确说法是_____。

```
#include<stdlib.h>
void main(void)
{
    int G=5, k;
    void prt_char( );
    …
    k=prt_char(G);
    …
}
```

　　A）void prt_char( );有错，它是函数调用，不能用 void 说明

　　B）变量名不能使用大写字母

　　C）函数说明和函数调用语句之间有矛盾

　　D）函数名不能使用下划线

6．C 语言规定，简单变量做实参时，它和对应形参之间的数据传递方式是_____。

　　A）地址传递　　　　　　　　　　　　 B）单向值传递

　　C）由实参传给形参，再由形参传回给实参　 D）由用户指定传递方式

7．若调用一个函数，且此函数中没有 return 语句，则正确的说法是_____。

　　A）没有返回值　　　　　　　　　　　 B）返回若干个系统默认值

C）能返回一个用户所希望的函数值　　　D）返回一个不确定的值

8. 以下不正确的说法是_____。

A）实参可以是常量、变量或表达式　　　B）形参可以是常量、变量或表达式

C）实参可以为任意类型　　　　　　　　D）形参应与其对应的实参类型一致

9. 函数调用不可以出现在_____中。

A）执行语句　　　　　　　　　　　　　B）一个表达式

C）一个函数的实参　　　　　　　　　　D）一个函数的形参

10. 不合法的 main 函数命令行参数表示形式是_____。

A）main(int a,char *c[ ])　　　　　　　B）main(int arc,char **arv)

C）main(int argc,char *argv)　　　　　　D）main(int argv,char *argc[])

11. 若有宏定义：#define MUL1(a,b) a*b

　　　　　　　　#define MUL2(a,b) (a)*(b)

在程序中有宏引用：x=MUL1(3+2,5+8);

　　　　　　　　y=MUL2(3+2,5+8);

则 x 和 y 的值是_____。

A）x=65,y=65　　　B）x=21,y=65　　　C）x=65,y=21　　　D）x=21,y=21

二、程序填空

1. 函数 fun 将指定的自然数分解成质因子的连乘积，如：88=2×2×2×11。请根据函数功能将程序补充完整。

```
void fun( int n )
{
    int i;
    printf("%d=", n);
    for(i=_____; i<=n; i++)
        while(n!= _____)
        {
            if(n%i==_____)
            {
                printf("%d*",i);
                n=n/_____;
            }
            else
                _____;
        }
    printf("%d", n);
}
```

2. 函数 atoi 将一个整数字符串转换成一个整数，如："512"==>512。请根据函数功能将程序补充完整。

```
_____ atoi( char str[] )
{
    int value=_____, i=0;
    while(str[i]!= '_____')
    {
        value = value *_____+str[i]- '0';
```

```
            i_____;
        }
        return value;
    }
```

3. 函数 maxval 对指定的 4×4 矩阵查找最大值所在的行列号。请根据函数功能将程序补充完整。

```
#include <stdio.h>
void maxval(int num[4][4])
{
    int i, j, max, row=0, _____;
    max=_____;
    for(i=0; i<4; i++)
        for(j=0; j<4; j++)
            if(max<num[i][j])
            {
                max =_____;
                row =_____;
                col =_____;
            }
    printf("The max one is num[%d][%d]=%d:\n",row,col,max);
}
```

4. 函数 fun1 的功能是_____。

```
int fun1 (char *str)
{
    char *ptr=str;
    while(*ptr++);
    return ptr-str-1;
}
```

5. 函数 fun2 的功能是_____。

```
double fun2(double x, double y, double z)
{
    return x>(y>z?y:z)?x:(y>z?y:z);
}
```

6. 函数 fun3 的功能是_____。

```
void funs3( char *s, char *t )
{
    char c;
    if(s<t)
        c=*s, *s=*t, *t=c, funs3(++s, --t);
}
void fun3( char *s )
{
    funs3( s, s+strlen(s)-1 );
}
```

7. 函数 fun4 的功能是_____。

```
void fun4(char *f, char  *t)
```

```
{
    for(; *f!='\0'; f++, t++)
        *t=*f;
    *t='\0';
}
```

8. 函数 fun5 的功能是_____。

```
void funs3( char *s, char *t )
{
    char c;
    if(s<t)
        c=*s, *s=*t, *t=c, funs3(++s, --t);
}
void fun3( char *s )
{
    funs3( s, s+strlen(s)-1 );
}
char *fun5(unsigned n)
{
    int h, i=0; static char s[10];
    do
    {
        h=n%16;
        s[i++]=(h<=9)?h+ '0 ':h-10+ 'a ';
    }while(n/=16);
    fun3(s);
    return s;
}
```

9. 函数 insert 将一个指定的单精度数按递减规律插入数组 num 中，注：数组 num 中已有 12 个按照递减顺序排好序的单精度数。请根据函数功能将程序补充完整。

```
void insert( float num[13], _____ )
{
    int i=11;
    _____=new;
    while( i>=0 && num[i]< _____ )
    {
        _____=num[i+1];
        _____=num[i];
        num[i]=new;
        _____;
    }
}
```

10. 函数 mycmp 实现了库函数 strcmp 比较两个字符串的功能。请根据函数功能将程序补充完整。

```
_____ mycmp(_____, char *p2)
{
    while(*p1 && *p2 && _____)
```

```
        p1++, _____;
    return _____;
}
```

11. 以下程序的运行结果是输出如下图形。请根据程序功能将程序补充完整。

```
      *
     ***
    *****
   *******
    *****
     ***
      *
```

```
# include <stdio.h>
void proc(int i)
{
    int j, k;
    for(j=0; j<=7-i; j++)
        printf(" ");
    for( k=0; k<_____; k++)
        printf("*");
    printf("\n");
}
void main(void)
{
    int i;
    for(i=0; i<3; i++)
        _____;
    for(i=3; i>=0; i--)
        _____;
}
```

12. 函数 fun 的功能是：首先对 a 所指的 N 行 N 列的矩阵，找出各行中的最大的数，再求这 N 个最大值中的最小的那个数作为函数值返回。请根据程序功能将程序补充完整。

```
#define N 100
int fun(int(*a)[N])
{
    int row, col, max, min;
    for(row=0; row<N; row++)
    {
        for(max=a[row][0], col=1; col<N; col++)
            if(_____)
                max=a[row][col];
        if(row= =0)
            min=max;
        else
            if(_____)
                min=max;
    }
```

```
        return min;
    }
```

13. 函数 fun 的功能是_____。

```
double fun(double x, int n)
{
    int i; double y=1;
    for(i=1; i<=n; i++)
        y=y*x;
    return y;
}
```

14. 若已经正确定义 x，y 变量并赋初值，现调用求 a^b 的函数 pow 计算：$x^3-(x+y)^3$。实现这一计算的函数调用语句为_____。

15. 要求取消变量 i 后 pow 函数的功能不变。请根据程序功能将程序补充完整。修改前的 pow 为：

```
int  pow(int x, int y)
{
    int i, j=1;
    for(i=1; i<=y; ++i)
        j=j*x;
    return(j);
}
```

修改后的 pow 函数为：

```
int  pow (int x, int y)
{
    int j;
    for(_____;_____;_____)
        j=j*x;
    return(j);
}
```

三、分析程序，写出程序运行结果

1. 阅读下列程序，写出程序运行结果。

```
#include <stdio.h>
void main(void)
{
    int x=1;
    {
        int x=2;
        {
            int x=3;
            printf("%2d", x);
        }
        printf("%2d", x);
    }
    printf("%2d", x);
}
```

2. 阅读下列程序，写出程序运行结果。

```c
#include <stdio.h>
void f(int x, int y)
{
    int t;
    if(x<y)
    {
        t=x;
        x=y;
        y=t;
    }
}
void main(void)
{
    int a=4, b=3, c=5;
    f(a,b);
    f(a,c);
    f(b,c);
    printf("%d,%d,%d\n", a, b, c);
}
```

3. 阅读下列程序，写出程序运行结果。

```c
#include <stdio.h>
void ss(char *s, char t)
{
    while(*s)
    {
        if(*s==t)
            *s=t- 'a'+'A';
        s++;
    }
}
void main(void)
{
    char str1[100]="abcddfefdbd", c='d';
    ss(str1, c);
    printf("%s\n", str1);
}
```

4. 阅读下列程序，写出程序运行结果。

```c
#include <stdio.h>
void reverse(int a[], int n)
{
    int i, t;
    for(i=0; i<n/2; i++)
    {
        t=a[i];
```

```
        a[i]=a[n-1-i];
        a[n-1-i]=t;
    }
}
void main(void)
{
    int b[10]={1, 2, 3, 4, 5, 6, 7, 8, 9, 10}; int i, s=0;
    reverse(b, 8);
    for(i=6; i<10; i++)
        s+=b[i];
    printf("%d\n", s);
}
```

5. 阅读下列程序，写出程序运行结果。

```
#include <stdio.h>
char fun(char x , char y)
{
    char m;
    if(x>y)
        m=x;
    m=y;
    return m;
}
void main(void)
{
    int a= '9',b= '8',c= '7';
    printf("%c\n", fun(fun(a, b), fun(b, c)));
}
```

6. 阅读下列程序，写出程序运行结果。

```
#include <stdio.h>
void sort(int a[], int n)
{
    int i, j, t;
    for(i=0; i<n-1; i++)
        for(j=i+1; j<n; j++)
            if(a[i]<a[j])
            {
                t=a[i];
                a[i]=a[j];
                a[j]=t;
            }
}
void main(void)
{
    int aa[10]={ 1, 2, 3, 4, 5, 6, 7, 8, 9, 10}, i;
    sort(&aa[3], 5);
```

```
    for(i=0; i<10; i++)
        printf("%d,", aa[i]);
    printf("\n");
}
```

7. 阅读下列程序，写出程序运行结果。

```
#include <stdio.h>
#include <string.h>
void sort( char **str, int n)
{
    char *tmp;
    int i, j;
    for( i=0; i<n-1; i++ )
        for( j=0; j<n-i-1; j++ )
            if(strcmp(str[j], str[j+1])>0)
                tmp=str[j], str[j]=str[j+1], str[j+1]=tmp;
}
void main(void)
{
    char **ps, *str[3]={ "BOOK", "COMPUTER", "CHINA"};
    int i;
    ps=str;
    sort(ps, 3);
    for(i=0; i<3; i++)
        printf("%d %s ", i+1, str[i]);
}
```

8. 阅读下列程序，写出程序运行结果。

```
#include <stdio.h>
void add( int *x, int *y, int n)
{
    while(n--)
        *x++ += *y++;
}
void main(void)
{
    int i=5;
    static int s1[]={2, 1, 0, 3, 2}, s2[5];
    add(s2, s1, 5);
    while(i--)
        printf("%2d", s2[i]);
}
```

9. 阅读下列程序，写出程序运行结果。

```
#include <stdio.h>
int n=1;
void func( void )
```

```
{
    static int x=4;
    int y=10;
    x=x+2;
    n=n+10;
    y=y+n;
    printf("FUNC : x=%2d  y=%2d  n=%2d\n" , x , y , n);
}
void main(void)
{
    static int x=5;
    int y;
    y=n;
    printf("MAIN : x=%2d  y=%2d  n=%2d\n " , x , y , n);
    func( );
    printf("MAIN : x=%2d  y=%2d  n=%2d\n " , x , y , n);
    func( );
}
```

10. 阅读下列程序，写出程序运行结果。

```
#include <stdio.h>
void increment(void)
{
    int x=0;
    x+=1;
    printf("%d", x);
}
void main(void)
{
    increment( );
    increment( );
    increment( );
}
```

11. 阅读下列程序，写出程序运行结果。

```
#include <stdio.h>
#include < string.h>
void main(int argc , char *argv[ ])
{
    int i,len=0;
    for(i=1; i<argc; i+=2)
        len+=strlen(argv[i]);
    printf("%5d\n", len);
}
```

该程序经编译链接后生成可执行文件 ex.exe，运行时的命令行为：

```
ex  abcd  efg  hi  jkl
```

12．阅读下列程序，写出程序运行结果。

```c
#include <stdio.h>
int *f(int *x, int *y)
{
    if(*x<*y)
        return x;
    else
        return y;
}
void main(void)
{
    int a=7, b=8, *p, *q, *r;
    p=&a;
    q=&b;
    r=f(p, q);
    printf("%d,%d,%d\n", *p, *q, *r);
}
```

四、找出下面程序中的错误，并对其予以改正

1．下面是一个计算阶乘的程序。请仔细阅读程序，指出并纠正程序中的错误。

```c
#include <stdio.h>
double factorial(int);
void main(void)
{
    int n;
    printf("Enter an integer: ");
    scanf("%d", &n);
    printf("\n\n%d!=%6.0lf\n\n", n, factorial(n));
}
double factorial(int n)
{
    double result=1.0;
    /******ERROR******/
    while(n>1 || n<170)
        /*******ERROR*******/
        result*=(double)--n;
    return result;
}
```

2．函数 max 是一个统计两个整数中大数的程序。请仔细阅读程序，指出并纠正程序中的错误。

```c
/*****ERROR*****/
max(int x, y, z)
{
    /***ERROR***/
    z=x>y?x,y;
    return(z);
}
```

```
void main(void)
{
    printf("Max(5,6)=%d\n", max(5, 6));
}
```

3. 函数 swap (short x , short y)可完成对 x 和 y 值的交换。请仔细阅读程序，指出并纠正程序中的错误。

```
#include <stdio.h>
/***********ERROR***********/
void swap(short x, short y)
{
    short tmp;
    /***ERROR***/
    tmp=x;
    /***ERROR***/
    x=y;
    /***ERROR***/
    y=tmp;
}
void main( void )
{
    short x, y;
    printf("Input two short num:");
    scanf("%d%d", &x, &y );
    if(x<y)
        /***ERROR***/
        swap(x,y);
    printf("After swaped, x=%d, y=%d\n", x, y );
}
```

4. 函数 sum 的功能是计算下列级数之和。请仔细阅读程序，指出并纠正程序中的错误。

$S=1+x+x^2/2!+x^3/3!+\cdots+x^n/n!$

```
double sum( double x, int n )
{
    int i;
    /*****ERROR*****/
    double a, b, s;
    for(i=1; i<=n; i++)
    {
        a=a*x;
        b=b*i;
        s=s+a/b;
    }
    return s;
}
```

5. 请仔细阅读下面的程序，指出并纠正程序中的错误。

```
#include <stdio.h>
void main( void )
{
```

```
    int a,b;
    /*********ERROR*********/
    scanf("%d,%d", &a, &b);
    /*************ERROR***************/
    printf("the area is %d\n", area(a, b) );
}
/***********ERROR**********/
float area(float a; float b)
{
    return(3.14159*a*b/2);
}
```

五、编程题

1. 编写函数 int psum(int n) 求 Sn=1+2+…+n。试用主函数调用 psum 函数求解 n=1～20 的 Sn 值。

2. 编写函数 int prime(int i)：当 i 为素数时函数返回 i，否则返回 0。试用主函数调用 prime 函数求 1~n 之间所有素数的和，n 在主函数中输入。

3. 请编一个函数 void invert(int *p, int n)，它的功能是：按逆序重新放置 p 数组中元素的值。在 main 函数中输入数组元素，调用 invert，输出结果。

4. 请编一个函数 void sort（char **q），它的功能是：对 10 个字符串进行冒泡排序。10 个字符串由主函数 main 通过键盘输入。

5. 请编一个函数 int mystrcmp(char *q1, char *q2)，它的功能是：对两个字符串进行比较，若这两个字符串相等，则返回 0 值；若两个字符串不相等，则返回两者第一个不同字符的 ASCII 码差值的绝对值。两个字符串由主函数通过键盘读入。例如：字符串"BOOK"和字符串"BIRD"的第二个字母不同，'O'与'I'的 ASCII 码差值的绝对值为 6，故函数 mystrcmp 的返回值是 6。

6. 编写函数 void max_min(double *num, double *max, double *min)，用来从 n 个整数中找出其中的最大值和最小值。要求在 main 函数中输入 10 个数调用 max_min 函数，并输出这 10 个数及其最大值和最小值。

7. 分别使用函数和带参数的宏，编程实现从键盘输入三个浮点数，找出最大数。

8. 编一个函数 void fun1(short a[3][3])，将 3×3 矩阵 **a** 转置后放回 **a** 中。

9. 输入 n 和 x，编一个递归函数计算勒让德多项式的值。递归公式如下：

```
p(x, n) = 1.0                                    n=0
p(x, n) = x                                      n=1
p(x, n) =(2n-1)p(x, n-1)/n - (n-1)p(x, n-2)/n    n>1
```

10. 编一个函数 void sort(short *num, int n)，用选择法对 n 个数递增排序。n 和 n 个数均由键盘输入。

11. 编一个函数 void count(char *string, …)，统计字符串中的字母、数字、空白字符个数。要求在 main 函数中输入字符串，调用 count 函数统计各种字符个数，然后输出这些值。

12. "回归数"是一种特殊的 n 位数，各位数字的 n 次幂之和恰好等于它自己，如：

$$153=1^3+5^3+3^3$$

$$1634=1^4+6^4+3^4+4^4$$

$$54748=5^5+4^5+7^5+4^5+8^5$$

试编写一个函数 short regress(int num)，判断 num 是否是回归数。要求在 main 函数中调用 regress 函数寻找所有的 3 次幂回归数（又称"水仙花数"）。

13. "完数"恰好等于它的因子之和，如，6 的因子为 1，2，3，而 6=1+2+3，因此 6 是完数。试编写一个函数 short judge(int num)判断 num 是否是完数。要求在 main 函数中调用 judge 函数寻找 1000 以内的所有完数。

14. 编写一个带参数的宏计算 x^2。从键盘输入两个浮点数 a、b，计算并输出$(a+b)^2$、$(a–b)^2$。

15. 在一个源程序文件中编写一个函数 void fun(int n)，将指定的自然数分解成质因子的连乘积，例如：88=2×2×2×11。然后在另一个源程序文件中编写 main 函数，调用 fun 函数分解所有 3 位自然数。

提示：可以用文件包含，也可以使用多文件编译。

第 7 章　结　构　体

本章学习要点

1. 掌握结构体、共用体和枚举类型的定义
2. 掌握结构体变量、结构体数组、指针变量的定义与引用方法
3. 掌握链表的概念和使用方法（学时有限时链表为选修内容）
4. 了解共用体、枚举型数据的使用方法

本章学习难点

1. 掌握结构体数据在函数间的传递
2. 学会通过指针引用结构体数据
3. 理解链表的建立、插入、删除、查找

7.1　结构体与结构体变量

数组是一组相同数据类型数据的有序集合，可以通过下标获得其中的任意元素。但在实际问题中，一组数据往往具有不同的数据类型。例如，成绩单中通常有学号、姓名、性别、成绩等数据项；在通信录中会有姓名、邮编、地址、电话、Email 等数据项。其中，学号、邮编为固定长度的字符串，姓名、地址、电话、Email 为变长的字符串，性别为字符数据，成绩为整型、浮点型数据等，它们包含了各种类型的数据，无法用前面学过的某一种数据类型统一描述。为了解决这个问题，C 语言引入了一种能集不同数据类型于一体的构造数据类型——结构体。

结构体又称"结构"，是由一批数据组合而成的一种新的数据类型。组成结构体的每个数据（称为结构体"成员"，也称"域"或"结构分量"）的数据类型可以相同，也可以不同。

由于不同的结构体数据成员组成不同，结构体要由程序员在程序设计时定义，然后再用这些结构体来定义相关的变量、数组、指针变量等，用来存放和处理结构体类型数据。

结构体是一种构造类型，每一个成员反映了事物某一方面的属性。每一个成员可以是一个基本数据类型或者又是一个构造类型。C 语言中引入结构体的主要目的是为了将具有多个属性的事物作为一个逻辑整体来描述，从而扩展 C 语言数据类型。既然结构体是一种"构造"而成的数据类型，那么在说明和使用之前必须先定义它，如同在说明和调用函数之前要先定义函数一样。

7.1.1　结构体类型的定义

方法一：定义一个新结构体类型的语法是：

```
struct　结构体名
{
    数据类型　成员名 1;
    数据类型　成员名 2;
    …
    数据类型　成员名 n;
};
```

其中

（1）struct 为 C 语言的关键字，是结构体类型的标志。

（2）结构体名是新定义的结构体类型名称，是用户自定义标识符，遵循 C 语言标识符命名规则，有时可以省略。

（3）{}之间通过分号分割的变量列表称为成员列表，用于描述此类事物的各方面属性。对每个成员变量也必须作类型说明，可以为基本数据类型（如 float、int、char 等）也可以是数组、指针或已定义过的结构体类型，还可以是本章要介绍的共用体类型。成员名是用户自定义标识符，遵循 C 语言标识符命名规则。成员变量之间不能重名，但成员名可与程序中其他普通变量重名，互不干扰。

（4）在括号"}"后的分号是不可少的。

例如：

```
struct date
{
    unsigned short year;    //年
    unsigned char  month;   //月
    unsigned char  day;     //日
};
```

定义了一个 struct date 类型，由 3 个成员组成。第一个成员为无符号短整型变量 year，表示四位数的出生年份；第二个成员为无符号字符型变量 month，表示范围在 1～12 的出生月份；第三个成员为无符号字符型变量 day，表示范围在 1～31 的出生日。

```
struct student
{
    int no;                 //学号
    char name[16];          //姓名
    char sex;               //性别
    struct date birthday;   //出生日期
    float score[7];         //成绩数组
};
```

定义了一个 struct student 类型，由 5 个成员组成。第一个成员为整型变量 no；第二个成员为一维字符数组 name；第三个成员为字符型变量 sex；第四个成员为 struct date 类型变量 birthday；第五个成员为存放了 7 门课成绩的一维单精度数组 score。结构体类型定义之后，即可进行变量说明。凡说明为 struct student 类型的变量都由上述 5 个成员组成。

```
struct student stu1, stu2; //定义了两个 struct student 类型的变量 stu1, stu2
```

struct student 是一个嵌套的结构体定义，成员 birthday 的数据类型是另一种结构体类型 struct date。当某个结构体成员的数据类型是一个结构体类型时，称为"嵌套的结构体定义"。注意，作为成员数据类型的结构体的定义必须出现在本结构体定义之前。

方法一定义的结构体类型名必须与关键字 struct 一道引用，不得单独出现：

```
Birthday MyBirthday;    ×
```

更为简洁的二种结构体类型的定义方法是：

方法二：使用宏定义定义一个符号常量来表示一个结构体类型，简化结构体类型的描述。

```
#define 结构体符号常量名  struct 结构体名
结构体符号常量名
{
    数据类型  成员名1；
    数据类型  成员名2；
    …
    数据类型  成员名n；
};
```

例如：

```
#define DATE struct date
DATE
{
    unsigned char year;
    unsigned char month;
    unsigned char day;
};
DATE mydate1, mydate2;
```

在这个结构体类型定义中，首先为 struct date 定义了一个符号常量 DATE，此后无论是结构体类型定义，还是结构体类型变量定义，既可以使用 struct date 定义，也可以使用 DATE 定义。这里用 DATE 定义了两个 struct date 型变量 mydate1、mydate2。

方法三：使用 typedef 自定义结构体类型。

```
typedef 原类型名 新类型名；
```

例如：

```
typedef struct person
{
    int no;                  //编号
    char name[16];           //姓名
    float wage1;             //基本工资
    float wage2;             //岗位工资
    float wage;              //总工资
}  PERSON;
PERSON per[10], *ptr;
```

在这个结构体类型定义中，首先为 struct person 定义了一个别名 PERSON，随后用 PERSON 定义了一个 PERSON 型数组存放 10 位职工信息，还定义了一个 PERSON 型指针 ptr。

 注 意

    （1）typedef 仅仅是给已经存在的类型起了一个别名，并没有创造新的数据类型。

    （2）typedef 只能定义类型，不能定义变量。

```
typedef i COUNTER;      ×//给变量 i 起个别名：计数器
```

有了 typedef，程序员就可以在程序设计时使用自己习惯的名字定义数据类型符，进而用自定义数据类型符来定义相关的变量、数组、指针变量等。

（1）自定义基本数据类型：

```
typedef float REAL;          //定义单精度实型的数据类型符 REAL
REAL x,y,z;                  //等价于 float x, y, z;
```

（2）自定义数组类型：

```
typedef int IARRAY[20];      //定义 IARRAY 为整型长度为 20 的数组类型
IARRAY n,m;                  //等价于 int n[20],m[20]
```

（3）自定义指针类型：

```
typedef char *CPOINT;        //定义 CPOINT 为指向字符型数据的指针类型
CPOINT p1,p2;                //等价于 char *p1,*p2
```

方法二和方法三都比方法一简洁，但两者还是有所不同。符号常量仅仅是"字符替换"，预处理时全部换成方法一命名的类型名；typedef 的工作是在编译时完成的，typedef 起的别名和原名完全等价，用起来更为灵活方便。

7.1.2 结构体变量的定义

结构体类型变量的定义有三种方法：先定义结构体类型后定义结构体变量、定义结构体类型同时定义结构体变量、直接定义结构体变量。需要注意的是：7.1.1 方法一定义的结构体类型符必须是"struct 结构体名"，结构体名不得单独引用。

1. 先定义结构体，再定义结构体变量

```
struct POINT
{
    int x;
    int y;
};
struct POINT TopLeft, BottomRight;
```

这里为屏幕绘图的点定义了结构体类型 struct POINT，成员 x 表示横坐标，成员 y 表示纵坐标；使用自定义类型为绘制矩形定义了两个 struct POINT 型变量 TopLeft 和 BottomRight：TopLeft 表示矩形左上角点的横、纵坐标，BottomRight 表示矩形右下角点的横、纵坐标。

2. 在定义结构体类型的同时定义结构体变量

```
struct POINT
{
    int x;
    int y;
} TopLeft, BottomRight;
```

3. 直接定义结构体变量

```
struct
{
    int x;
    int y;
} TopLeft, BottomRight;
```

这种方式缺省了结构体类型名，称为匿名结构体或无名类型，无法再采用这一结构体类型定义其他变量，适用于一次性临时定义局部变量或结构体成员变量。在实际的应用中往往改用 typedef：

```
typedef struct
{
    char point;              //点数
    char face;               //花色
}CARD;
CARD card1, card2;
```

这里为纸牌游戏的牌定义了结构体类型 CARD：成员 point 表示点数（0 代表 Ace，1-9 代表 2-10，10 代表 Jacke，11 代表 Queen，12 代表 King，15 表示小王，16 表示大王）；成员 face 表示花色（0 代表 Heart 红心，1 代表 Diamond 方块，2 代表 Club 梅花，3 代表 Spade 黑桃）。最后使用自定义类型 CARD 定义了两个 CARD 型结构体变量 card1 和 card2。

7.1.3　结构体变量的引用

结构体变量一般不能直接引用，必须通过对其成员的引用来实现对结构体变量的引用。引用结构体成员变量的语法格式如下：

结构体变量. 成员变量

"."为结构体成员运算符，其运算级别是最高的，和圆括号运算符"()"、下标运算符"[]"是同级别的，运算顺序是自左向右的。结构体成员变量的引用原则遵循基本数据类型变量的引用规则，即可以将"结构体变量. 成员变量"作为一个简单变量来引用。

例如：card1 抽到了"红心 Ace"：

```
card1.point=0;
card1.face=0;
```

又如，输出 TopLeft 信息：

```
printf("TopLeft 的坐标为(%d,%d)\n", TopLeft.x, TopLeft.y);
```

注意，如果结构体成员本身又是一个结构体变量，仍然不能直接引用，必须找到普通数据类型的嵌套内层成员才能引用：

外层结构体变量.外层成员名.内层成员名

例如：从键盘输入 stu1：

```
scanf("%d", &stu1.no);                              //输入学号
scanf("%s", stu1.name);                             //输入姓名
scanf("%d%d%d", &stu1.birthday.year,
       &stu1.birthday.month, &stu1.birthday.day);   //输入出生日期
scanf("%f", &stu1.score[i]);                        //输入第 i 门课成绩
```

其中，整型成员 no 为普通数据类型变量，输入时必须加"&"；一维字符数组成员 name 使用"%s"输入姓名字符串，不能加"&"；普通数据类型内层成员 year、month、day 输入时必须嵌套访问；单精度型数组成员 score 在输入第 i 门课成绩时采用下标形式访问，前面必须加"&"。

一般情况下，在程序中使用结构体变量时，不允许把它作为一个整体来使用：

```
scanf("%…", &stu1);      ×
printf("%…", stu1);      ×
stu1=0;                  ×
```

但新的 ANSI C 允许具有相同类型的结构体变量间相互赋值：

```
stu2=stu1;
```

7.1.4 结构体变量的初始化

结构体变量不仅可以在程序运行过程中赋值，还可以在定义时赋初值，即初始化。由于结构体变量的初始数据较多，需要像数组初始化一样用"{}"括起来，其顺序也应该与定义的成员顺序保持一致。

【例 7-1】 结构体变量初始化。

```c
// Program: EG0701.C
// Description：结构体变量应用示范:初始化 stu1,赋值给 stu2 打印输出
#include <stdio.h>
void main( void )
{
    int i;
    struct date
    {
        unsigned short year;     //年
        unsigned char  month;    //月
        unsigned char  day;      //日
    };
    struct student
    {
        int no;                  //学号
        char name[16];           //姓名
        char sex;                //性别
        struct date birthday;    //出生日期
        float score[7];          //成绩数组
    } stu2;
    struct student stu1={11301, "Merry", 'F', 2008, 5, 1,
                        98, 87, 95, 65, 77, 83, 92};

    stu2=stu1;
    printf("学号 姓名 性别 出生日期 成绩1 成绩2 成绩3 成绩4 成绩5 成绩6 成绩7\n");
    printf("%d %s %s %d-%d-%d", stu2.no, stu2.name, stu2.sex=='F'?"女":"男",
        stu2.birthday.year, stu2.birthday.month, stu2.birthday.day);
    for(i=0; i<7; i++)
    {
        printf("%6.1f", stu2.score[i]);
    }
    puts("\n");
}
```

程序运行输出结果如图 7-1 所示。

图 7-1　［例 7-1］的运行结果

【想一想】

本题定义的 stu2 在未赋值之前，各成员内容是什么？

我们可以通过调试看看监视窗口和内存窗口的情况：

显然，若定义的局部结构体变量未初始化，系统仅仅为其分配空间，内容随机；而未初始化的全局结构体变量或静态结构体变量自动赋 "零"，这与上一章的描述是一致的。

必须注意：结构体类型与结构体变量是两个不同的概念，不能混淆。stu2 赋值前后的情况如图 7-2、图 7-3 所示。

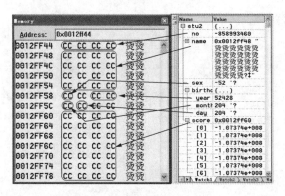

图 7-2　stu2 在未赋值之前的情况

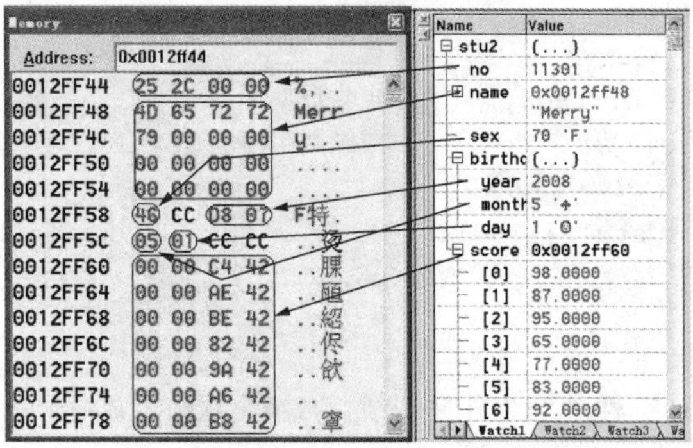

图 7-3　stu2 在赋值后的情况

（1）结构类型构造了一种新的数据类型，制定了一种特定的内存使用方法。在编译时，对类型是不分配空间的。不能对一个类型赋值、存取或运算。

（2）结构体变量一经定义，在编译时会分配内存，程序运行时可以赋值、存取或运算。结构体变量的引用是通过对其成员的引用来实现的。

（3）结构体成员变量的用法与普通变量相同，即可以将 "结构体变量.成员变量" 作为一个简单变量，遵循基本数据类型变量的引用规则来引用它。

（4）结构体成员变量可以与程序中的其他基本数据类型变量名重名，不会引起混淆。

7.2　结构体数组与指针

7.2.1　结构体数组与指针的引入

stu1、card1 可以处理一位同学、一张牌，而实际应用中，往往要处理一个班级几十位同学、一副牌 52 或 54 张，这时就可以采用结构体数组来处理。一旦在内存为结构体数组申请了若干个相同结构体类型数据的连续内存区域，结构体数组名这个地址常量就指向了结构体数组的起始元素，结构体数组名+i 则指向 i 号元素。更进一步，可以定义相同类型的结构体指针变量指向结构体数组的起始元素，结构体指针变量不仅可以加 i 指向 i 号元素，还可以自增指向下一个元素。

结构体数组、指针的定义、初始化和结构体变量相似，例如可以先定义结构体，再定义结构体数组、指针；可以在定义结构体类型的同时定义结构体数组、指针；也可以直接定义结构体数组、指针。结构体数组、指针的定义的一般形式为：

> **struct** 结构体名 数组名[常量表达式];
> **struct** 结构体名 *结构体指针变量名;

与一般的变量、数组一样，结构体数组、指针也可以在定义的同时赋初值。

（1）初始化时，C 编译程序按照结构成员定义时的顺序一一对应赋值，不允许越过前面的成员给后面的成员赋值。

（2）初始化可以只给前面的若干数组元素赋值，后面的元素自动赋"零"。

（3）结构体数组给全部数组元素赋值时，可以省略数组第一维长度。C 编译程序自动按照所赋值的元素个数决定数组长度。

```
struct person employee[]={ {101, "Petor", 2000, 450, 2450},
              {102, "Davie", 2450, 650, 3100},
              {103, "Merry", 1600, 380, 1980},
              {104, "Anny", 1800, 380, 2180},
              {105, "Tom",  1650, 420, 2070}
              };//系统默认employee[5]
struct person *ptr=employee;
```

变长数组 employee 的元素个数为 5 个，数组长度为 5。Employee 是地址常量，ptr 是地址变量，它们都指向 employee[0]，地址值为&employee[0]。ptr++后指向 employee[1]。

（4）未初始化的外部结构体数组或静态结构体数组元素自动赋"零"。

（5）[例 7-1] 定义的 stu1 内存中仅存储了一个结构体数据，诸如&stu+1 之类的指针运算属于逻辑错误、没有意义。为了引用指针运算处理问题，结构体指针变量一般都会指向结构体数组的某个元素。

7.2.2　结构体数组与指针的引用

为了便于介绍结构体数组、指针的引用，定义：

```
struct student stu[100], *ptr=stu;
```

引用方式一（下标法）：　　　　**结构体数组名[i].成员名**

"."称为"成员运算符"。该运算符是"双目中缀"运算符，前一个运算对象是结构体变量或元素，后一个运算对象是结构体成员名，运算结果是该成员。

例如：

```
stu[i].no、ptr[i].no 可以表示班级第 i 位同学的学号
stu[i]、ptr[i] 可以表示班级第 i 位同学（数组元素）
scanf("%d", &stu[i].no);     //输入班级第 i 位同学的学号
```

引用方式二(指针法)：   (*结构体指针).成员名

例如：

```
(*(stu+i)).no、 (*(ptr+i)).no 可以表示班级第 i 位同学的学号
stu+i、 ptr+i 可以表示班级第 i 位同学（数组元素）的地址
scanf("%d", &(*(ptr+i)).no);   //输入班级第 i 位同学的学号
```

注 意

（1）运算符 "*" 的级别低于 "."，所以 "*(结构体指针+下标)" 必须加圆括号。*ptr.name 与 *(ptr.name)等价，不能代表(*ptr).name。

（2）运算符 "&" 的级别低于 "."，所以 "&结构体数组名[下标].成员名" 和 "&(*(结构体数组名+下标)).成员名" 可以不加圆括号。

引用方式三(指针法)：   结构指针->成员名

例如：

```
(stu+i)->no、 (ptr+i)->no 可以表示班级第 i 位同学的学号
scanf("%d", &(ptr+i)->no); //输入班级第 i 位同学的学号
```

引入指向结构体的指针变量后，为了书写方便和直观，C 语言提供了指向结构体成员运算符 "->"：由 "-" 和 ">" 复合组成。该运算符也是 "双目中缀" 运算符，前一个运算对象是结构体变量或元素的地址，后一个运算对象是结构体成员名，运算结果是该成员。

结构体数组、指向结构体数组的指针变量的使用方法和普通数组、指向普通数组的指针变量的使用方法基本相同，和普通数组、指向普通数组的指针变量的唯一区别就是结构体数组元素不能直接使用，必须访问其成员。

7.2.3 结构体数组的应用

牌类游戏一直是最受欢迎的 C 语言课程设计选题。一副扑克包含大小王在内共计 54 张牌，一些游戏去掉了表示日月的大小王，剩下表示全年 52 个星期的 52 张牌。52 张牌分为四种花色：红心♥、方块♦、梅花♣、黑桃♠代表春、夏、秋、冬四季，每季 13 张，代表一季 13 星期。每季 13 张的点数(1-13)加起来是 91 点，四季相加，再加小王是 365 天，表示一年；再加大王是 366 天，表示闰年。

牌类游戏可细分为创建一副扑克、洗牌、发牌、显示玩家牌面、花色排序、面值排序、比大小等玩法。

【例 7-2】 设计一个牌类游戏，将一副去掉了大小王的 52 张新牌顺序发给 4 位玩家。要求能创建一副扑克，并完成顺序发牌、显示玩家牌面两种玩法。

7.1 中已经为纸牌游戏的牌定义了结构体类型 CARD：成员 point 表示点数；成员 face

表示花色。52 张新牌顺序发给 4 位玩家，每位玩家拿到 13 张牌，所以要定义：

```
CARD  Player[4][13];
```

52 张新牌点数从 0 到 12，每点 0 到 3 种花色，设计 0、1、2、3 表示红心 Ace、方块 Ace、梅花 Ace、黑桃 Ace；4、5、6、7 表示红心 Deuce、方块 Deuce、梅花 Deuce、黑桃 Deuce；……顺序编码到 48、49、50、51 表示红心 King、方块 King、梅花 King、黑桃 King。顺序发牌就是依次将 0~51 赋值给四位玩家。

显示玩家牌面要依次打印输出四位玩家 13 张牌的花色、点数，为此设计了两个指针数组存储花色名称、点数名称。显示牌面时根据具体的花色、点数下标索引到对应名称，打印输出即可。

将上述思路转换成 C 语言源程序：

```
// Program: EG0702.C
// Description: 模拟牌类游戏顺序发 52 张牌
#include <stdio.h>
typedef struct
{
    char point;         //点数
    char face;          //花色
}CARD;
void main( void )
{
    char *Face[4]={ "红心", "方块", "梅花", "黑桃"};              //存储花色名称
    char *Point[13]={"Ace","Deuce","Three","Four","Five","Six","Seven",
                "Eight","Nine","Ten","Jack","Queen","King"};//存储点数名称
    int card, i, j;
    CARD  Player[4][13];

    //顺序发牌
    for(card=0; card<52; card++)
    {
        i=card%4;
        j=card/4;
        Player[i][j].face=i;
        Player[i][j].point=j;
    }

    //顺序显示四位玩家的牌面
    printf("Play1\t\tPLay2\t\tPLay3\t\tPLay4\n");
    for(j=0; j<13; j++)
    {
        for(i=0; i<4; i++)
            printf("%-2s%-6s\t", Face[Player[i][j].face],
                    Point[Player[i][j].point]);
        printf("\n");
    }
}
```

程序运行结果如图 7-4 所示。

图 7-4　［例 7-2］程序运行结果

【想一想】

（1）如果要将 Ace 简化为 A，Deuce 简化为 2，……，上述程序应如何修改？

［例 7-2］没有在执行语句中根据点数直接输出点数名称，而是将点数名称存放在指针数组中，显示牌面时根据点数到指针数组中索引到对应名称输出。这看起来有点繁琐，但遇到上述修改要求时，处理起来就非常简单：

```
char *Point[13]={"A","2","3","4","5","6","7", "8","9","10","J","Q","K"};
```

修改后的程序运行结果如图 7-5 所示。

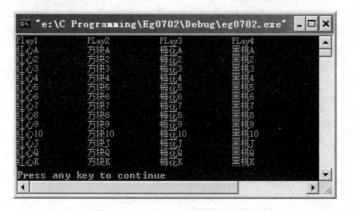

图 7-5　简化点数名称后的程序运行结果

所以编写代码前的程序分析和数据组织非常重要，适当的数据组织会使后面的工作事半功倍。

（2）如果要求先洗牌再发牌，上述程序应如何修改？

第 4 章编程题第 3 小题编写程序利用随机数发生器生成了从 1～10 的不重复随机整数数列（具体思路见配套的《C语言程序设计习题解答与上机指导》习题解答），将其改成生成从 0 到 51 的不重复随机整数数列依次赋值给 Player 即可。

（3）如果要求显示扑克图案，上述程序应如何修改？

　　首先将 52 张扑克图案保存为 52 个图像文件，然后根据第 9 章基于 MFC 对话框模式设计技术显示图像文件。《C 语言程序设计习题解答与上机指导》增加了图形图像课程设计示范，在 EasyX、OpenCV 函数库的辅助下，例题程序略作修改就可以显示扑克图案。

7.2.4　结构体数组与指针的应用

　　【例 7-3】 设计一程序，从键盘上输入 5 名职工的编号、姓名、基本工资、职务工资，计算每名职工的总工资，输出总工资的最大值。

```
// Program: EG0703.C
// Description: 模拟工资管理

#include <stdio.h>
#define N 5
typedef struct person
{
    int no;                              //编号
    char name[16];                       //姓名
    float wage1;                         //基本工资
    float wage2;                         //岗位工资
    float wage;                          //总工资
}  PERSON;
void main( void )
{
    PERSON per[5], *ptr;                 //定义结构体数组per、指针变量ptr
    float max, x1, x2;
    printf("请输入职工编号 姓名 基本工资,职务工资\n");
    for(ptr=per; ptr<per+N; ptr++)       //用 per+N 来控制循环次数
    {
        scanf("%d", &ptr->no);           //输入当前职工的编号
        scanf("%s", ptr->name);          //输入当前职工的姓名
        //输入当前职工的基本工资和职务工资
        scanf("%f,%f", &ptr->wage1, &ptr->wage2);
        ptr->wage= ptr->wage1+ptr->wage2;        //计算总工资
    }
    ptr=per;
    max=ptr->wage;                       //假定首位职工的总工资为最大值
    for(ptr=per+1; ptr<per+N; ptr++)
        if(max<ptr->wage)
            max=ptr->wage;
    printf("最大总工资=%4.0f\n", max);
}
```

程序运行结果如图 7-6 所示。

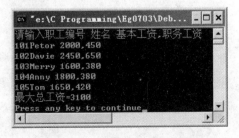

图 7-6　[例 7-3] 程序运行结果

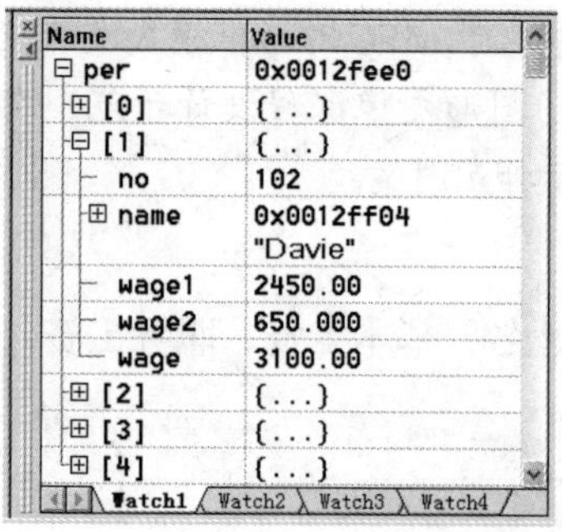

Name	Value
⊟ per	0x0012fee0
⊞ [0]	{...}
⊟ [1]	{...}
no	102
⊞ name	0x0012ff04
	"Davie"
wage1	2450.00
wage2	650.000
wage	3100.00
⊞ [2]	{...}
⊞ [3]	{...}
⊞ [4]	{...}

Watch1 \ Watch2 \ Watch3 \ Watch4

图 7-7　调试〔例 7-3〕程序

程序定义了 struct person 结构体类型，并起了一个类型别名 PERSON。在 main 函数内定义了 PERSON 类型数组 per 和指向 PERSON 类型数据的指针变量 ptr。在循环语句 for 的表达式中，ptr 指向 per 所指的 per[0]，然后递增循环 5 次，顺序输入每位职工的编号、姓名、基本工资、职务工资，计算他的总工资。ptr 回归 per 所指的 per[0]后，先假定首位职工的总工资为最大值，然后和其后的其他职工总工资依次比较，并及时将新发现的大值记入 max。最后输出总工资的最大值。

【想一想】

（1）如何设置断点才能正确观察程序运行过程中如图 7-7 所示发生的变化？

（2）能否麻烦选择法排序那样，通过记住最大数的位置求出总工资的最大值？

7.2.5　函数间结构体数据的传递

函数之间结构体数据的传递有多种方式：

（1）向函数传递结构体变量的成员。作为实参的结构体变量的成员单方向地传递到被调用函数的形参中，形参的改变不会影响到调用函数的结构体变量。

（2）传递结构体变量。新的 ANSI C 标准允许用结构体变量作函数参数进行整体传送。系统将为被调用函数的形参开辟和实参结构体变量一样大的存储空间用于形实结合值传送。形参结构体变量的改变不会影响到调用函数的实参结构体变量。被调用函数在调用结束同样也可以返回结构体变量给调用函数。

这种传送要将全部成员逐个传送，特别是成员为数组时将会使传送的时间和空间开销更大，严重地降低了程序的效率，一般不推荐使用。

（3）传递结构体指针。结构体指针像其他数据类型一样作为实参传递给被调用函数的形参结构体指针，被调用函数也可以将结构体指针作为返回值返回给调用函数。用结构体指针进行传送，传送的仅仅是结构体数据的地址，和传递结构体变量相比大大减少了时间和空间的开销。

【例 7-4】　用结构体指针变量作函数参数实现学生成绩管理。

```
// Program: EG0704.C
// Description: 简易学生成绩管理
#include <stdio.h>
#include <string.h>
#include <stdlib.h>
#define N 5
struct student
{
    char number[10];
    char name[16];
    float score1;
    float score2;
    float score3;
};
int input(struct student stu[]);
```

```c
void find(struct student stu[], int n);
void menu(void);

void menu(void)
{
    printf("\n---欢迎使用学生成绩管理系统---\n");
    printf("   1.成绩录入              \n");
    printf("   2.成绩查询              \n");
    printf("   6.退出系统              \n");
    printf("\n----------------------------\n");
    printf("请输入您的选择：");
}
int input(struct student stu[])
{
    int i, n;

    printf("请输入要录入的学生人数 n：");
    scanf("%d", &n);
    for(i=0; i<n; i++)
    {
        printf("请输入第%d 个学生的学号 姓名 成绩 A 成绩 B 成绩 C\n", i+1);
        scanf("%s", stu[i].number);
        scanf("%s", stu[i].name );
        scanf("%f", &stu[i].score1);
        scanf("%f", &stu[i].score2);
        scanf("%f", &stu[i].score3);
    }

    return n;
}
void find(struct student stu[], int n)
{
    int i;
    char str[16];
    printf("请输入姓名或学号查询:");
    scanf("%s", str);
    for(i=0; i<n; i++)
    {
        if(!strcmp(str, stu[i].number)||!strcmp(str, stu[i].name))
        {
            printf("查询到学号%s 的%s 同学:", stu[i].number, stu[i].name);
            printf("成绩 A:%3.0f B:%3.0f C:%3.0f\n\n",
                stu[i].score1, stu[i].score2, stu[i].score3);
            return;
        }
    }
    printf("亲，没有这个人！\n");
```

```
    }

    void main()
    {
        struct student stu[N];
        int n;
        int choice;
        while(1)
        {
            menu();
            scanf("%d", &choice);
            switch(choice)
            {
              case 1:
                n=input(stu);
                break;
              case 2:
                find(stu, n);
                break;
              case 6:
                exit(0);
            }
        }
    }
```

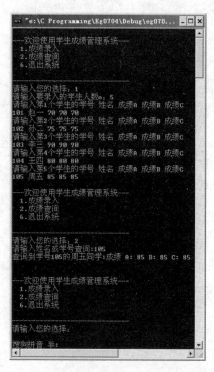

程序运行结果如图 7-8 所示。

主函数定义了 struct student 类型的数组 stu 存储学生成绩。使用 while 循环不断显示主菜单，接受用户选择，调用相应子模块。输入模块、查询模块借助结构体指针的传递对主函数定义的数组 stu 进行数据加工，简洁高效。

图 7-8   [例 7-4] 程序运行结果

【想一想】

（1）对比在函数间传递的结构体指针 stu，n 是什么传递？起什么作用？

（2）本例题实现了学生成绩管理的主控框架和数据传递。请修改数据结构，添加统计、排序、打印等模块，完善学生成绩管理系统。如何保存输入的学生信息，在下一次启动程序时自动加载？

 提 示

通过写文件可以保存所输学生信息，通过读文件可以加载学生信息，详见第 8 章文件。

（3）本例题通过主函数实现了面向过程的学生成绩管理，如何实现基于窗口和控件方式的学生成绩管理？

第 9 章 9.2 节使用列表框、组框、静态文本、编辑框以及按钮等控件介绍了一个基于对话框的学生成绩管理程序。

7.3　结构体与链表

7.3.1　链表的概念

C 语言在处理成批数据时根据下标（序号）可以很容易定位到待加工数据，但也存在两个问题：

（1）定义数组时必须给出确定的数组长度，而程序设计时，实现这一点是困难的。如果给出的数组长度太大，则浪费内存；给出的数组长度太小，则会出现下标越界导致溢出。

（2）数组元素在内存里连续存放，插入或删除一个数组元素都可能要移动大量数据，效率极低。

链表可以很好地解决这些问题：

（1）链表可以在需要添加元素时临时申请内存插入元素，也可以在删除元素时释放它所占内存，链表长度可以临时确定。

（2）链表元素在内存中的位置是任意的，并不要求连续存放。所以链表插入或删除元素极为方便，不需要移动任何数据。

链表中的一个元素称为一个结点，通常用结构体变量存放，其中的部分成员用于存放数据，称为数据域；还有一些特定的成员定义为结构体指针变量，指向下一个或上一个结点，称为指针域（也称链域）。为了便于叙述，我们讨论一个数据域和一个指针域的单链表结构：

```
sturct slist
{
    int data;               //数据域
    struct slist *next;     //指针域
}
typedef sturct slist SLIST;
```

如图 7-9 所示，在带头结点的单链表中，第 0 个结点称为头结点，表示链表的开始位置，它存放有第一个结点的首地址，数据域一般为空（也有人将链表长度存放在这里）。以后的每个结点都分为两个域：一个是数据域，存放各种实际数据；另一个为指针域，存放下一结点的首地址，从而将链表中的所有结点连接起来。最后一个结点（称尾结点）的指针域为空（NULL），表示链表结束。当头结点的指针域为空（NULL）时，表示链表为空，后面一个结点也没有。

单链表是各种链表结构中最简单的链表，主要包括建立、结点数据的输出（遍历）、删除、插入等操作。

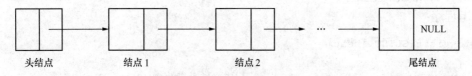

头结点　　　　结点 1　　　　结点 2　　　　　　　尾结点

图 7-9　带头结点的单链表结构示意图

7.3.2　建立带头结点的单链表

函数 create 负责建立一个 n 个结点的带头结点的单链表，最后返回一个指针指向所创建的链表。程序设计思想如下：

S1：定义三个指针变量：head 为头指针，p 指向前一结点，q 指向新结点；

S2：用 malloc 函数创建头结点，head、p 指向头结点，表尾置空；

S3：进入 for 循环；

S4：用 malloc 函数创建新结点，q 指向新结点；

S5：输入新结点数据；

S6：新结点加入链表尾部，新表尾置空；p 指向新结点，准备下一次输入；

S7：循环变量增 1，若还有结点未建立，转到 S4 继续循环；否则转 S8；

S8：返回指向所创建链表的指针。

参考程序：

```
SLIST *create(int n)                          //建立一个 n 个结点的带头结点的单链表
{
    SLIST *head, *p, *q;                      //定义 3 个结点指针
    int i;
    head=p=(SLIST *)malloc(sizeof(SLIST));    //创建头结点
    p->next=0;                                //表尾置空
    for(i=0; i<n; i++)                        //循环建立 n 个结点
    {
        q=(SLIST *)malloc(sizeof(SLIST));     //创建新结点
        printf("input data:");
        scanf("%d", &q->data);                //输入新数据
        p->next=q;                            //加入链表尾部
        q->next=NULL;                         //新表尾置空
        p=q;                                  //p 指向新结点，准备下一次输入
    }
    return(head);                             //返回指向头结点的指针
}
```

7.3.3　遍历单链表

链表的遍历就是依次输出链表中各个结点的数据，也称链表的输出。程序设计思想如下：

S1：定义结点指针 p 指向第 1 个结点；

S2：p 不是空，进入循环；否则遍历结束；

S3：输出结点的数据；

S4：p 指向下一个结点；

S5：转 S2 继续当型循环。

参考程序：

```
void visit(SLIST *head)
{
    SLIST *p;                        //定义结点指针 p
    p = head->next;                  //p 指向第一个结点
    while(p!=NULL)                   //顺指针向后查找，直到 p 为空
    {
        printf("%d ", p->data);      //输出每个结点数据
```

```
        p = p->next;                    //p 指向下一个结点
    }
}
```

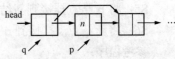

图 7-10　在单链表中删除结点

7.3.4　在单链表中删除结点

单链表的删除操作是删除链表中某个已知成员值的结点，首先要寻找符合条件的结点，如果找不到，则不进行删除；否则删除找到的结点。程序设计思想如图 7-10 所示。

S1：定义两个指针变量——p 指向头结点，q 指向当前结点；

S2：p 不是要删除的结点，也不是最后一个结点时进入循环；否则循环结束；

S3：q 指向当前结点，p 指向下一结点，继续查找要删除的结点；

S4：循环结束时找到要删除的结点，让被删结点的前一结点的指针域指向被删结点的后一结点，释放被删结点所占内存；

S5：循环结束时未找到要删除的结点，则输出"未找到"的提示信息。

参考程序：

```
void delete(SLIST *head, int n)
{
    SLIST *p=head, *q;
    //p 不是要删除的结点，也不是最后一个结点时循环
    while (p->data!=n && p->next!=NULL)
    {
        q=p;                       //q 指向当前结点
        p=p->next;                 //p 指向下一结点
    }
    if(p->data==n)
    {
        q->next=p->next;       // q 指针域指向被删结点的下一结点
        free(p);               // 删除结点
        printf("The node is deleted\n");
    }
    else
        printf("The node not been foud!\n");//找不到删除结点
}
```

7.3.5　在单链表中插入新结点

在单链表中插入新结点，首先要确定插入的位置。插入结点插在 p 所指结点之前称为"前插"；插入结点插在 p 所指结点之后称为"后插"。后插比较简单，直接将新节点挂在当前结点之后，下一结点之前即可。前插相对要麻烦一点，需要从头开始，找到当前结点的前一结点。前插的程序设计思想如图 7-11 所示。

S1：定义两个指针变量：s 指向新结点，q 指向前一结点；

S2：用 malloc 函数创建新结点，s 指向新结点，新结点数据域赋值；

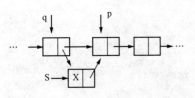

图 7-11　在 p 所指结点之前插入结点

S3：从头开始逐结点查找 p 的前一结点 q；

S4：查找结束时，q 的链域指向 p 结点；

S5：将 p 结点挂接到新结点链域；

S6：将新结点 s 挂接到 q 结点链域。

参考程序：

```
SLIST *insert(SLIST *head, SLIST *p, int x)
{
    SLIST *s, *q;
    s=(SLIST *)malloc(sizeof(SLIST));      //创建新结点
    s->data=x;                             //新结点数据域赋值
    q=head;                                //从头开始
    while((q->next!=p))                    //查找 p 的前一结点 q
        q= q->next;
    s->next=p;                             //p 排在 s 后
    q->next=s;                             //q 排在 s 前
}
```

从图 7-9 所示的链表结构中可以看出，每个结点中只有一个指针指向下一个结点，这种链表称为"单链表"。如果在结点结构中设置两个指针，一个指针指向后一个结点，另一个指针指向前一个结点，而这种链表既可以向后查找下一个结点，也可以向前查找前一个结点，称为"双链表"。

如果"单链表"尾结点的链域不为空，而是指向了头结点，这种"单链表"称为"单向循环链表"。"单向循环链表"中第一个节点之前就是最后一个节点，最后一个节点之后就是第一个节点。如果"双链表"的头结点和尾结点互指，称为"双向循环链表"。循环链表操作更加灵活，限于篇幅，更多的内容留给《数据结构》这门课程再详细描述。

【想一想】

如果链表没有头结点，直接用一个指针指向结点 1，链表的创建、遍历、插入、删除与带头结点的链表有什么不同？

7.4　共　用　体

共用体（又称联合体）也是一种由用户自己定义的构造数据类型，将各种数据类型组合在一起，共同占有同一段内存。

7.4.1　共用体类型的定义

定义一个共用体类型的一般形式为：

```
union 共用体名
{
    数据类型　成员名1；
    数据类型　成员名2；
    …
    数据类型　成员名n；
};
```

其中，union 是 C 语言的关键字，是共用体类型的标志。共用体名是用户自定义标识符。

数据类型通常是基本数据类型，也可以是结构体、已定义过的共用体等。成员名是用户自定义标识符，用来标识所包含的成员名称。

```
union u1
{
   char c1[8];            //该成员占用 8 个单元
   short i2;              //该成员占用 2 个单元
   long l3;              //该成员占用 4 个单元
};                       //该共用体数据共占用 8 个单元
```

定义了一个共用体类型 union u1，它含有 3 个成员，一个为字符数组成员 c1，占用 8 个单元；一个为短整型成员 i2，占用 2 个单元；另一个为长整型成员 l3，占用 4 个单元。由于成员 c1 所占内存最大，因此该共用体数据将占用 8 个单元。注意，共用体类型及共用体类型的成员是不分配内存的，只有定义了该共用体的变量、数组、指针变量后，才会给这些变量、数组、指针变量分配内存。

分配给共用体数据的内存是成员中需要内存单元数目最多的那个成员占用的单元数，而且共用体数据的每个成员都是从第 1 个单元开始分配的，所以它们的内存地址是相同的。显然，共用体数据的成员是不能同时使用的，因为给某个成员赋值，将破坏其他成员。

7.4.2　共用体变量的使用

共用体变量、数组、指针变量的定义、使用和结构体变量、数组、指针变量类似，可以先定义再说明；可以定义同时说明或直接说明。不同的是，共用体变量、数组不允许定义时初始化（系统不清楚是为哪个成员赋初值）。

```
union u1
{
   char c1[8];            //该成员占用 8 个单元
   short i2;              //该成员占用 2 个单元
   long l3;              //该成员占用 4 个单元
} a, b;                  //说明 a,b 为 u1 类型
```

经说明后的 a，b 变量均为 union u1 类型。a，b 变量的长度应等于 u1 的成员中最长的长度，即等于 c1 数组的长度，共 8 个字节。a 变量如赋予短整型值时，a.i2 只使用了 2 个字节，如赋予长整型值时，a.l3 只使用了 4 个字节，而赋予字符串时，a.c1 可用 8 个字节。

虽然结构体和共用体的定义与使用非常类似，但 ANSI C 规定结构体中各成员有各自的内存空间，一个结构体变量的总长度是各成员长度之和；共用体中各成员共享一段内存空间，一个共用体变量的长度等于各成员中最长的长度。应该说明的是，这里所谓的共享不是指把多个成员同时装入一个共用体变量内，而是指该共用体变量可被赋予任一成员值，但每次只能赋一种值，赋入新值则冲去旧值。由此可见，结构体与共用体的区别是在结构体中各成员有各自的内存空间，而共用体的所有成员都占用相同的内存，共用体数据每个成员的内存地址是相同的。设置共用体的主要目的就是节省内存。

很多计算机要求"内存地址对齐"（数据长度补齐成偶数，数据存放从偶数地址开始，这样运算速度更快），从而导致数据存储时可能存在冗余（如图 7-2、图 7-3 所示）。为了提高程序的可移植性，推荐使用 sizeof(type) 来计算数据、类型所占内存。

7.4.3　共用体的应用

【例 7-5】设有一个经理与雇员通用的表格，经理数据有姓名，年龄，职业，部门四

项，雇员有姓名，年龄，职业，班组四项。编程输入人员数据，再以表格形式输出。

```c
// Program: EG0705.C
// Description: 共用体的应用示范
#include <stdio.h>
void main( void )
{
    struct
    {
        char name[10];
        int age;
        char job;
        union
        {
            int class;
            char office[10];
        } depa;
    } employ[2];
    int i;
    for(i=0; i<5; i++)
    {
        printf("input name, age, job and department\n");
        scanf("%s%d%c", employ[i].name, &employ[i].age, &employ[i].job);
        if(employ[i].job=='s')
            scanf("%d", &employ[i].depa.class);
        else
            scanf("%s", employ[i].depa.office);
    }
    printf("name\tage job class/office\n");
    for(i=0; i<5; i++)
    {
        if(employ[i].job=='s')
            printf("%s\t%3d%3c%d\n", employ[i].name, employ[i].age,
                employ[i].job, employ[i].depa.class);
        else
            printf("%s\t%3d%3c%s\n", employ[i].name, employ[i].age,
                employ[i].job, employ[i].depa.office);
    }
}
```

程序运行输出结果如图 7-12 所示。

【想一想】

本例题程序中用一个结构体数组 employ 来存放
人员数据，该结构体共有四个成员。其中成员项 depa
是一个共用体类型，这个共用体又由两个成员组成，
一个为整型量 class，一个为字符数组 office。在程序
的第一个 for 语句中，输入人员的各项数据，先输入
结构体的前三个成员 name，age 和 job，然后判别 job
标志，如为's'，代表 servant，此时共用体班组成员有
效，可对共用体 depa.class 输入（对雇员赋班组编号）；
否则，job 成员项输入's'，代表 manager，此时共用

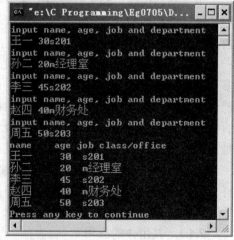

图 7-12 ［例 7-5］的运行结果

体部门成员有效，可对 depa.office 输入（对经理赋部门名称）。

7.5 枚 举

在实际问题中，有些变量的取值被限定在一个有限的范围内。例如，一个星期内只有 7 天，一年只有 12 个月等。如果把这些量说明为整型、字符型或其他类型显然是不妥当的。为此，C 语言提供了一种称为"枚举"的类型。在"枚举"类型的定义中列举出所有可能的取值，被说明为该"枚举"类型的变量取值不能超过定义的范围。应该说明的是，枚举类型是一种基本数据类型，而不是一种构造类型，因为它不能再分解为任何基本类型。

7.5.1 枚举类型的定义

枚举类型定义的一般形式为：

enum 枚举名{枚举值表}；

在枚举值表中应罗列出所有可用值。这些值也称为枚举元素。例如：

```
enum weekday { sun, mou, tue, wed, thu, fri, sat };
```

使用枚举关键字 enum 定义了 enum weekday 类型，枚举值共有 7 个，即一周 7 天。凡被说明为 enum weekday 类型变量的取值只能是 7 天中的某一天。

7.5.2 枚举变量的使用

如同结构体和共用体一样，可以先定义枚举类型后说明枚举变量，也可以枚举类型、枚举变量同时定义说明，或直接说明枚举变量。

```
enum weekday {sun, mon, tue, wed, thu, fri, sat} workday, day;
```

枚举类型在使用中有以下规定：

（1）枚举值是常量，不是变量。不能在程序中用赋值语句再对它赋值。

例如对枚举 weekday 的元素再作以下赋值：sun=5；mon=2；sun=mon；都是错误的。

（2）枚举元素本身由系统定义了一个表示序号的数值：0，1，2，…

例如在 weekday 中，sun 值为 0，mon 值为 1，…，sat 值为 6。

（3）可以改变枚举元素的默认值：

```
enum weekday { sun=7, mon=1, tue,…};
```

未指定值的枚举常量的值是前一个枚举常量的值+1。这样定义之后，sun 值为 7，mon 值为 1，…，sat 值为 6。

（4）只能把枚举值赋予枚举变量，不能把元素的数值直接赋予枚举变量。

例如：day =sun;   //正确

　　　day=1;   //错误

如果一定要把数值赋予枚举变量，则必须用强制类型转换，例如：

```
Day=(enum weekday)2;//相当于day=tue;
```

（5）枚举变量、常量一般可以参与整数可以参与的运算，如算术、关系、赋值等运算。但在定义枚举类型时可以给这些枚举常量指定整型常数值（ ）。例如下列情况是允许的：

```
enum weekday{ sun=7, mon=1, tue, wed, thu, fri, sat };
```

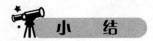

小　结

　　本章介绍了 C 语言中的结构体、共用体的类型说明、变量定义、初始化、赋值和变量的引用，最后介绍了枚举。这种用户自定义的数据类型，增强了 C 语言对批量数据处理的灵活度，尤其是结构体能够描述多种数据类型，具有广泛的用途。对于初学者来说，要认真体会结构体与普通数组的相同及不同之处，特别要注意结构体数据一般不能直接引用，必须通过对其成员的引用来实现对结构体数据的引用。在编程序时要预先规划好数据的组织形式，合理应用结构体的特点，注意训练灵活应用结构体编程的能力，学会正确使用枚举和类型定义符 typedef。

　　链表操作是本章的难点。首先要理解链表的基本概念；其次要明白链表操作的每一步含义；最后要结合具体问题、具体程序修改参考程序，灵活运用链表。

习　题

一、选择题

1. 下面结构定义正确的是_____。

　　A）struct mark { int a, b, c; }　　　　B）struct mark { int a, b, c; };

　　C）struct { int a, b, c; };　　　　　　D）struct mark { int a, b, c=28; };

2. 设有定义：struct x { int xx;} xxx; 则下列语句中正确的是_____。

　　A）x.xx=5;　　　　B）xx=5;　　　　C）xxx->xx=5;　　　　D）xxx.xx=5;

3. 若定义 struct{ int num; int score;} stu1; int *ptr; _____可以使 ptr 指向成员 num。

　　A）ptr=#　　B）ptr=stu1.num;　　C）ptr=&stu1.num;　　D）*ptr=stu1.num;

4. 若定义 struct ex { int x ; float y; char z ;} example;则下面的叙述中不正确的是_____。

　　A）struct 是结构体类型关键字　　　　B）example 是结构体类型名

　　C）x，y，z 都是结构体成员名　　　　D）struct ex 是结构体类型名

5. 若定义 struct{char name[8]; int age;} class[2], *p=class;下面输入语句中错误的是_____。

　　A）scanf("%d", &(p->age));　　　　　B）scanf("%s", p->name);

　　C）scanf("%d", &(*p).age);　　　　　D）scanf("%s", &(p->name));

6. 根据下面的定义，能打印字母 M 的语句是_____。

```
struct  person {char name[9]; int age ;};
struct  person c[10]={"John", 17, "Paul", 19, "Mary", 18, "Adam", 16};
```

　　A）printf("%c", c[3].name);　　　　　B）printf("%c", c[3].name[1]);

　　C）printf("%c", c[2].name[1]);　　　　D）printf("%c", c[2].name[0]);

7. 运行下列程序段的输出结果是_____。

```
struct stu  { int num; char name[10]; int age;
            }s[3]={{91,"a",20},{92,"b",19},{93,"c",18}}, *p=s;
printf ("%s,%d", (*(p+2)).name, p->age);
```

A）a,91   B）b,19   C）c,18   D）c,20

8. 假定指针变量 p、q 分别指向链表的当前结点和下一结点，则以下可以将 q 所指结点从链表中删除并释放该结点的程序段是_____。

    A）free(q); p->next＝q->next;

    B）(* p).next＝(* q).next; free(q);

    C）q＝(* q).next; (* p).next＝q; free(q);

    D）q＝q->next; p->next＝q; p＝p->next; free(p);

9. 设有下列程序段：

```
struct node { int num; struct node next;};
struct node a, b, *p1=&a, *p2=&b;
a.num=101; b.num=102;
```

    _____语句不能将结点 b 链接到结点 a 之后。

    A）a.next=p2;   B）p1.next=&b;

    C）p1->next=&b;   D）(*p1).next=p2;

10. 以下程序段的输出结果是_____。

```
struct st{ int x; int * y;} *p;
int dt[4]={10, 20, 30, 40};
struct st aa[4]={50, &dt[0], 60, &dt[0], 60 &dt[0], 60, &dt[0]};
p=aa;
printf("%d\n", ++(p->x));
```

    A）10   B）11   C）51   D）50

11. 设有定义：union uu { char ch1; int i2; float f3;} cif;则正确的说法是_____。

    A）共用体变量 cif 的成员中，ch1 和 i2 的首地址不同

    B）共用体变量 cif 一共分配了 7 个内存单元

    C）可以在定义时，给共用体变量 cif 的各个成员赋初值

    D）可以在程序中，给共用体变量 cif 的各个成员分别赋值

12. 当说明一个共用体变量时系统分配给它的内存是_____。

    A）各成员所需内存的总和   B）成员中占内存量最大者所需的容量

    C）第一个成员所需内存容量   D）最后一个成员所需内存容量

13. 下面对 typedef 的叙述中不正确的是_____。

    A）用 typedef 可以定义各种类型名，但不能用来定义变量

    B）用 typedef 可以增加新类型

    C）用 typedef 只是将已存在的类型用一个新的标识符来代表

    D）使用 typedef 有利于程序的通用和移植

14. 若有定义语句：typedef int *INTEGEL[10];则语句 "INTEGEL a, b;" 的作用是_____。

    A）定义了两个长度为 10、名为 a、b 的指向整型数据的指针数组

    B）定义了两个名为 a 和 b 的指向整型数据的指针变量

    C）定义了两个名为 a 和 b 的指向 INTEGEL 型的指针变量

    D）定义了两个长度为 10、名为 a、b 的指向 INTEGRL 型的数组

15. 以下对枚举类型名的定义中正确的是_____。

A）enum a={one, two, three}；

B）enum a{one=9, two= −1, three}；

C）enum a={"one" "two", "three"}；

D）enum a{"one", "two", "three"}；

16. 运行下列程序的输出结果是_____。

```c
enum { A1=3, A2, A3 } A;
int k=0;
for (A=A1; A<=A2; A++, A++) k++;
printf("%d\n", k);
```

A）3   B）2   C）1   D）0

17. 下列程序在输入的 10 名职工中查找年龄（age）最大的职工编号（num）。

```c
#include <stdio.h>
struct worker { int num; int age; } p[10];
void main(void)
{
    int i, k;
    for(i= 0; i<10; i++)
        scanf("%d,%d", &p[i].num, &p[i].age);
    k=0;
    for(i=1; i<10; i++)
    if(_____)
        k=i;
    printf("%d,%d", (p+k)->num, (p+k)->age);
}
```

A）p[i].age < p[k].age；   B）p[i].age > p[k].age；

C）*(p+i).age < *(p+k).age；   D）*(p+i).age > *(p+k).age；

18. 下列程序的主要功能是输入 10 个学生的学号和总分，使用选择排序法按照总分从大到小的顺序排序后输出。

```c
#include <stdio.h>
void main(void)
{
    struct student
    {
        int num;          //学号
        float score;      //总分
    } a[10], tmp;
    int i, j, k;
    for(i=0; i<10; i++)
        scanf("%d,%f", &a[i].num, &a[i].score);
    for(i=0; i<9; i++)
    {
        k=i;
        for(j=i+1; j<10; j++)
                if(a[k].score<a[j].score)
```

```
            _____;
        tmp=a[k]; a[k]=a[i]; a[i]=tmp;
    }
    for(i=0; i<10; i++)
            printf("%d,%f\n", a[i].num, a[i].score);
}
```

A）k++　　　　　　B）i++　　　　　　　　C）k=j　　　　　　D）i=k

19. 函数 createlist 用来建立一个带头结点的单链表，链表结点中的数据通过键盘输入，当输入数据为-1 时，表示输入结束。函数值返回_____。

```
struct list
{
    int data;
    struct list * next;
};
struct list * creatlist()
{
    struct list *h, * p, * q;
    int ch;
    h=( struct list *)malloc ( sizeof(struct list));
    p=q=h;
    printf("Input an integer number, enter-1 to end: \n");
    scanf("%d", &ch);
    while(ch != -1)
    {
        p=( struct list *)mallco(sizeof(struct list));
        p->data=ch;
        q->next=p;
        q=p;
        scanf("%d", &ch);
    }
    p->next='\0';
    return _____;
}
void main( void)
{
        struct list head;
        head=creatlist( );
}
```

A）head　　　　　B）h　　　　　　　　　C）p　　　　　　　　D）q

20. 以下程序段用 count 统计带头结点的单链表长度（元素的个数）。

```
struct link
{
    char data;
    struct link * next;
}
struct link *head, *p;
```

```
int count=0;
p=head;
while(_____)

{
    count++ ;
    p=p->next;
}
```

A）p=p->next   B）p->next!=NULL   C）p->data!=NULL   D）p!=NULL

二、分析程序，写出程序运行结果

1. 阅读下列程序，写出程序运行结果。

```
#include <stdio.h>
struct STU { char num[10]; float score[3]; };
int main(void)
{
    struct STU s[3]=
    {   {"20021", 90, 95, 85},
        {"20022", 95, 80, 75},
        {"20023", 100, 95, 90},
    }, *p=s;
    int i;
    float sum=0;
    for(i=0; i<3; i++)
        sum=sum+p->score[i];
    printf("%6.2f\n", sum);
    return 0;
}
```

2. 阅读下列程序，写出程序运行结果。

```
#include <stdio.h>
int leap_year(int year)
{
    return year%4==0 && year%100!=0 || year%400==0;
}
void main()
{
    int month_day[]={31,28,31,30,31,30,31,31,30,31,30,31 }, days, i;
    struct date {
        int year;
        int month;
        int day;
    }mdate={2015, 5, 1};
    if(leap_year(mdate.year))
        month_day[1]++;
    for(i=1, days=mdate.day; i<mdate.month; i++)
        days+=month_day[i-1];
```

```
    printf("%d-%d is the %dth day in %d",
        mdate.month, mdate.day, days, mdate.year);
}
```

3. 阅读下列程序，写出程序运行结果。

```
#include <stdio.h>
struct nn
{
    int x;
    char c;
};
void func(struct nn b)
{
    b.x=20;
    b.c= 'y';
}
void main(void)
{
    struct nn a={10, 'x'};
    func(a);
    printf("%d,%c", a.x, a.c);
}
```

4. 阅读下列程序，写出程序运行结果。

```
#include <stdio.h>
struct ks
{
    int a;
    int *b;
} s[4], *p;
void main(void)
{
    int i, n=1;
    printf("\n");
    for(i=0; i<4; i++)
    {
        s[i].a=n;
        s[i].b=&s[i].a;
        n=n+2;
    }
    p=&s[0];
    p++;
    printf("%d,%d\n", (++p)->a, (p++)->a);
}
```

5. 阅读下列程序，写出程序运行结果。

```
#include <stdio.h>
void main(void)
{
```

```
        struct student
        {
            char a[10];
            char b;
            float c;
            float d;
            float e;
        } a[2]={{"aa", 'a', 70, 80, 90},{"bb", 'b', 80, 90, 100}}, *pa=a;
        printf("\nname:%s=%f", pa->a, pa->c+pa->d+pa->e);
        printf("\nname:%s=%f", a[1].a, a[1].c+a[1].d+a[1].e);
    }
```

6. 阅读下列程序，写出程序运行结果。

```
    #include <stdio.h>
    #include "string.h"
    struct stu
    {
        int x[4];
        char *px[4];
    } a, *p=&a;
    void main(void)
    {
        int k,i;
        char y[4][10]={"1", "12", "123", "1234"};
        for(i=0; i<4; i++)
            a.px[i]=y[i];
        for(i=0; i<4; i++)
            a.x[i]=strlen(a.px[i]);
        printf("%d,%d,%s\n", a.x[0], p->x[2], ++p->px[3]);
    }
```

7. 阅读下列程序，写出程序运行结果。

```
    #include <stdio.h>
    void main(void)
    {
        union
        {
            short a;
            char ch;
        } m;
        m.a=100;
        m.ch='A';
        printf("%d,%d,%c\n", sizeof(m), m.a, m.ch);
    }
```

三、找出下面程序中的错误，并对其予以改正

1.

```
    #include <stdio.h>
    struct { int x; int y;} num[2]={2, 4, 6, 8};
```

```
void main( void )
{
    /**************ERROR**************/
    printf("%d\n", num.y[0]*num.x[1]);
}
```

2.
```
#include <stdio.h>
/*************ERROR*************/
struct { int a; int b;} c={1, 3}
void main( void )
{
    printf("%d %d \n", c.a, c.b);
}
```

3.
```
#include <stdio.h>
/***************ERROR***************/
struct { int x; int y; int z=3;} num;
void main( void )
{
    printf("%d\n", num.z);
}
```

4.
```
#include <stdio.h>
void main( void )
{
    struct { int x; int y;} num;
    /***ERROR***/
    num={2, 8};
    printf("%d %d \n", num.x, num.y);
}
```

5.
```
#include <stdio.h>
struct { int a; int b;};
void main( void )
{
    struct { int a; int b;};
    /***ERROR***/
    a=3;
    b=1;
    printf("%d %d \n", a, b);
}
```

四、编程题

1. 试编写一个函数 days，根据结构体形参变量计算它是这一年的第几天并返回。在主函数里输入年月日，传递给 days 函数，然后在主函数里输出结果。提示：注意闰年问题。结构体类型 ymd 包括年、月、日三个成员：

```
struct ymd
```

```
    {
        unsigned short year;
        unsigned short month;
        unsigned short day;
    }
```

2. 2012 年的元旦是星期日。试用上题结构体编程在主函数里反复输入 2012 年的某一天，调用函数 WeekNum 计算并输出这一天是星期几，直到输入的月份、天数为 0 时结束。函数 WeekNum 的原型是：

```
    unsigned char *WeekNum(struct ymd OneDay);
```

函数 WeekNum 的返回值是 OneDay 所对应的星期名称。星期名称由 WeekNum 内部定义的指针数组 WeekName 给出。

3. 请用计算机模拟 100 名选举人对张三、李四、周五、郑六四个竞选人投票。计算机随机唱票，试编程统计四人得票情况，最后输出统计结果。

提示：计算机唱票可编写一个函数，利用随机数每次生成 0~3 的数字，返回对应的竞选人名字。

4. 请用结构体编程实现输入 10 个学生的学号和三门课成绩，然后计算每位学生的总成绩以及平均成绩，并按总分由大到小顺序输出成绩单。

5. 用 struct person 定义的结构体数组 List 中存有某单位 10 名同事的姓名和年龄，试编程输出最年长者的姓名和年龄。

6. 试编写一个函数统计带头结点链表长度（即元素的个数）。其中，链表的定义如下：

```
    struct list { int data; struct list *next;};
```

7. 已有两个链表分别按学号升序存放了同一班级同学的学号、成绩。编程合并这两个链表，仍然按学号升序排列。
提示：已有两个链表中的数据记录没有重复。

8. 现有一个链表存放了一个班级的学号、姓名、成绩等。如果链表中的结点所包含的学号数据出现重复，则要删去此结点。试编程输出处理过后的名单。

9. 编程实现一个链表按逆顺序排列，即将链头当链尾，链尾当链头。

10. 设计一个如图 7-13 所示的牌类游戏，将一副去掉了大小王的 52 张牌洗好牌后发给 4 位玩家。

图 7-13　题 10 图

第 8 章 文 件❶

本章学习要点

1. 理解文件型指针的定义、赋值与使用
2. 掌握打开与关闭文件的方法
3. 掌握写、读文件中单个字符的方法
4. 掌握写、读文件中字符串的方法
5. 掌握写、读文件中各种类型数据的方法
6. 了解随机读取文件中数据的方法

本章学习难点

1. 学会正确选取"文件使用方式"
2. 掌握顺序读取文件中各种类型数据的方法
3. 了解随机读取文件中各种类型数据的方法

8.1 C 文 件 概 述

按照某个规则集合在一起，保存在外部存储器上的一批数据称为"文件"。目前计算机中的外部存储器主要是磁盘，所以常把文件称为"磁盘文件"。

由于文件存放在外部存储器中，计算机关闭后文件中的数据并不丢失。文件能长期保存数据的这个特点是文件的主要用途之一。

8.1.1 C 文件

C 语言中的文件是由若个数据按照写入时的顺序组合在一起，每个数据都可以是字符型、整型、实型、字符串型、指针型、结构体型等。

C 语言文件的主要操作有两种：一是将变量、数组元素等对象中的数据依次存放到文件中，称为"写文件"；二是读取文件中的数据存到变量、数组元素等对象中，称为"读文件"。

在 C 语言中，读写文件中的数据全部使用系统提供的各种文件读写函数。

8.1.2 文件名

文件名是文件的标识，用于区别外部存储器上的不同文件。

文件名的一般组成如下：

　　　盘符：路径 文件主名.扩展名

其中："盘符"可以是 A、B、C、D 等，盘符表示文件所在的磁盘。

　　　"路径"形如"\文件夹\文件夹\...\"，路径是用来表示文件所在的文件夹。

---

❶ 由于文件例题程序运行结果较长，本章为节省篇幅，仅为部分例题附上了运行结果贴图。

　　"文件主名"是由字母开头的字母数字等字符组成的，字母不分大小写。

　　"扩展名"是由字母开头的字母数字等字符组成的，字母不分大小写。

　　常用的扩展名有：c（C源程序文件）、exe（可执行程序文件）、txt（文本文件）、dat（数据文件）。

> 注 意
>
> 　　组成文件名时，"盘符"和"路径"都可以省略。省略时的规定如下：
> 　　（1）仅省略"盘符"，表示在当前盘指定路径下寻找文件。
> 　　（2）仅省略"路径"，表示文件在指定盘的当前路径下寻找文件。
> 　　（3）同时省略"盘符"和"路径"，则表示在当前盘当前路径下寻找文件。
> 　　（4）在 VC++ 的环境下，当前盘是指当前处理的源程序文件所在的磁盘；当前路径是指当前处理的源程序文件所在的路径。

　　【例8-1】 文件名的示例。

d:\ccw\p1.c　　d 盘下面的一级文件夹"ccw"中，主文件名为"p1"、扩展名为"c"的一个文件（C语言程序的源程序文件）。

\ccw\p1.obj　　当前盘下面的一级子文件夹"ccw"中，主文件名为"p1"、扩展名为"obj"的一个文件（C语言程序的目标代码文件）。

d:p1.exe　　　d 盘当前路径中，主文件名为"p1"、扩展名为"exe"的一个文件（C语言编译连接后的可执行的程序文件）。

ccw1.dat　　　当前盘、当前目录中、主文件名为"ccw1"、扩展名为"dat"的一个文件（扩展名为 dat 的文件一般是指数据文件）。

　　正确指定"文件名"是对文件进行操作的前提。如果文件名指定不正确，则系统将找不到该文件，无法对该文件进行处理。

8.1.3　文本文件与二进制文件

　　按文件中存放数据的格式，可以把文件分为"文本文件"和"二进制文件"。

　　文本文件中数据都是直接存放字符对应的 ASCII，一个字节存放 1 个字符的 ASCII 代码值。例如，字符型数据'A'在文本文件中占 1 个字节，存放字符：0X41，即'A'；短整型数据 16384 在文本文件中要占 5 个字节，依次存放字符：0X31、0X36、0X33、0X38、0X34，即'1'、'6'、'3'、'8'、'4'；整型数据 16 在文本文件中占 2 个字节，存放字符：0X31、0X36，即'1'、'6'。假定上述数据依次存放到文本文件 file1.txt 中，存放结果如图 8-1 所示。虽然文本文件存放数据时存储量大、速度慢，但便于查看，便于理解。

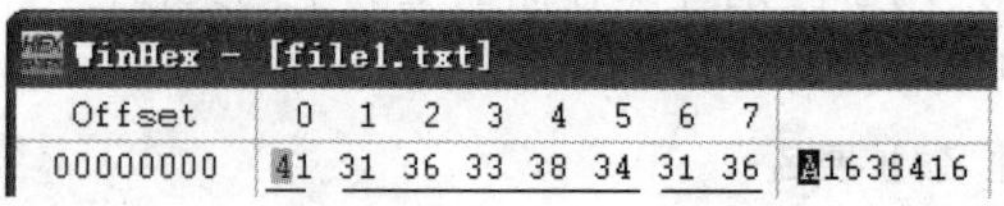

图 8-1　文本文件中存放数据的示意图

　　二进制文件中数据都是按二进制方式存放的，每个数据占用的字节数取决于该数据的数据类型。例如，字符串"ABC"在二进制文件中占 4 个字节：0X41、0X42、0X43、0X00，即'A'、

'B'、'C'、'\0'；短整型数据 16384 在二进制文件中占 2 个字节：0X4000；短整型数据 10000 在二进制文件中占 2 个字节：0X2710；整型数据32768在二进制文件中占 4 个字节：0X00008000。假定上述数据依次存放到二进制文件 file2.dat 中，存放结果如图 8-2 所示。虽然二进制文件直接按内存内容存放数据，存储量小、速度快、便于存放中间结果，但是如果不知道存入数据的数据类型、顺序，数据根本就无法查看、理解。

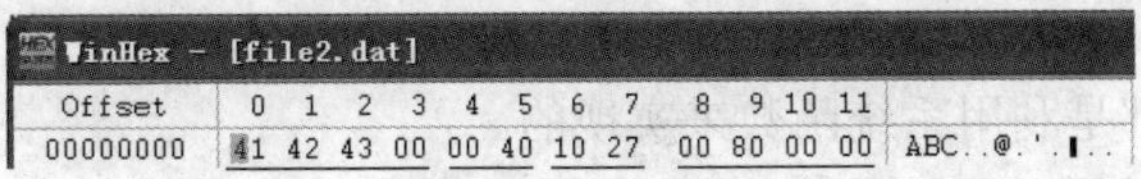

图 8-2　二进制文件中存放数据的示意图

写入或读取文件中的数据，必须了解文件是文本文件，还是二进制文件。

8.1.4　设备文件

在计算机中，输入设备可以读取数据，输出设备可以输出数据，把硬件设备看成特殊的文件，程序设计人员可以使用系统提供的文件处理函数来处理数据的输入输出，将大大简化程序设计工作。

操作系统把键盘称为标准输入设备文件；显示器称为标准输出设备文件。

从键盘上读取数据到变量或数组元素中，可以看成是从一个标准输入文件中读取数据；将数据送到显示器上进行显示，可以看成是将数据写到标准输出文件中。

我们把这种能完成输入/输出数据的硬件设备称为"标准的输入/输出设备文件"。

8.1.5　文件型指针变量

文件型是一种特殊的"结构体"，该结构体中的成员记录了处理文件时所需的信息。系统已经在名为"stdio.h"的头文件中，将这个文件结构体定义成用户自定义数据类型符"FILE"：

```
typedef  struct
{
    int    _fd;          //  文件号
    int    _cleft;       //  缓冲区中剩下的字符
    int    _mode;        //  文件使用方式
    char   *_nexttc;     //  文件读写的下一个字符位置
    char   *_buff;       //  文件缓冲区位置
}FILE;
```

程序员并不需要了解文件结构体的具体成员，只需使用 FILE 来定义文件结构体的指针变量，并利用它来调用系统提供的各种处理文件的函数即可。

用"FILE"定义文件型指针变量的定义方法如下：

  FILE *文件型指针变量名 **1**,*文件型指针变量名 **2**,…;

其中，"文件型指针变量名"是用户自定义的标识符。

由于"FILE"是在头文件"stdio.h"中定义的，所以使用它的程序开头必须写上包含命令#include <stdio.h>。

【例 8-2】　文件型指针变量的定义示例。

```
#include  <stdio.h>
```

```
FILE *fp1, *fp2;          // 定义 2 个文件型指针变量：fp1 和 fp2
```

所定义的每个文件型指针变量可以指向一个文件，并利用已经指向具体文件的文件型指针变量来处理对应文件中的数据。

8.2　文件的打开与关闭

打开与关闭文件都是利用系统函数来实现的。

使用这两个系统函数，需要在程序的开头写上包含命令#include <stdio.h>。

8.2.1　文件的打开与关闭

由于程序只能处理内存（即程序中的变量、数组等）中的数据，不能直接处理磁盘上文件中的数据。只有把文件中的数据读取到内存中，才能通过程序来处理这些数据。同样，修改文件中的数据，必须先将数据读到内存中，然后修改。由于修改的是内存中的数据，还需要将内存中的数据存回到磁盘上，才能保证文件中的数据被修改。

通常把"从文件中读取数据到内存"称为"文件的打开"；把"内存中的数据存回到文件中"称为"文件的关闭"。因此，文件使用之前要打开；使用后必须关闭。

由于读写文件数据，需要等磁盘转动稳定后才能进行，这需要较多的时间。而真正读写数据的时间是非常短的。如果每次读写文件时，都需要等待磁盘转动稳定后才能开始读写，则每次读写文件的时间就会很长，将严重影响程序运行的速度。为了解决这个问题，通常采取在内存开辟一个区域（称文件缓冲区）。每次读文件时，先在文件缓冲区中寻找数据，找不到，再读取一批数据到缓冲区。写数据到文件，也是先将数据写到文件缓冲区，缓冲区写满后，再一次写到文件中。

因此，文件的打开，就是为文件的读写设置一个缓冲区；文件的关闭，就是收回分配给文件的这个内存缓冲区。而对文件的处理，就是利用这个文件型指针变量来读取或写出数据到缓冲区，至于从缓冲区到文件之间的数据交换，则是由系统自动完成的，程序设计人员可以不必了解。

C 语言对标准设备文件进行数据的读写操作，不必事先打开设备文件；操作结束后也不必关闭。因为操作系统在启动后已自动打开标准设备文件；操作系统关闭时也将自动关闭它们。

8.2.2　文件打开函数 fopen( )

fopen 函数的主要功能是以合适的使用方式，打开指定的文件用于读写数据。

格式：**fopen(filename, mode)**

参数：filename 存放磁盘文件名的字符串或指向文件名字符串的指针变量。

　　　　mode 存放文件使用方式的字符串或指向文件使用方式字符串的指针变量。

功能：以"mode"指定的文件使用方式，打开"filename"指定的文件。

返回值：正确打开文件，则返回可以用文件型指针变量接受的内存地址；

　　　　否则返回 NULL。NULL 是在"stdio.h"中定义的符号常量，值为 0。

使用函数 fopen()打开文件时，请注意下列几点：

（1）文件使用方式中可以含有的字符及其作用如表 8-1 所示。

（2）filename, mode 可以是字符串常量、存放字符串的字符数组名、指向字符串的指针变量之一。

表 8-1　　　　　　　　　　　　　　　文件使用方式中的字符及其作用

字符	作　　　　　用	备　注
r	只能从文件读取数据。文件必须存在	r、w、a 只能取任意 1 个
w	只能将数据写入文件，文件可以存在，也可以不存在 文件不存在，则自动建立新文件 文件存在，则先删除其中所有内容，再接受写入的数据	
a	保留文件中所有内容，只能将数据写入文件的尾部。文件必须存在	
+	可以从文件中读取数据，也可以将数据写入文件	可添加在上述字符中
b	有字符 b，则是二进制文件；没有字符 b，则是文本文件	

（3）使用函数 fopen() 打开文件之前，必须已经定义了文件型指针变量；打开文件时，必须用该文件型指针变量接受打开文件函数返回的地址，称该文件型指针指向打开的文件。

（4）如果打开文件出现错误，例如指定的文件使用方式不正确、指定的文件名不存在或在指定盘符与路径下找不到指定的文件，返回值为 NULL。

（5）使用文件打开函数时，一般要对返回值进行判断，如果返回值为 NULL，则表示文件打开出错，不能使用这个文件，应提示用户，并中止程序的运行。

【例 8-3】　常用的"文件使用方式"字符串及其规定的文件使用方式示例。

"r"　　打开一个已存在的文本文件，只能读取数据。

"w"　　打开一个文本文件，只能写入数据。

　　　　若文件不存在，则自动建立一个新文件接受写入的数据。

　　　　若文件存在，则删去旧文件，建立一个同名新文件，接受写入的数据。

"a"　　打开一个已存在的文本文件，只能从当前文件的尾部追加写入数据。

"r+"　　打开一个已存在的文本文件，可以读取数据，也可以写入数据。

"w+"　　打开一个文本文件，可以读取数据，也可以写入数据。

　　　　若文件不存在，则自动建立一个新文件接受写入的数据。

　　　　若文件存在，则删去旧文件，建立一个同名新文件，接受写入的数据。

"a+"　　打开一个已存在的文本文件，可以读取数据，也可以从当前文件的尾部追加写入数据。

"rb"　　打开一个已存在的二进制文件，只能读取数据。

"wb"　　打开一个二进制文件，只能写入数据。

　　　　若文件不存在，则自动建立一个新文件接受写入的数据。

　　　　若文件存在，则删去旧文件，建立一个同名的新文件，接受写入的数据。

"ab"　　打开一个已存在的二进制文件，只能从当前文件的尾部追加写入数据。

"rb+"　　打开一个已存在的二进制文件，可以读取数据，也可以写入数据。

"wb+"　　打开一个二进制文件，可以读取数据，也可以写入数据。

　　　　若文件不存在，则自动建立一个新文件接受写入的数据。

　　　　若文件存在，则删去旧文件，建立一个同名新文件，接受写入的数据。

"ab+"　　打开一个已存在的二进制文件，可以读取数据，也可以从当前文件的尾部追加写入数据。

请读者注意，其中前 6 种方式均是针对文本文件的，后 6 种方式是针对二进制文件的。唯一的区别是后 6 种方式中需要增加一个表示二进制的字符"b"。

8.2.3　文件关闭函数 fclose( )

格式：**fclose(fp)**

参数：fp　已指向某个打开文件的文件型指针变量。

功能：关闭 fp 所指向的文件，同时自动释放分配给该文件的内存缓冲区。

返回值：能正确关闭指定的文件，则返回 0；否则返回非 0 整数。

请读者注意，本函数的参数必须是指向某个已经打开文件的文件型指针变量。

8.2.4　中止程序运行函数 exit( )

格式：exit(0)

功能：强迫中止当前程序的继续运行，自动关闭所有已经打开的文件。

使用 exit()函数的程序清单开头应写上下列包含命令：

```
#include <stdlib.h>
```

请读者注意，exit()函数主要用在文件操作时出现错误，无法继续程序的执行时，使用 exit()函数可以强迫中止程序执行，同时能自动关闭所有已经打开的文件。

【例 8-4】 打开与关闭文件的常用程序段。

```
#include <stdio.h>
#include <stdlib.h>
FILE *fp1;                              /* 定义文件型指针 fp1 */
if((fp1=fopen("文件名", "使用方式"))==NULL)  /* 打开文件并判断返回值 */
{
    printf("File can not open!\n");     /* 打开文件错误，输出提示 */
    exit(0);                            /* 中止程序的运行 */
}
(对文件的读写操作)…
fclose(fp1);                            /* 关闭文件 */
```

8.2.5　标准设备文件的打开与关闭

C 语言对标准设备文件进行数据的读写操作，不必事先打开标准设备文件，因为操作系统在启动后已自动打开标准设备文件，并且为它们各自设置了一个文件型指针变量，名称如下：

标准设备名称	对应文件型指针变量名
标准输入设备（键盘）	stdin
标准输出设备（显示器）	stdout
标准错误输出设备（显示器）	stderr

程序中可以直接使用这些文件型指针变量来处理上述标准设备文件。

标准设备文件操作结束后也不必关闭。因为在退出操作系统时，操作系统将自动关闭它们。

8.3　文 件 的 写 读

当程序中以合适的方式打开了文件，就可以对文件进行写数据或读数据的操作。

对文件中的数据进行写读时，可以想象有一个"文件内部指针"指向文件中的某个数据，当向文件中写入数据后，这个内部指针总是自动指向下一个要写入数据的位置。当读取数据后，内部指针会自动指向下一个数据。这个内部指针随着文件的打开而自动设置，随着文件的关闭将自动消失。

请读者注意，所有写读操作都是通过系统函数来完成的。本节介绍的所有文件写读的系统函数均包含在头文件"stdio.h"中。

8.3.1　文件尾测试函数 feof( )

在程序中读取文件的数据时，需要判断是否到达文件尾。若到达文件尾，则不能继续读取数据。系统提供的文件尾测试函数可以帮助用户判断是否到达文件尾。

格式：feof(fp)

参数：fp　指向已打开文件的文件型指针变量。

功能：测试 fp 所指向文件是否到达文件尾。通过函数返回值获得测试结果。

返回值：若当前是文件尾，返回非 0；否则返回 0。

【例 8-5】　连续读取文件中所有数据的常用程序段。

```
#include  <stdio.h>
#include  <stdlib.h>
FILE *fp;                              /* 定义文件型指针 fp */
if((fp=fopen("文件名", "使用方式"))==NULL)  /* 打开文件的常用程序段 */
{
    printf("File can not open!\n");
    exit(0);
}
while(!feof(fp))             /* 若不是文件尾则继续循环 */
{
    …                        /* 读取文件中当前的数据并进行处理 */
}
```

8.3.2　字符写、读函数 fputc( )、fgetc( )

字符写读函数在处理文件中数据时，是以字符（即 1 字节数据）为单位的，即每次仅写读 1 个字符。因此，所处理的文件一般是文本文件，但也可以是二进制文件。对二进制文件写读数据时，每次写读某个数据中的 1 个字节值。

1. 将字符写入文件的函数 fputc( )

格式：fputc(ch, fp)

参数：ch　写到文件中的字符，可以是字符常量、字符变量、字符型表达式等。

　　　fp　指向已打开的可写文件的文件型指针变量。

功能：将 ch 中的字符写到 fp 所指向的文件的当前位置。

返回值：正确，则返回刚写到文件中的字符；

　　　　错误，则返回 EOF。EOF 是在"stdio.h"中定义的符号常量，值为-1。

使用函数 fputc()将字符写入文件时，需要注意下列几点：

（1）函数 fputc()主要用于处理文本文件，写入的是单个字符。

（2）函数 fputc()也可以处理二进制文件，写入的一个字节可能是整型、实型、结构体型等数据中的一部分。

（3）当正确写入 1 字节数据后，文件的"内部指针"会自动后移 1 个字节的位置。

【例 8-6】 从键盘上读取 20 个字符，写到名为"file3.txt"的文本文件中。

```c
#include <stdio.h>
#include <stdlib.h>
void main()
{
    FILE *fp1;                                    /* 定义文件型指针变量 */
    int i;
    char ch;
    if((fp1=fopen("file3.txt", "w"))==NULL)       /* 打开文本文件用于写 */
    {
        printf("File can not open!\n");
        exit(0);
    }
    for(i=0; i<20; i++)                           /* 循环 20 次 */
    {
        ch=getchar();                             /* 从键盘读取字符 */
        fputc(ch, fp1);                           /* 写入文件 */
    }
    fclose(fp1);                                  /* 关闭文件 */
}
```

程序运行结果如图 8-3 所示。

图 8-3 ［例 8-6］的程序运行结果

2. 从文件中读取字符的函数 fgetc( )

格式：fgetc(fp)

参数：fp 　指向已打开的可读文件的文件型指针变量。

功能：从 fp 所指向的文件当前位置读取单个字符。

返回值：正确，则返回读取的单个字符（或 1 字节值）；错误，则返回 EOF(–1)。

使用函数 fgetc()从文件中读字符时，需要注意下列几点：

（1）函数 fgetc()主要用于处理文本文件，读取的是单个字符。

（2）函数 fgetc()也可以处理二进制文件，读取的 1 个字节值可能是整型、实型、结构体型等数据中的一部分。

（3）当正确地读取 1 字节数据后，文件的"内部指针"会自动后移 1 个字节的位置。

【例 8-7】 从［例 8-6］中建立的名为"file3.txt"的文本文件中读取前 10 个字符显示。

```c
#include <stdio.h>
#include <stdlib.h>
void main()
{
    FILE *fp1;                                              /* 定义文件型指针变量 */
```

```
    int i;
    char ch;
    if((fp1=fopen("file3.txt", "r"))==NULL)     /* 打开文本文件用于读 */
    {
        printf("File can not open!\n");
        exit(0);
    }
    for(i=0;  i<10;  i++)                         /* 10 次循环 */
    {
        ch=fgetc(fp1);                            /* 从文件中读取 1 个字符存入变量 ch */
        putchar(ch);                              /* 将变量 ch 中字符输出到显示器 */
    }
    fclose(fp1);
}
```

程序运行结果如图 8-4 所示。

请读者注意，程序中的 "putchar(ch)" 可以改
为 "fputc(ch, stdout)"，后者是使用文件写字符函
数将变量 ch 中字符输出到文件型指针变量 stdout 所
指向的标准输出设备文件，即显示器。同样，在 [例
8-6] 的程序中，"getchar( )" 可以改为 "fgetc(stdin)"，

图 8-4　[例 8-7] 的程序运行结果

后者是使用文件读字符函数从文件型指针变量 stdin 所指向的标准输入设备文件，即键盘上读
取 1 个字符。

【例 8-8】　编程序，复制文本文件。源文件名和目标文件名从键盘上输入。

```
#include <stdio.h>
#include <stdlib.h>
void main()
{
    char fname1[81], fname2[81];          /* 定义字符数组用来存放两个文件名 */
    FILE *fp1, *fp2;                       /* 定义文件型指针变量用来指向两个文件 */
    scanf("%s%s", fname1, fname2);         /* 输入源文件名和目标文件名 */
    if(((fp1=fopen(fname1, "r"))==NULL))/* 以只读方式打开文本型源文件 */
    {
        printf("File can not open!\n");
        exit(0);
    }
    if(((fp2=fopen(fname2, "w"))==NULL))/* 以只写方式打开文本型目标文件 */
    {
        printf("File can not open!\n");
        exit(0);
    }
    while(!feof(fp1))                      //fp1 尚未指向文件尾
        fputc(fgetc(fp1), fp2);            //从 fp1 指向的源文件读 1 个字符写到 fp2 指向的目标文件
    fclose(fp1);                           //关闭 fp1 所指向的文件
    fclose(fp2);                           //关闭 fp2 所指向的文件
}
```

上述程序中的程序段：

```
if(((fp1=fopen(fname1, "r"))==NULL))
{
    printf("File can not open!\n");
    exit(0);
}
if(((fp2=fopen(fname2, "w"))==NULL))
{
    printf("File can not open!\n");
    exit(0);
}
```

可以修改成如下形式：

```
if(((fp1=fopen(fname1, "r"))==NULL) || ((fp2=fopen(fname2, "w"))==NULL))
{
    printf("File can not open!\n");
    exit(0);
}
```

程序运行结果如图 8-5 所示。

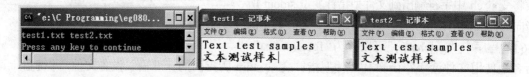

图 8-5　［例 8-8］的程序运行结果

8.3.3　字符串写、读函数 fputs( )、fgets()

字符串写读函数在读写文件中数据时，是以字符串为单位的，即每次仅写读 1 个字符串。因此，所处理的文件是文本文件。

1. 将字符串写入文件的函数 fputs( )

格式：fputs(str, fp)

参数：str　存放待写入文件的字符串的内存区域首地址。

　　　　fp　指向已打开的可读文件的文件型指针变量。

功能：将 str 指向的一个字符串写入 fp 所指向的文本文件中。

返回值：正确，则返回写入文件的实际字符数；错误，则返回 EOF(−1)。

使用函数 fputs()将字符串写入文件时，需要注意下列几点：

（1）函数 fputs()用于处理文本文件，每次写入 1 个字符串。

（2）参数 str 可以是字符串常量，或存放待写入字符串的字符数组名，也可以是指向待写入字符串的指针变量。

（3）将字符串写入文件时，字符串结束标记符'\0'并不写入文件。

（4）当正确地写入 1 个字符串后，文件内部指针会自动后移 1 个字符串的位置。

2. 从文件中读取字符串的函数 fgets( )

格式：fgets(str, n, fp)

参数：str　存放从文件中读取的字符串的首地址。

　　　　　　n　　整型，可以是整型常量、整型变量、整型表达式。

　　　　　　fp　　指向已打开的可读文件的文件型指针变量。

　　功能：从 fp 所指向的文件当前位置读取 **n–1** 个字符，在其后补充一个字符串结束标记符
　　　　　'\0'，组成字符串后存入 str 指定的内存区。

　　返回值：正确，则返回 str 对应的地址；错误，则返回 NULL(0)。

　　使用函数 fgets() 从文件中读取字符串时，需要注意下列几点：

　　（1）函数 fgets() 用于处理文本文件，每次读取 1 个字符串。

　　（2）参数 str 可以是字符型数组的首地址，也可以是指向某个能存放字符串的内存区域的
字符型指针变量。

　　（3）如果读取的前 n–1 个字符中有回车换行符'\n'，则只读到回车换行符为止，补充字符
串结束标记符'\0'，组成字符串（包括该回车符），存入 str 指定的内存区。

　　（4）如果读取的前 n–1 个字符中遇到文件尾，则在读取的字符后面补充字符串结束标记
符'\0'，组成字符串存入 str 指定的内存区。

　　（5）从文件中读取字符串时，不是用字符串结束标记符'\0'来控制字符串结束的，而是用
组成字符串的字符数目，或者回车换行符'\n'来控制字符串结束的。

　　因此，如果将若干个长度均相等的字符串写入文件，则从这样的文件中读取字符串，可
以用"字符串长度"来区分字符串。如果将若干个长度不相等的字符串写入文件，则从这样
的文件中读取字符串，只能用回车换行符'\n'来区分字符串。因此，写入长度不相等的字符串后，
要再写入一个回车换行符'\n'。

　　（6）当正确地读写 1 个字符串后，文件的"内部指针"会自动后移 1 个字符串的位置。

　　【例 8-9】　文件中等长字符串的读写示例。

　　编程序，从键盘上输入 6 个长度均为 10 的字符串，写入文本文件"file4.txt"中，然后
再从这个文本文件中读取第 3 个字符串并显示。

　　程序清单如下：

```
#include <stdio.h>
#include <stdlib.h>
#include <string.h>
void main()
{
    FILE *fp;
    int i;
    char s[11];
    if((fp=fopen("file4.txt", "w"))==NULL)          /* 打开只写的文本文件 */
    {
        printf("File can not open!\n");
        exit(0);
    }
    for(i=0; i<6; i++)               /* 循环处理 6 个字符串 */
    {
        gets(s);                     /* 从键盘读取 1 个长度为 10 的字符串，存入 s 中 */
        fputs(s,fp);                 /* 将 s 中的字符串写到 fp 指向的文件 */
    }
    fclose(fp);                      /* 关闭 fp 所指向的文件 */
```

```
    if ((fp=fopen("file4.txt","r"))==NULL)          /* 打开只读的文本文件 */
    {
        printf("File can not open!\n");
        exit(0);
    }
    for(i=0; i<3; i++)                     /* 利用次数型循环控制读取第 3 个字符串 */
        fgets(s, 11, fp);          /*读取 10 个字符组成字符串存入数组 s */
    puts(s);                       /* 将 s 中存放的字符串输出到显示器上 */
    fclose(fp);                    /* 关闭 fp 所指向的文件 */
}
```

【例 8-10】　文件中不等长字符串的读写示例。

编程序，从键盘上输入 6 个长度不等的字符串（设字符串长度≤80），写入文本文件 "file5.txt" 中，然后再从这个文本文件中读取第 3 个字符串并显示。

程序清单如下：

```
#include <stdio.h>
#include <stdlib.h>
void main()
{
    FILE *fp;
    int i;
    char s[81];
    if((fp=fopen("file5.txt", "w"))==NULL)              /* 打开只写的文本文件 */
    {
        printf("File can not open!\n");
        exit(0);
    }
    for(i=0; i<6; i++)              /* 循环处理 6 个字符串 */
    {
        gets(s);                   /* 从键盘读取 1 个长度≤80 的字符串，存入 s 中 */
        fputs(s, fp);              /* 将 s 中的字符串写到 fp 指向的文件 */
        fputc('\n', fp);           /* 补写 1 个回车换行符到 fp 指向的文件 */
    }
    fclose(fp);                    /* 关闭 fp 所指向的文件 */
    if((fp=fopen("file5.txt", "r""))==NULL)          /* 打开只读的文本文件 */
    {
        printf("File can not open!\n");
        exit(0);
    }
    for(i=0; i<3; i++)             /* 利用次数型循环控制读取第 3 个字符串 */
        fgets(s, 81, fp);          /* 从 fp 指向文件读取 80 个字符 */
                                   /* 或到字符'\n'的字符组成字符串存入数组 s */
    puts(s);                       /* 将 s 中存放的字符串输出到显示器上 */
    fclose(fp);                    /* 关闭 fp 所指向的文件 */
}
```

8.3.4　数据块写、读函数 fwrite()、fread()

数据块写读函数在处理文件中数据时，是以字节数已经确定的"一块"数据为单位，每次可写读若干"块"数据。因此，所处理的文件一般是二进制文件。

用数据块写读函数写读文本文件时，"一块"数据是 1 个字节；写读短整型数据时，"一块"数据是 2 个字节；写读整型数据、单精度实型数据时，"一块"数据是 4 个字节；写读双精度实型数据时，"一块"数据是 8 个字节；写读结构体数据时，"一块"数据是 sizeof(struct 结构体名)个字节。

1．将数据块写入文件的函数 fwrite( )

格式：fwrite(buf, size, n, fp)

参数：buf　存放待写入文件的数据的内存区域首地址，例如变量的地址、数组元素的地址、数组首地址、指向能存放数据的内存地址的指针变量等。

size　无符号整型，可以是常量、变量或表达式。表示"每块"数据的字节数。

n　无符号整型，可以是常量、变量或表达式。表示每次写入的"块数"。

fp　指向已打开的可写文件的文件型指针变量。

功能：将 buf 指向内存区域中 n×size 个字节的数据写入 fp 所指向的文件。

返回值：正确，则返回 n 值；错误，则返回 NULL(0)。

使用函数 fwrite( )将数据块写入文件时，需要注意下列几点：

（1）函数 fwrite( )可以处理各种数据类型的数据，对应文件一般是**二进制文件**。当函数 fwrite( )只将字符写入文件时，也可以是文本文件。

（2）参数"size"代表每次写入的数据块字节数。"size"通常使用"sizeof(数据类型符)"，如写入整型数据，"size"应设置为 sizeof(int)；写入结构体数据，"size"应设置为 sizeof(struct 结构体名)。

（3）当正确地写入 n 个数据块后，文件内部指针会自动后移 n×size 个字节的位置。

【例 8-11】从键盘上读取 100 名职工的编号、姓名、基本工资、职务工资、岗位工资，计算每名职工的总工资。然后将这 100 名职工的信息存入一个名为"file6.dat"的职工工资数据文件中。

```c
#include <stdio.h>
#include <stdlib.h>
#define N 10
struct zggz// 定义职工工资的结构体及结构体数组
{
    long num;                               /* 编号 */
    char name[10];                          /* 姓名 */
    float jbgz;                             /* 基本工资 */
    float zwgz;                             /* 职务工资 */
    float gwgz;                             /* 岗位工资 */
    float total;                            /* 总工资 */
} s[N];
void main()
{
    FILE *fp;
    int i;
    for (i=0; i<N; i++)                     /* 输入 N 个职工的信息 */
    {
        scanf("%ld", &s[i].num);            /* 输入编号 */
        scanf("%s", s[i].name);             /* 输入姓名 */
```

```
        scanf("%f", &s[i].jbgz);               /* 输入基本工资 */
        scanf("%f", &s[i].zwgz);               /* 输入职务工资 */
        scanf("%f", &s[i].gwgz);               /* 输入岗位工资 */
        s[i].total=s[i].jbgz+s[i].zwgz+s[i].gwgz;/* 计算总工资 */
    }
    if((fp=fopen("file6.dat", "wb"))==NULL)    /* 打开只写二进制文件 */
    {
        printf("File can not open!\n");
        exit(0);
    }
    // 将存放在数组 s 中的 N 个职工信息写到 fp 指向的文件中
    fwrite(s, sizeof(struct zggz), N, fp);
    fclose(fp);                                /* 关闭 fp 所指向的文件 */
}
```

2. 从文件中读取数据块的函数 fread( )

格式：fread(buf, size, n, fp)

参数：buf　存放数据的内存区域首地址，例如变量地址、数组元素地址、数组首地址、
　　　　　指向能存放数据的内存地址的指针变量等。

　　　　size　无符号整型，可以是常量、变量或表达式。表示"每块"数据的字节数。

　　　　n　无符号整型，可以是常量、变量或表达式。表示每次读取的"块数"。

　　　　fp　指向已打开的可读文件的文件型指针变量。

功能：从 fp 所指向的文件当前位置读取 n×size 个字节的数据，组成 n 个长度为 size 的
　　　数据块存入 buf 指定的内存区。

返回值：正确，则返回 n 值；错误，则返回 NULL(0)。

使用函数 fread()从文件中读取数据块时，需要注意下列几点：

（1）函数 fread()主要用于处理各种数据类型的数据，对应文件一般是**二进制文件**。当函数 fread()只从文件读取字符时，也可以是文本文件。

（2）函数 fread()的参数"size"代表每次读取的数据块字节数。"size"通常使用"sizeof(数据类型符)"，如读取整型数据，"size"应设置为 sizeof(int)；读取结构体数据，"size" 应设置为 sizeof(struct 结构体名)。

（3）当正确地读取 n 个数据块后，文件内部指针会自动后移 n×size 个字节的位置。

【例 8-12】 在［例 8-11］建立的职工工资文件 file6.dat 中查找总工资最高的职工。并输出他们的编号、姓名和基本工资、职务工资、岗位工资、总工资。

```
#include <stdio.h>
#include <stdlib.h>
struct zggz                            /* 定义职工工资的结构体及结构体变量 */
{
    long num;                          /* 编号 */
    char name[10];                     /* 姓名 */
    float jbgz;                        /* 基本工资 */
    float zwgz;                        /* 职务工资 */
    float gwgz;                        /* 岗位工资 */
    float total;                       /* 总工资 */
} s1;
```

```
void main()
{
    FILE *fp;
    long MaxNum;
    float MaxTotal;
    if((fp=fopen("file6.dat", "rb"))==NULL)          /* 打开只读文件*/
    {
        printf("File can not open!\n");
        exit(0);
    }
    MaxTotal=-10;
    while(!feof(fp))                                  /* fp 不是文件尾, 则继续查找 */
    {
        // 读取文件中当前 1 个职工信息存入结构体变量 s1
        fread(&s1, sizeof(struct zggz), 1, fp);
        if(MaxTotal<s1.total)                         /* 判断并记录新的最高工资和其职工编号 */
            MaxTotal=s1.total, MaxNum=s1.num;
    }
    fclose(fp);                                       /* 关闭 fp 所指向的文件 */
    if((fp=fopen("file6.dat", "rb"))==NULL)           /* 打开文件用于只读 */
    {
        printf("File can not open!\n");
        exit(0);
    }
    while(!feof(fp))                                  /* fp 不是文件尾, 则继续查找 */
    {
        // 从文件中读取当前的 1 个职工信息存入结构体变量 s1
        fread(&s1, sizeof(struct zggz), 1, fp);
        if(MaxNum==s1.num)                            /* 查找、输出最高工资职工的编号 */
            printf("max:%ld,%s,%f,%f,%f,%f\n",
                    s1.num, s1.name, s1.jbgz, s1.zwgz, s1.gwgz, s1.total);
    }
    fclose(fp);                                       /* 关闭 fp 所指向的文件 */
}
```

【想一想】

请读者注意，由于第一次查找的是工资最高的职工编号，找完后文件内部指针已经指向文件尾。下次再按职工编号进行查找时，文件内部指针必须指向文件开始。所以程序中先关闭文件，再次打开文件，使得文件内部指针重新指向文件开始。

读者也可以修改上述程序，取消第二次的查找。方法是第一次查找时，记录当前最高工资对应职工的所有信息，查找结束后就可以直接输出两个职工的所有信息。

学习了 8.4 文件定位后可以直接调用 rewind( )函数重新指向文件开始。

8.3.5 格式数据写、读函数 fprintf()、fscanf()

格式数据写读函数和格式化输入、输出函数 scanf( )、printf( )类似，可以控制写读文件中数据的格式，包括数据类型、数据宽度、实数的小数位数等。所处理的文件是**文本文件**。

1. 将格式化数据写入文件的函数 fprintf( )

格式：fprintf(fp, format, e_1, e_2, ..., e_n)

参数：fp   指向已打开的可写文件的文件型指针变量。

        format   输出格式字符串。

        e_i 表达式。

功能：计算表达式表"e_1，e_2，…，e_n"中每个表达式的值，按照 format 对应的"输出格式字符串"中指定的格式，写入 fp 指向的文件。

返回值：正确，则返回写入文件的表达式数目；错误，则返回 EOF(−1)。

使用函数 fprintf()将格式数据写入文件时，需要注意下列几点：

（1）fprintf()和 printf()非常类似，唯一的区别是将数据输出到文件中。"输出格式字符串"的书写规则、各种"格式字符"的用法、表达式表求解顺序都和 printf()相同。

（2）format（输出格式字符串）可以是字符串常量，也可以是存放"输出格式字符串"的一维字符数组名，还可以是指向"输出格式字符串"的指针变量。

（3）当正确地写入若干个数据后，文件内部指针会自动后移到下一个要写入的位置。

2. 从文件中读取格式化数据的函数 fscanf( )

格式：fscanf(fp, format, add_1, add_2, …, add_n)

参数：fp   指向已打开的可读文件的文件型指针变量。

        format   输入格式字符串。

        add_i 地址。

功能：按照 format 对应的"输入格式字符串"中指定的格式，从 fp 指向的文件中读取 n 个数据依次存入 add_1、add_2、…、add_n 对应的地址中。

返回值：正确，则返回读取数据的数目；错误，则返回 EOF(−1)。

使用函数 fscanf()从文件中读取格式数据时，需要注意下列几点：

（1）fscanf()和 scanf()非常类似，唯一的区别是从文件中输入数据。"输入格式字符串"的书写规则、各种"格式字符"的用法都和 scanf()相同。

（2）format（输入格式字符串）可以是字符串常量，也可以是存放"输入格式字符串"的一维字符数组名，还可以是指向"输入格式字符串"的指针变量。

（3）第 3 个及其后的参数 add_i（地址）可以是变量地址、数组元素地址、数组首地址，也可以是指向变量、数组元素、数组首地址的指针变量等。

（4）使用本函数从文件中读取数据时，必须按照写入时的数据顺序和格式，否则，读取的数据将可能出现错误。

（5）当正确地读取若干个数据后，文件内部指针会自动后移到下一个要读的位置。

【例 8-13】 格式数据写读函数的使用。

从键盘上依次读取 1 个字符、2 个短整数、3 个长整型数、4 个单精度实数、5 个双精度实数、6 个字符串写入名为"file7.txt"的文本文件中。再从该文件中读取第 1 个字符、第 1 个短整数、第 2 个长整型数、第 3 个单精度实数、第 4 个双精度实数、第 5 个字符串显示在屏幕上。

程序清单如下：

```
#include <stdio.h>
#include <stdlib.h>
void main()
{
```

```
    char ch, ch0, str[6][81], str5[81];
    short s[2], s1, s0, i;
    long l[3], l2, l0;
    float f[4], f3, f0;
    double d[5], d4, d0;
    if((fp=fopen("file7.txt", "w"))==NULL)    /* 打开只写文本文件 */
    {
        printf("File can not open!\n");
        exit(0);
    }
    scanf("%c", &ch);                         /* 从键盘读取 1 个字符 */
    scanf("%d,%d", &s[0], &s[1]);             /* 从键盘读取 2 个短整数 */
    scanf("%ld,%ld,%ld", l+0, l+1, l+2);      /* 从键盘读取 3 个长整数 */
    for(i=0; i<4; i++)                        /* 从键盘读取 4 个单精度实数 */
        scanf("%f", f+i);
    for(i=0; i<5; i++)                        /* 从键盘读取 5 个双精度实数 */
        scanf("%lf", d+i);
    for(i=0; i<6; i++)                        /* 从键盘读取 6 个字符串 */
        scanf("%s", str[i]);
    /* 将 1 个字符、2 个短整数、3 个长整型数按指定格式写入 fp 指向的文件 */
    fprintf(fp, "%c%d,%d,%ld,%ld,%ld,", ch, s[0], s[1], l[0], l[1], l[2]);
    /* 将 4 个单精度实数、5 个双精度实数按指定格式写入 fp 指向的文件 */
    fprintf(fp, "%f,%f,%f,%f,%f,%f,%f,%f,%f,",
            f[0], f[1], f[2], f[3], d[0], d[1], d[2], d[3], d[4]);
    /* 将 6 个字符串按指定格式写入 fp 指向的文件 */
    fprintf(fp, "%s\n%s\n%s\n%s\n%s\n%s\n",
            str[0], str[1], str[2], str[3], str[4], str[5]);
    fclose(fp);                               /* 关闭 fp 所指向的文件 */
    if((fp=fopen("file7.txt", "r"))==NULL)    /* 打开只读文本文件 */
    {
        printf("File can not open!\n");
        exit(0);
    }
    fscanf(fp,"%c", &ch0);                     /* 从文件中读取 1 个字符 */
    fscanf(fp,"%d,", &s1);                     /* 从文件中读取第 1 个短整数 */
    fscanf(fp,"%d,", &s0);                     /* 跳过第 2 个短整数 */
    fscanf(fp,"%ld,", &l0);                    /* 跳过第 1 个长整数 */
    fscanf(fp,"%ld,", &l2);                    /* 从文件中读取第 2 个长整数 */
    fscanf(fp,"%ld,", &l0);                    /* 跳过第 3 个长整数 */
    fscanf(fp,"%f,%f,", &f0, &f0);             /* 跳过第 1、2 个单精度实数 */
    fscanf(fp,"%f,", &f3);                     /* 从文件中读取第 3 个单精度实数 */
    fscanf(fp,"%f,", &f0);                     /* 跳过第 4 个单精度实数 */
    fscanf(fp,"%lf,%lf,%lf,", &d0, &d0, &d0);  /* 跳过第 1、2、3 个双精度实数 */
    fscanf(fp,"%lf,", &d4);                    /* 从文件中读取第 4 个双精度实数 */
    fscanf(fp,"%lf,", &d0);                    /* 跳过第 5 个双精度实数 */
    for(i=0; i<5; i++)
        fscanf(fp, "%s\n", str5);              /* 从文件中读取第 5 个字符串 */
    printf("%c\n%d\n%ld\n%f\n%f\n%s\n", ch0, s1, l2, f3, d4, str5);
                                              /* 输出从文件中读取的数据 */
    fclose(fp);                               /* 关闭 fp 所指向的文件 */
}
```

　　用 fprintf( )函数写入文件的数据，一定要记住写入时的数据格式。从该文件中读取数据时，必须严格按照写入时的格式。请读者对照上述程序中的写入格式和读取格式，加深对该问题的理解。

8.4 文 件 的 定 位

　　从前面的例子中可以看出，读取文件中的数据时，每次都需要从文件头开始。为了能从文件中直接读取某个数据，系统提供了能将文件内部指针直接定位到某个字节上，从而实现了随机读取文件中数据的功能。本节介绍的三个系统函数都是与文件定位有关的。

8.4.1 文件头定位函数 rewind( )

文件头定位函数的主要功能是将文件内部指针重新指向文件头。

格式：rewind(fp)

参数：fp　指向已打开文件的文件型指针变量。

功能：将 fp 所指向文件的内部指针重新指向文件开头。

返回值：正确，返回 0；错误，则返回非 0。

【例 8-14】　从键盘上读取 100 个字符，写入名为 "file3.txt" 的文本文件中。然后从文件中读取前 10 个字符显示。该例是［例 8-6］和［例 8-7］的合并。

程序清单如下：

```c
#include <stdio.h>
#include <stdlib.h>
void main()
{
    FILE *fp;                           /* 定义文件型指针变量 */
    int i;
    if((fp=fopen("file3.txt", "w+"))==NULL)  /* 打开文本文件用于写读 */
    {
        printf("File can not open!\n");
        exit(0);
    }
    for(i=0; i<100; i++)                /* 100 次循环 */
        fputc(fgetc(stdin), fp);        /* 从键盘读取字符写入文件 */
    rewind(fp);                         /* 让内部指针重新指向文件头 */
    for(i=0; i<10; i++)                 /* 10 次循环 */
        fputc(fgetc(fp), stdout);       /* 从文件中读取 1 个字符输出到显示器 */
    fclose(fp);
}
```

8.4.2 随机定位函数 fseek( )

随机定位函数的功能是将文件内部指针指向偏离某个基准点若干个字节的新位置。

格式：fseek(fp,offset,from)

参数：fp　指向已打开文件的文件型指针变量。

　　　offset　长整型表达式，重新定位时的偏移字节数。

from 重新定位时的基准点，可以选用下列的整数或符号常量：

基准点	文件头	内部指针的当前位置	文件尾
选用：整数	0	1	2
选用：符号常量	SEEK_SET	SEEK_CUR	SEEK_END

功能：将 fp 所指向的文件内部指针从 from 指定的起始位置移动 offset 个字节，指向新的位置。

返回值：正确，返回 0；错误，则返回非 0。

使用随机定位函数时，需要注意下列几点：

（1）参数 "offset" 如果选用整常数，则后面需要加上字母 "L" 或 "l"。如果使用表达式，可以用 "(long)(表达式)" 强制转换成长整型。

（2）参数 "offset" 如果为正数，则向文件尾方向偏移，如果为负数，则向文件头方向偏移。

（3）参数 "from" 允许选用的符号常量 SEEK_SET、SEEK_CUR、SEEK_END 也是在 stdio.h 中定义的，其值分别为 0、1、2。

（4）随机定位函数主要用于 "二进制文件"，因为存放数据的二进制文件中每个数据的类型确定了，其字节数是已知的，偏移量可以计算出来。如果用文本文件存放数据，每个数据占用的字节数不能确切了解，偏移量难以计算。

【例 8-15】 假定二进制文件 "file8.dat" 中连续存放了 20 个带符号整型数据。编程序，用随机定位函数依次定位到第 1、3、5、12、20 个数据，读取并输出这 5 个数据。

程序清单如下：

```
#include <stdio.h>
#include <stdlib.h>
void main()
{
    FILE *fp;
    int x, x12, x20, n;
    if((fp=fopen("file8.dat", "rb"))==NULL)          /* 打开只读二进制文件 */
    {
        printf("File can not open!\n");
        exit(0);
    }
    for(n=0; n<3; n++)                               /* 循环读取第 1、3、5 个整数 */
    {
        fread(&x, sizeof(int), 1, fp);               /* 从当前位置读取 1 个整数 */
        printf("%f ", x);                            /* 输出读取的 1 个整数 */
        fseek(fp, (long)sizeof(int), SEEK_CUR);      /* 定位在下一个整数上 */
    }
    fseek(fp, (long)sizeof(int)*11, 0);              /* 定位在第 12 个整数上 */
    fread(&x12, sizeof(int), 1, fp);                 /* 从当前位置读取 1 个整数 */
    printf("%d ", x12);                              /* 输出读取的第 12 个整数 */
    fseek(fp, -1*(long)sizeof(int), SEEK_END);       /* 定位在第 20 个整数上 */
    fread(&x20, sizeof(int), 1, fp);                 /* 从当前位置读取 1 个整数 */
```

```
    printf("%d\n", x20);                        /* 输出读取的第 20 个整数 */
    fclose(fp);                                 /* 关闭 fp 所指向的文件 */
}
```

请读者注意程序中定位的方法。

第 12 个数据的位置，以文件头为基准点，偏离 "11×(long)整数占用的字节数"。

第 20 个数据的位置，以文件尾为基准点，偏离 "−1×(long)整数占用的字节数"。

小　结

文件也是一种数据类型，是指存放在磁盘上的文件，其中可以是各种类型数据的数据文件，也可以是程序清单等文本文件。

处理文件这种类型数据的主要问题有打开与关闭文件、将数据写到文件中和从文件中读取数据。在 C 语言中，对文件的处理都是利用系统函数和指向 "文件型" 的指针变量来进行的。

本章介绍了如何定义指向文件型数据的指针变量和处理文件的常用系统函数，包括写读字符的函数、写读数据块的函数、写读格式数据的函数、写读字符串的函数以及文件尾测试函数、随机定位函数等。

习　题

一、选择题

1. 下列关于文件的说法中，错误的是_____。

    A）二进制文件中的数据都是以二进制数据方式存放的

    B）文本文件中的数据都是以 ASCII 代码字符方式存放的

    C）文件名中的盘符和路径不能同时省略

    D）读取文件中数据，可以从任何位置上开始

2. 关于文件类型及文件型指针变量，下列说法中错误的是_____。

    A）文件型是系统已经定义好的一种专门用于文件处理的结构体

    B）定义文件型指针变量的方法是 "FILE *文件型指针变量名;"

    C）文件型指针变量是专门指向已经打开的文件的一种结构体指针变量

    D）文件类型是在头文件 "file.h" 中定义的

3. 关于打开文件函数 fopen(a, b)，正确的说法是_____

    A）返回值是一个文件型指针

    B）返回值是系统自动开辟的内存缓冲区的首地址

    C）其中的参数 a 可以是一个字符型指针，指向表示文件使用方式的字符串

    D）其中的参数 b 可以是一个字符型指针，指向表示文件名的字符串

4. 关于文件使用方式，下列说法中正确的是_____。

    A）选用 "r"，文件必须存在

    B）选用 "r+"，文件可以不存在

C）选用"w"，文件必须存在

D）选用"w+"，文件必须存在

5．以只读方式打开一个二进制文件，应选择的文件使用方式是_____。

A）"rb"   B）"wb"   C）"a+"   D）"w+"

6．打开文件时，选用文件操作方式为"ab+"，则下列说法中错误的是_____。

A）要打开的文件必须存在   B）要打开的文件是二进制文件

C）打开文件后可以读取数据   D）可将数据写到文件的任何位置上

7．不能正确打开文件时，打开文件函数的返回值是_____。

A）NULL   B）EOF   C）非 0   D）1

8．设有下列数据定义语句：char s[]="ccw.txt", *p=s; 要打开名为"ccw.txt"的文件，下列给出的打开文件函数的第 1 个实际参数写法中，错误的是_____。

A）p   B）*p   C）s   D）"ccw.txt"

9．系统标准输入设备的文件型指针变量是_____。

A）stdin   B）stdout   C）stderr   D）用户自己定义

10．关于关闭文件函数 fclose(x)，错误的说法是_____。

A）有整型的返回值   B）其中的参数 x 是文件型变量

C）主要功能是关闭 x 所指向的文件   D）只能关闭用 fopen( )打开的文件

11．关于 fputc(x, y)函数，下列说法中错误的是_____。

A）有整型的返回值

B）参数 x 是要写到文件中的字符

C）参数 y 是指向要写入字符的文件的文件型指针变量

D）只能向文本文件中写入字符，不能向二进制文件中写入字符

12．下列语句中，不能正确地从键盘上读取单个字符存入变量 ch 的语句是_____。

A）ch=fgetc(stdin);   B）fgetc(stdin, &ch);

C）ch=getchar();   D）scanf("%c", &ch);

13．如果要求从文件型指针 fp 指向文件的当前位置开始连续读取 80 个字符，存入字符型一维数组 a 的前 80 个数组元素中，则下列语句中错误的是_____。

A）fread(a, 1, 80, fp);

B）for (i=0; i<80; i++) fscanf(fp,"%c", &a[i]);

C）for (i=0; i<80; i++) fread(a[i], 1, 1, fp);

D）for (i=0; i<80; i++) a[i]=fgetc(fp);

14．关于"fread(a, b, c, d);"语句的正确说法是_____。

A）a 是文件型指针变量   B）b 是存放读取数据的首地址

C）c 是读取数据的总字节数   D）d 是文件型指针变量

15．从文件型指针 fp 所指向的文件中当前位置开始，连续读取 10 个双精度型实数，存入名为"f"的双精度型数组的前 10 个元素中，错误的语句是_____。

A）fread(f, 8, 10, fp);   B）fread(f, sizeof(double), 10, fp);

C）fread(&f[0], 1, 80, fp);   D）fread(f[0], sizeof(double), 10, fp);

16．如果要求将单精度型一维数组 d 的前 10 个数组元素中的 10 个实数，从文件型指针

变量 fp 所指向文件的当前位置上开始写入，则下列语句中错误的是_____。

    A）fwrite(d, 4, 10, fp);

    B）for (i=0; i<40; i++) fputc(d[i], fp);

    C）for (i=0; i<10; i++) fprintf(fp, "%f,", d[i]);

    D）for (i=0; i<10; i++) fwrite(&d[i], 4, 1, fp);

17. 设有下列结构体型数组 stu 的定义，假定该数组所有元素已经赋值，则将这个数组所有元素值写入文件型指针变量 fp 指向的文件，错误的语句是_____。

    struct student { long num;   char name[10]; } stu[50], *p=stu;

    A）fwrite(p, (long)(sizeof(struct student)), 50, fp);

    B）fwrite(stu, 50L*sizeof(struct student), 1, fp);

    C）fwrite(&stu, 4+10, 50, fp);

    D）for (p=stu; p<stu+50; p++)

        fwrite(p, (long)(sizeof(struct student)), 1, fp);

18. 下列语句中不能将文件型指针变量 fp 指向文件内部指针置于文件头的是_____。

    A）feof(fp);   B）rewind(fp);

    C）fseek(fp, 0L, 0);   D）fp=fopen("ccw.dat", "w");

                                            （假定文件能正确打开）

19. 关于函数 fseek(a, b, c)的错误说法是_____。

    A）参数 a 是文件型指针变量，指向需要定位的文件

    B）参数 b 是整型，表示从开始位置的偏移字节数

    C）参数 c 是整型，表示定位的起始位置

    D）定位正确返回 0；定位错误返回非 0

20. 若下列函数调用后返回值均为非 0，其中表示操作正确的函数调用是_____。

    A）fopen( );   B）fclose( );   C）fseek( );   D）rewind( );

二、填空题

1. 下列程序的主要功能是把从键盘上读入的字符(用@作为结束标志)写到文本文件 file21.txt 中。请填写程序中缺少的内容。

```
#include <stdio.h>
#include <stdlib.h>
void main ()
{
    char ch;
    FILE *fp;
    if((fp=fopen(_____))==NULL)
        exit(0);
    while((ch=getchar())!='@')
        _____;
    fclose(fp);
}
```

2. 下面程序是统计并输出文本文件 "file22.txt" 中的字符数。请填写程序中缺少的语句成分。

```
#include <stdio.h>
#include <stdlib.h>
void main()
{
    FILE *fp;
    int c=0;
    if((fp=fopen(_____))==NULL)
    {
        printf("Can not open file!\n");
        exit(0);
    }
    while(!feof(fp))
    {
        c++;
        _____;
    }
    printf("%d\n", c);
    fclose(fp);
}
```

3. 下列程序的主要功能是统计 C 语言源程序（file23.c）文件中的"["和"]"是否配套，即"["的数目是否等于"]"的数目。如果配套则输出"OK!"；否则输出"ERROR!"。请填写程序中缺少的内容。

```
#include <stdio.h>
#include <stdlib.h>
void main()
{
    FILE *fp;
    char ch;
    int ch1=0, ch2=0;
    if((fp=fopen("file23.c","r"))==NULL)
    {
        printf("file open error!");
        exit(0);
    }
    while(_____)
    {
        _____
        if(ch=='[')
            ch1++;
        if(ch==']')
            ch2++;
    }
    fclose(fp);
    if(ch1==ch2)
        printf("OK!\n");
    else
        printf("ERROR!\n");
}
```

4. 下面程序是统计并输出二进制文件"file24.dat"中正整数、零和负整数的个数。请填写程序中缺少的语句成分。

```c
#include <stdio.h>
#include <stdlib.h>
void main()
{
    FILE *fp;
    double data;
    int positive=0, zero=0, negative=0;
    if((fp=fopen(_____))==NULL)
    {
        printf("Can not open file!\n");
        exit(0);
    }
    while(!feof(fp))
    {
        fscanf(_____);
        if(data>0)
            positive++;
        else if(data<0)
            negative++;
        _____
            zero++;
    }
    printf("positive =%d\n", positive);
    printf("zero     =%d\n", zero);
    printf("negative =%d\n", negative);
    fclose(fp);
}
```

5. 下列程序统计满足条件 $x\times x+y\times y+z\times z==1000$ 的所有解的个数，并将所有解和统计结果写入文本文件 "file25.dat"。说明：1 个解占一行，彼此用 "," 分割；最后输出统计结果；若 a、b、c 是 1 个解，则 a、c、b 也是 1 个解。请填写程序中缺少的内容。

```c
#include <stdio.h>
#include <stdlib.h>
void main()
{
    _____;
    int i=0, x, y, z;
    if((fp=fopen("file25.txt", "w"))==NULL)
    {
        printf("Can not open file!\n");
        exit(0);
    }
    for(x=-32; x<32; x++)
        for(y=-32; y<32; y++)
            for(z=-32; z<32; z++)
                if(x*x+y*y+z*z==1000)
                {
                    _____;
```

```
            i++;
        }
        _____;
    fclose(fp);
}
```

三、分析程序，写出程序运行结果

1. 已知在文本文件"file31.txt"中存放了下列一段英文文章：

I'd□like□you□to□come□immediately□when□I□call□you.（其中的"□"表示空格）。
阅读下列程序，写出程序运行的输出结果。

```
#include <stdio.h>
#include <stdlib.h>
void main()
{
    FILE *fp;
    int c=0;
    char ch, flag;
    if((fp=fopen("file31.txt", "r"))==NULL)
    {
        printf("Can not open file!\n");
        exit(0);
    }
    flag='y';
    while (!feof(fp))
    {
        ch=fgetc(fp);
        if(ch==' ')
            flag='y';
        else
            if(flag=='y')
            {
                c++;
                flag='n';
            }
    }
    fclose(fp);
    printf("%d\n", c);
}
```

2. 在二进制文件"file32.dat"中依次存放了下列 4 个短整数：−1、128、28、18。写出运行下列程序的输出结果。

```
#include <stdio.h>
#include <stdlib.h>
void main()
{
    FILE *fp;
    short x,y;
    if((fp=fopen("file32.dat", "rb"))==NULL)
    {
        printf("Can not open file!\n");
```

```
        exit(0);
    }
    fread(&x, sizeof(short), 1, fp);
    fread(&x, sizeof(short), 1, fp);
    fread(&y, sizeof(short), 1, fp);
    printf("%d,%d\n", x, y);
    fclose(fp);
}
```

3. 在文本文件 "file33.txt" 中依次存放下列字符：ABCDEFGHIJKLMNOPQRSTUVWXYZ。写出运行下列程序的输出结果。

```c
#include <stdio.h>
#include <stdlib.h>
void main()
{
    FILE *fp;
    int i;
    char s[20];
    if((fp=fopen("file33.txt", "r"))==NULL)
    {
        printf("Can not open file!\n");
        exit(0);
    }
    for(i=3; i>0; i--)
        printf("%s\n", fgets(s, 10, fp));
    fclose(fp);
}
```

4. 下列程序运行时，从键盘上输入：1234567890✓。写出程序运行的输出结果。

```c
#include <stdio.h>
#include <stdlib.h>
void main()
{
    FILE *fp;
    int i;
    char ch;
    if((fp=fopen("file34.txt", "w"))==NULL)
    {
        printf("Can not open file!\n");
        exit(0);
    }
    for(i=0; i<10; i++)
    {
        scanf("%c", &ch);
        fputc(ch, fp);
    }
    fclose(fp);
    if((fp=fopen("file34.txt", "r"))==NULL)
    {
        printf("Can not open file!\n");
        exit(0);
```

```
        }
        fseek(fp, 4L, SEEK_SET);
        while(!feof(fp))
            fputc(fgetc(fp), stdout);
        fclose(fp);
    }
```

5. 在文本文件 "file351.txt" 中存放了字符串: abcdef。在文本文件 "file352.txt" 中存放了字符串: abcDEF。写出运行下列程序的输出结果。

```
#include <stdio.h>
#include <stdlib.h>
void main()
{
    FILE *fp1, *fp2;
    int i=1;
    if((fp1=fopen("file351.txt", "r"))==NULL ||
        (fp2=fopen("file352.txt", "r"))==NULL )
    {
        printf("Can not open file!\n");
        exit(0);
    }
    while (!feof(fp1) && !feof(fp2))
        if(fgetc(fp1)!=fgetc(fp2))
            break;
        else
            i++;
    printf("%d", i);
    fclose(fp1);
    fclose(fp2);
}
```

四、找出下面程序中的错误，并对其予以改正

1. 下列程序的主要功能是将文本文件 "file411.txt" 中的所有大写字母改为小写字母 (其他字符不变) 后，写到文本文件 "file412.txt" 中。修改其中的错误。

```
#include <stdio.h>
#include <stdlib.h>
void main()
{
    FILE *fp1, *fp2;
    char ch;
    if((fp1=fopen("file411.txt", "r"))==NULL)
    {
        printf("Can not open file!\n");
        exit(0);
    }
    if((fp2=fopen("file412.txt", "w"))==NULL)
    {
        printf("Can not open file!\n");
        exit(0);
    }
```

```
/******ERROR****/
while(feof(fp1))
{
    ch=fgetc(fp1);
    if((ch>='A') && (ch<='Z'))
        ch=ch+32;
    fputc(ch, fp2);
}
fclose(fp1);
fclose(fp2);
}
```

2．在二进制文件"file42.dat"中依次存放了 100 个单精度实数，下列程序的功能是计算并输出文件中 100 个实数的最大数、最小数和平均值。修改其中的错误。

```
#include <stdio.h>
#include <stdlib.h>
void main()
{
    FILE *fp;
    float x, max, min, ave=0.0;
    int i;
    if ((fp=fopen("file42.dat", "rb"))==NULL)
    {
        printf ("Can't open this file.\n");
        exit(0);
    }
    /********ERROR******/
    fread(fp, 4, 1, x);
    max=min=ave=x;
    for(i=1; i<100; i++)
    {
        /*******ERROR*****/
        fread(fp, 4, 1, x);
        if (max<x) max=x;
        if (min>x) min=x;
        ave+=x;
    }
    printf("max=%f  min=%f  average=%f\n", max, min, ave/100);
    fclose(fp);
}
```

3．下列程序从键盘上依次读取 10 个长度均为 9 的字符串，并依次显示在显示器上。修改其中的错误。

```
#include <stdio.h>
void main()
{
    char str[10], *p=str;
    int i;
    for(i=0; i<10; i++)
        /***************ERROR************/
```

```
    fputs(fgets(p, 9, stdin), stdout);
}
```

4. 下列程序从键盘上读入 10 个整数，将其中的偶数存放到二进制文件"file44.dat"中输出。修改其中的错误。

```
#include <stdio.h>
#include <stdlib.h>
void main()
{
    FILE *fp;
    int i, j=0, data;
    if((fp=fopen("file44.dat", "w+"))==NULL)
    {
        printf ("Can't open this file.\n");
        exit(0);
    }
    printf("输入数据: ");
    for(i=0; i<10; i++)
    {
        scanf("%d", &data);
        if(data%2==0)
        {
            j++;
            fwrite(&data, sizeof(int), 1, fp);
        }
    }
    printf("输出 file44.dat 文件内容: ");
    /******ERROR****/
    for(i=0; i<j; i++)
    {
        fread(&data, sizeof(int), 1, fp);
        printf("%d ", data);
    }
    printf("\n");
    fclose(fp);
}
```

五、编程题

1. 编程序实现下列功能：建立一个名为"file51.txt"的文本文件，接收从键盘输入的字符，直到连续出现 2 个回车换行符号时结束。

2. 编一个程序，统计并输出名为"file52.txt"的文本文件中 26 个英文字母各自出现的次数。

3. 编一个程序，统计并输出名为"file53.txt"的文本文件中最长语句的字符数目。

提示：语句的结束以句号（.）或回车换行符号为标记。

4. 在二进制文件"file54.dat"中按照指定的结构型，依次存放了 100 个学生的信息（学号、姓名、总分）。编一个程序，从中找出总分最高和总分最低的学生，并且输出他们的学号、姓名和总分。（本题不允许使用结构型数组一次读取 100 个学生的所有信息。要求先顺序读取文件查找到这 2 个学生的序号，然后再读取并输出他们的信息。）

第 9 章　基于 MFC 对话框的程序设计示范

本章学习要点

1. 掌握基于对话框的应用程序设计方法
2. 熟悉对话框的编辑过程
3. 掌握控件的添加和使用方法
4. 掌握组框、编辑框、静态文本、按钮等控件的使用方法
5. 熟悉第三方动态链接库的添加与使用方法

本章学习难点

1. 理解 MFC 对话框程序框架
2. 理解 DDX（数据交换）、DDV（数据校验）技术
3. 理解控件与消息映射的关系

前面已经系统介绍了标准 C 语言程序设计技术。经过前八章的学习，我们已经初步具备了使用 C 语言开发应用程序的能力。为了促进大家更全面地了解 C 语言编写应用程序，特别是 Windows 应用程序的设计方法和理念，提高读者学习 C 语言程序设计的兴趣和水平，我们精心编选了三个基于对话框的 Windows 应用程序开发实例，供读者提高程序设计水平、扩展知识面。9.1 节（实例一）通过 Windows 对话框界面完成输入三个数找最大数的功能，可在学完第 3 章后设计完成；9.2 节（实例二）通过 Windows 对话框界面管理学生的成绩，可以添加、修改、删除记录，还可以按总平均分排名，可在学完第 7 章后设计完成；9.3 节（实例三）帮助读者理解如何在应用程序中添加第三方类库，学会共享大量 Windows 现有资源，让自己的程序轻松达到专业级的水平。

本章知识仅供读者进一步学习 VC++开发 Windows 应用程序打下初步基础使用。

9.1　实例一　找最大数

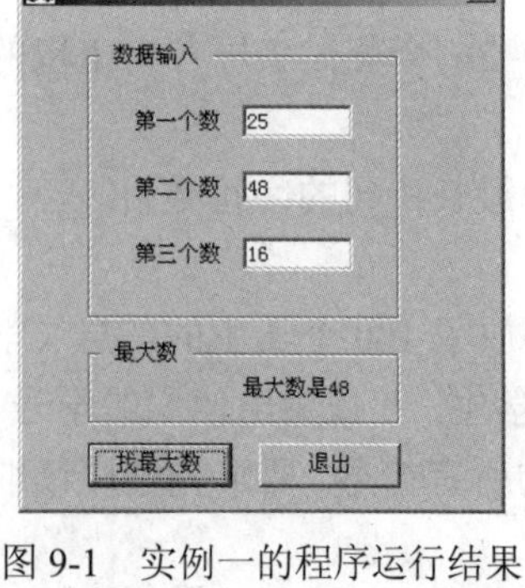

图 9-1　实例一的程序运行结果

设计一个基于对话框的 Windows 应用程序，使用组框、编辑框、静态文本以及按钮等控件，完成输入三个数找最大数功能，程序界面如图 9-1 所示。

9.1.1　创建一个基于对话框的 Windows 应用程序

通过"开始"菜单或桌面快捷方式启动 VC++进入 VC++ 开发环境，如图 9-2 所示。

单击"File"下的"New"菜单项，在弹出的"New"对话框中选择"Projects"标签，这时显示出一系列的应用程序项目类型：选择"MFC AppWizard{exe}"项目类型（该类型用于

创建可执行的 Windows 应用程序)，输入工程名"eg09-01"，单击 OK 按钮。如图 9-3 所示。

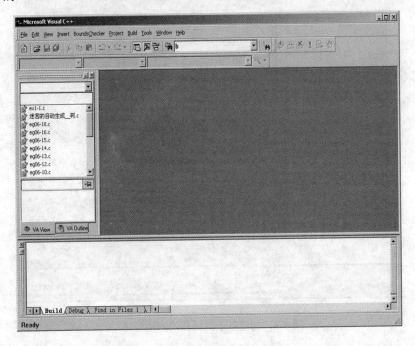

图 9-2　启动 VC++

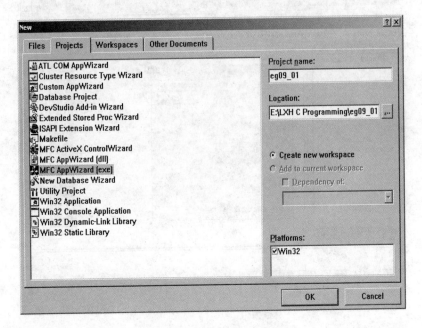

图 9-3　创建应用程序 eg09-01

　　选择"Dialog based"程序类型，单击 Finish 按钮即可，见图 9-4。
　　进入编辑界面后，改变对话框的大小，将鼠标指针移动到对话框的右下角方块，此时鼠标指针会有所改变，按住左键不动并拖动鼠标即可改变对话框大小，见图 9-5。

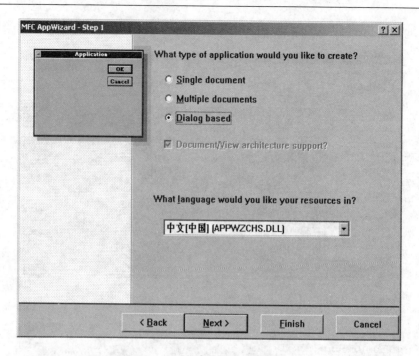

图 9-4   创建基于对话框的应用程序

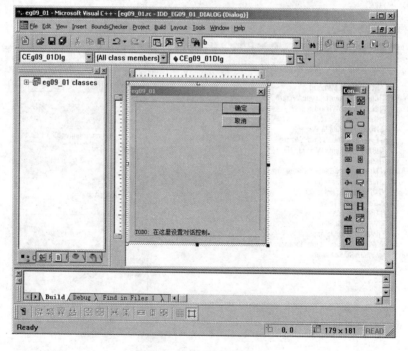

图 9-5   改变对话框的大小

    进入对话框工作区，单击系统自带的确定和取消两个按钮以及文字"TODO:在这里设置对话控制"，按 Del 键删除这三个缺省对象。右键单击对话框的非控件区内，从弹出的快捷菜单中选取 properties 进入属性设置对话框将标题改为"求最大数"，其他属性设置不变，见图 9-6。

图 9-6　设置对话框标题

9.1.2　向对话框内添加控件

引用如下控件：

组框 █（Group Box）　用于分割对象，美化界面。组框属于静态控件，一般不接受用户输入，也不产生通知消息。

静态文本控件 *Aa*（Static Text）　用来向用户显示一些固定不变的文字提示或描述，静态文本控件属于静态控件，一般不接受用户输入，也不产生通知消息。

按钮 ▢（Button）　用来立即产生某个动作或执行某个命令。按钮有两种风格：标准按钮和缺省按钮。缺省按钮（Default Button）可以通过回车键按下按钮。

编辑框 ab（Edit Box）　是让用户从键盘输入和编辑文本的矩形窗口，用户可以通过它很方便地输入各种文本、数字或者口令，也可以使用它来编辑和修改简单的文本文件内容。当编辑框被激活，具有输入焦点时，就会出现一个闪动的插入符，表明当前插入点的位置。

（1）添加组框：单击"Group Box"控件，在对话框工作区拖动出图 9-1 上方的第一个组框（起点：24,13，大小：118×100），按"Alt+Enter"快捷键，进入属性设置对话框，ID 号默认为"IDC_STATIC"，组框的 Caption（标题）更改为"数据输入"，其他属性默认。继续添加第二个组框（起点：24,121，大小：118×30），ID 默认为"IDC_STATIC"，Caption 更改为"最大数"，其他属性默认。

（2）添加静态文本：单击"Static text"控件，在"数据输入"组框中拖动出图 9-1 的第一个提示文字（起点：42,37，大小：36×10），按"Alt+Enter"快捷键，进入属性设置对话框，ID 默认为"IDC_STATIC"，Caption 更改为"第一个数"，其他属性默认。继续添加二个静态文本，ID 号默认为"IDC_STATIC"，Caption 分别改为"第二个数"（起点：42,61，大小：36×10）、"第三个数"（起点：42,85，大小：36×10），其他属性默认。在"最大数"组框中添加第四个静态文本（起点：82,134，大小：41×13），ID 更改为 IDC_MAX，Caption 不变，其他属性默认。

（3）添加编辑框：单击"Edit Box"控件，在"数据输入"组框中拖动出图 9-1 的第一个编辑框（起点：82,35，大小：41×12），ID 号默认为"IDC_EDIT1"，其他属性默认。继续添加两个编辑框，ID 号默认为"IDC_EDIT2"（起点：82,59，大小：41×12）、"IDC_EDIT3"（起点：82,83，大小：41×12），其他属性默认。

（4）添加按钮：单击"Button"控件，在对话框工作区拖动出图 9-1 的第一个按钮（起点：24,158，大小：54×16），ID 号默认为"IDC_ BUTTON1"，Caption 改为"找最大数"，Styles 标签里添加"Default Button"属性，其他属性默认。继续添加一个按钮（起点：88,158，大小：54×16），ID 号默认为"IDC_ BUTTON2"，Caption 改为"退出"，其他属性默认。

按照图 9-1 的控件布局，用上述方法为对话框添加如表 9-1 所示的控件。

表 9-1　　为对话框添加控件

控　件	ID 号	标　题	其他属性
组框	IDC_STATIC	数据输入	默认
组框	IDC_STATIC	最大数	默认
静态文本	IDC_STATIC	第一个数	默认
静态文本	IDC_STATIC	第二个数	默认
静态文本	IDC_STATIC	第三个数	默认
静态文本	IDC_MAX	默认	默认
编辑框	IDC_EDIT1	—	默认
编辑框	IDC_EDIT2	—	默认
编辑框	IDC_EDIT3	—	默认
按钮	ID_BUTTON1	找最大数	选中 Default Button
按钮	ID_BUTTON1	退出	默认

上述控件的尺寸仅供参考，并不要求完全一样。这里之所以公布控件尺寸，是因为应用程序的界面设计对排版有一定要求，同类控件尺寸应尽可能一致，彼此之间要均匀分布、相互对齐，这样的界面才更美观、更专业。可以借助 dialog 工具栏进行排版，见图 9-7。

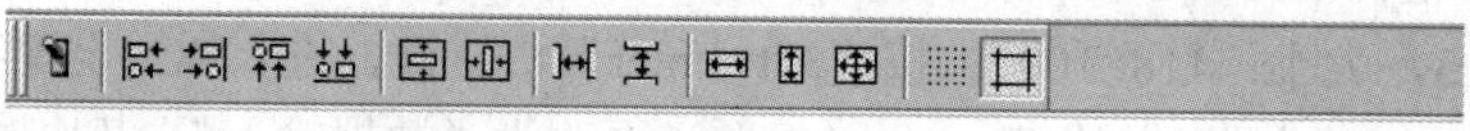

图 9-7　dialog 工具栏

还可以直接使用记事本编辑 eg09_01.rc 调整排版效果，见图 9-8（控件位置、尺寸仅供参考）。

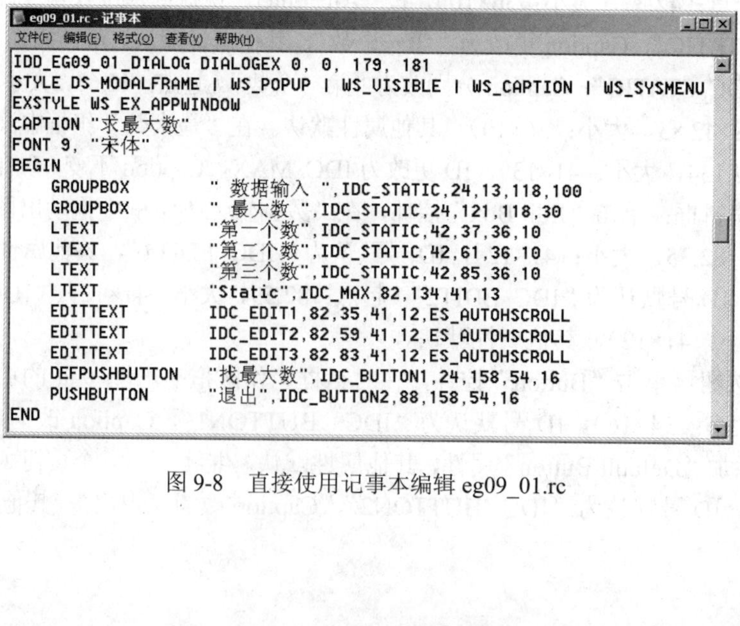


```
IDD_EG09_01_DIALOG DIALOGEX 0, 0, 179, 181
STYLE DS_MODALFRAME | WS_POPUP | WS_VISIBLE | WS_CAPTION | WS_SYSMENU
EXSTYLE WS_EX_APPWINDOW
CAPTION "求最大数"
FONT 9, "宋体"
BEGIN
    GROUPBOX        " 数据输入 ",IDC_STATIC,24,13,118,100
    GROUPBOX        " 最大数 ",IDC_STATIC,24,121,118,30
    LTEXT           "第一个数",IDC_STATIC,42,37,36,10
    LTEXT           "第二个数",IDC_STATIC,42,61,36,10
    LTEXT           "第三个数",IDC_STATIC,42,85,36,10
    LTEXT           "Static",IDC_MAX,82,134,41,13
    EDITTEXT        IDC_EDIT1,82,35,41,12,ES_AUTOHSCROLL
    EDITTEXT        IDC_EDIT2,82,59,41,12,ES_AUTOHSCROLL
    EDITTEXT        IDC_EDIT3,82,83,41,12,ES_AUTOHSCROLL
    DEFPUSHBUTTON   "找最大数",IDC_BUTTON1,24,158,54,16
    PUSHBUTTON      "退出",IDC_BUTTON2,88,158,54,16
END
```

图 9-8　直接使用记事本编辑 eg09_01.rc

9.1.3 使用 ClassWizard 为控件添加变量

单击 View 菜单下的 ClassWizard 菜单项（或按快捷键 "Ctrl+w"）打开 MFC ClassWizard
对话框，单击 Member Variables 标签，如图 9-9 所示。

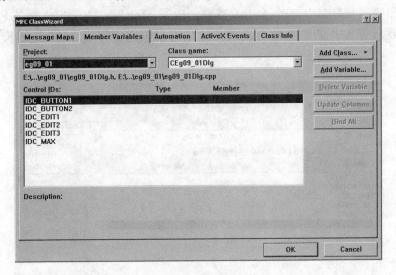

图 9-9　ClassWizard

选中某一控件 ID 号，单击 Add Variables 按钮（或直接双击该 ID 号），如图 9-10
所示。

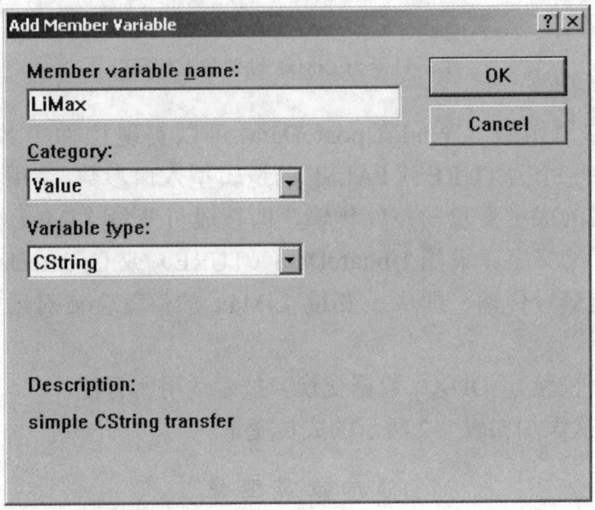

图 9-10　为 IDC_MAX 关联变量 LiMax

在弹出的 "Add Member Variable" 对话框里：

（1）在 "Member variable name" 编辑框中输入变量名 LiMax。

（2）在 Category 列表框内选择 Value。Category 列表框内可以选择两种类型：Value
所对应的是数值类型，Control 所对应的变量类型就是 MFC 为该控件封装的控件类。这里
选 Value。

（3）在 Variable type 编辑框中选取 CString。常见的变量类型有 short、int、long、float、double、CString、UINT、BYTE、DWORD、BOOL 等。

（4）完成后单击 OK 按钮。

如果添加的成员变量是一个 Value 类型，返回 Member Variables 标签后还可以输入变量范围，这就是控件的数据校验设置，比如可以限定字符串 LiMax 的长度为 10。见图 9-11。

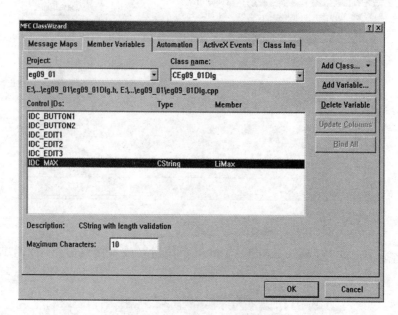

图 9-11　为 LiMax 设置数据校验

调用对话框的常用函数 CWnd::UpdateData 可以实现控件中数据的输入和读取。UpdateData 函数只有一个为 TURE 或 FALSE 的逻辑型入口参数。调用 UpdateData（FALSE）时，数据由控件关联的成员变量向控件传输，即按成员变量 LiMax 的值来更新对话框的控件 IDC_MAX 显示的文字。调用 UpdateData（TURE）或 UpdateData（）时，数据由控件向控件关联的成员变量传输，即成员变量 LiMax 的值就会被对话框的控件 IDC_MAX 接收到的文字所更新。

上述 DDV（数据校验）、DDX（数据交换）技术适用所有控件。

根据上述步骤依次添加如表 9-2 所示的成员变量。

表 9-2　　　　　　　　　　　　　　　添 加 成 员 变 量

控件 ID 号	变量类型	变量名	数值范围
IDC_MAX	CString	LiMax	10
IDC_EDIT1	short	LiNumber1	0～32767
IDC_EDIT2	short	LiNumber2	0～32767
IDC_EDIT3	short	LiNumber3	0～32767

> **注意**
>
> （1）在 DDV/DDX 技术中，用户为同一个控件关联多个数据成员变量，但必须保证这些变量名是互不相同的，且这些变量在同一个类型不能有多个变量，即在 Value 和 Control 类型中各自只能有一个成员变量。
>
> （2）CString 是 MFC 中一种很有用的数据类型。使用 CString 可以对字符串的操作更加直截了当。比如使用 CString 类型，就能很方便地连接两个字符串：
>
> ```
>  CString Echo1 = "Hello ";
> CString Echo2 = "world";
>
> CString Echo3 = Echo1 + Echo2;
> ```
>
> 这显然要比使用下面传统的 C 语言方法好很多：
>
> ```
> char Echo1[] = "Hello ";
>  char Echo2[] = "world";
> char *Echo3 = malloc(strlen(Echo1) + strlen(Echo2) + 1);
> strcpy(Echo3, Echo1);
> strcat(Echo3, Echo2);
> ```
>
> 和传统的使用 sprintf( )函数或 wsprintf( )函数来格式化一个字符串方法相比，CString 对象的 Format( )方法可以非常容易地把其他不是字符串类型的数据转化为 CString 类型，而不必担心用来存放格式化后数据的缓冲区是否足够大，因为这些工作已由 CString 类完成。
>
> ```
> CString LiMax;
> short  max = 100;
> LiMax.Format("最大数是 %d", max);
> ```

9.1.4　添加 WM_INITDIALOG 消息映射的初始化代码

单击"ClassWizard"的"Message Maps"标签，双击"Member functions"的函数"OnInitDialog( ) ON_WM_INITDIALOG"，见图 9-12。

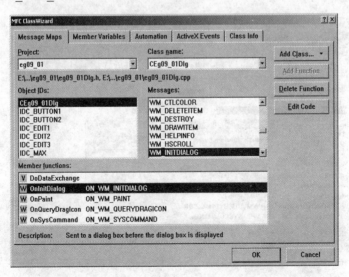

图 9-12　添加 WM_INITDIALOG 消息映射的初始化代码

在图 9-12 中的黑色位置输入：

```
LiMax="最大数是 0";
LiNumber1=LiNumber2=LiNumber3=0;
UpdateData(FALSE); //将成员变量的值传给控件，显示在对话框中
```

 注 意

> 不要修改 OnInitDialog( )函数中 MFC 框架自动生成的其他代码。OnInitDialog( )函数
> 将在对话框创建时自动调用，用于上述控件的初始化，见图 9-13。

图 9-13　添加 WM_INITDIALOG 消息映射的初始化代码

9.1.5　添加单击"求最大数"按钮的消息映射函数

按快捷键"Ctrl+w"打开"MFC ClassWizard"，单击"Message Maps"标签"Object Ids"
中的"IDC_BUTTON1"，双击"Messages"消息中的"BN_CLICKED"，添加消息映射函数
"OnButton1"，见图 9-14。

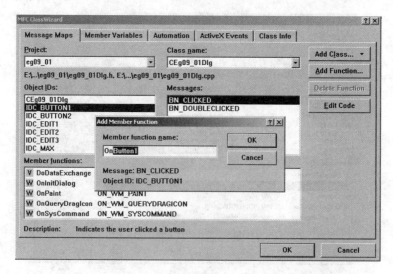

图 9-14　添加单击"求最大数"按钮的消息映射函数

单击"Edit Code"按钮添加如下代码：

```
void CEg09_01Dlg::OnButton1()
{
    // TODO: Add your control notification handler code here
    UpdateData();              //将控件显示数据传送给变量
    //为最大数计算
    short max=LiNumber1;
    if(max<LiNumber2)
        max=LiNumber2;
    if(max<LiNumber3)
    max=LiNumber3;
    LiMax.Format("最大数是%d",max);
    UpdateData(FALSE);         //将成员变量的值传送给控件并在控件中显示

}
```

9.1.6 添加单击"退出"按钮的消息映射函数

按快捷键"Ctrl+w"打开"MFC ClassWizard"，单击"Message Maps"标签"Object Ids"中的"IDC_BUTTON2"，双击"Messages"消息中的"BN_CLICKED"，添加消息映射函数"OnButton2"，单击"Edit Code"按钮添加如下代码：

```
void CEg09_01Dlg::OnButton2()
{
    // TODO: Add your control notification handler code here
    CEg09_01Dlg::OnCancel(); //结束对话框
}
```

 注 意

OnCancel( )是对话框类的一个成员函数，用于中止对话框程序的运行。

9.1.7 测试程序

完成以上步骤后就可以进行编译、连接、运行，在弹出的对话框中输入 25、48、16 三个数，单击"找最大数"按钮，出现图 9-1 所示运行结果。

如果输入的数据不在指定的范围，比如第一个数输入了 33.5，单击"求最大数"按钮，程序将自动弹出警告提示输入出错，见图 9-15。

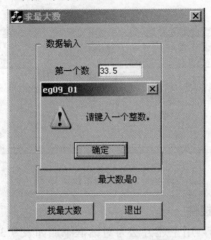

图 9-15 数据校验示意图

9.2　实例二　学生成绩管理

设计一个基于对话框的学生成绩管理程序，可以添加、修改、删除记录，还可以按总平均分排名。实例二使用列表框、组框、静态文本、编辑框以及按钮等控件，程序界面如图 9-16 所示。

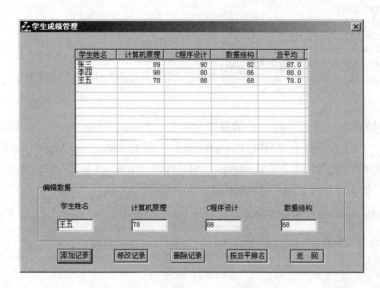

图 9-16　实例二的程序运行结果

9.2.1　创建一个基于对话框的学生成绩管理程序

进入 VC++ 开发环境，单击 File 下的 New 菜单项，在弹出的"New"对话框中选择 Projects 标签，选择 MFC AppWizard{exe}的项目类型，输入工程名 eg09-02，单击"OK"按钮；选择 Dialog based 程序类型，单击"Finish"按钮。

进入编辑界面后，改变对话框的大小。删除系统自带的取消按钮以及文字"TODO:在这里设置对话控制"，将确定按钮的标题修改为"返回"，将对话框标题修改为"学生成绩管理"，见图 9-17。

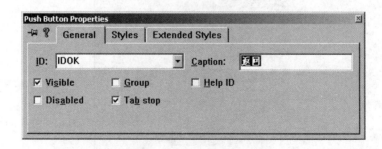

图 9-17　设置确定按钮标题

9.2.2　向对话框内添加控件

按照图 9-16 的控件布局，用上述方法为对话框添加如表 9-3 所示控件。

控 件	ID 号	标 题	属 性
列表控件	IDC_LIST1	—	Report
组框	IDC_STATIC	编辑数据	默认
静态文本	IDC_STATIC	学生姓名	默认
静态文本	IDC_STATIC	计算机原理	默认
静态文本	IDC_STATIC	C 程序设计	默认
静态文本	IDC_STATIC	数据结构	默认
编辑框	IDC_EDIT1	—	默认
编辑框	IDC_EDIT2	—	默认
编辑框	IDC_EDIT3	—	默认
编辑框	IDC_EDIT4	—	默认
按钮	ID_Add_BUTTON	添加记录	Default Button
按钮	ID_Modify_BUTTON	修改记录	默认
按钮	ID_Delete_BUTTON	删除记录	默认
按钮	ID_Sort_BUTTON	按总平排序	默认
按钮	IDOK	返回	默认

表 9-3 添加的控件

添加列表控件（List Control），调整列表框的大小，右键单击快捷菜单中的"properties"，进入属性设置对话框，点击 Styles 标签进入风格设置，点击 View 下拉菜单，选择"Report"，见图 9-18。

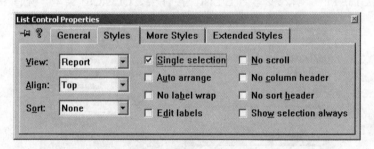

图 9-18 设置列表控件属性

用记事本查看 eg09_02.rc 的情况如图 9-19 所示（控件位置、尺寸仅供参考）。

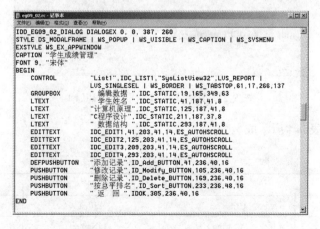

图 9-19 用记事本查看 eg09_02.rc

9.2.3 使用 ClassWizard 为控件添加变量

单击 View 菜单下的 ClassWizard 菜单项（或按快捷键"Ctrl+w"）打开 MFC ClassWizard 对话框，单击 Member Variables 标签，如图 9-20 所示。

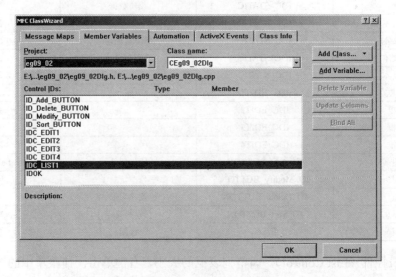

图 9-20 ClassWizard

双击"IDC_LIST1"，输入变量名 LiList，控件类，CListCtrl 类型，见图 9-21。

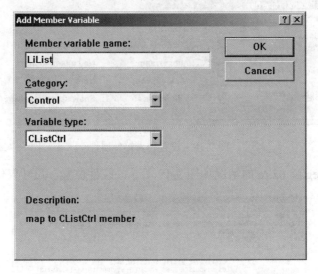

图 9-21 IDC_LIST1 关联变量 LiList

依次添加了如表 9-4 所示成员变量。

表 9-4 添加的成员变量

控 件 ID 号	变 量 类 型	变 量 名	数 值 范 围
IDC_LIST1	CListCtrl	LiList	—
IDC_EDIT1	CString	LiName	8

续表

控 件 ID 号	变 量 类 型	变 量 名	数 值 范 围
IDC_EDIT2	float	LiComputerScore	0～100
IDC_EDIT3	float	LiCScore	0～100
IDC_EDIT4	float	LiDSScore	0～100

9.2.4　添加 WM_INITDIALOG 消息映射的初始化代码

单击"ClassWizard"的"Message Maps"标签，双击"Member functions"的函数"OnInitDialog( ) ON_WM_INITDIALOG"，如图 9-22 所示。

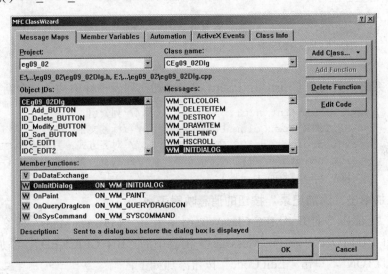

图 9-22　添加 WM_INITDIALOG 消息映射的初始化代码

在 // TODO:……和 return TRUE;两行中间输入：

```
BOOL CEg09_02Dlg::OnInitDialog()
{
    CDialog::OnInitDialog();
    …
        // TODO: Add extra initialization here
    //列表框初始化
    //整行选择模式
    LiList.SetExtendedStyle(LVS_EX_FULLROWSELECT|LVS_EX_GRIDLINES|
        LVS_EX_HEADERDRAGDROP);

    //设置栏目标题
    LiList.InsertColumn(0,  "学生姓名" ,  LVCFMT_LEFT,   70, -1);
    LiList.InsertColumn(1, "计算机原理",  LVCFMT_RIGHT,  80, -1);
    LiList.InsertColumn(2,  "C 程序设计",  LVCFMT_RIGHT,  80, -1);
    LiList.InsertColumn(3,  "数据结构" ,  LVCFMT_RIGHT,  80, -1);
    LiList.InsertColumn(4,  " 总平均 " ,  LVCFMT_RIGHT,  80, -1);

    return TRUE;  // return TRUE  unless you set the focus to a control
}
```

这里完成的主要工作是初始化列表框，设置栏目标题。不要修改 OnInitDialog( )函数中 MFC 框架自动生成的其他代码。

CListCtrl 类的成员函数 CListCtrl::SetExtendedStyle 设定列表控件的当前扩展样式：

```
DWORD SetExtendedStyle( DWORD dwNewStyle );
```

dwNewStyle 指定的扩展样式：

```
LVS_EX_GRIDLINES            绘制网格线
LVS_EX_FULLROWSELECT        允许选择整行
LVS_EX_HEADERDRAGDROP       允许标题拖拽
LVS_EX_FLATSB               扁平滚动条
LVS_EX_ONECLICKACTIVATE     单击激活
LVS_EX_ONECLICKACTIVEATE    高亮显示
LVS_EX_TRACKSELECT          自动换行
...
```

CListCtrl 类的成员函数 CListCtrl::InsertColumn 则在列表控件中插入一个新记录：

```
int InsertColumn(int nCol,              // 列索引
        LPCTSTR lpszColumnHeading,      // 标签文字
        int nFormat = LVCFMT_LEFT,      // 对齐方式，默认为 LVCFMT_LEFT
        int nWidth = -1,                // 列宽，默认为不设定（-1）
        int nSubItem = -1 );            // 子项，默认为无（-1）
```

9.2.5　添加单击"添加记录"按钮的消息映射函数

按快捷键"Ctrl+w"打开"MFC ClassWizard"，单击"Message Maps"标签"Object Ids"中的"ID_Add_BUTTON"，双击"Messages"消息中的"BN_CLICKED"，添加消息映射函数"OnAddBUTTON"，单击"Edit Code"按钮添加如下代码：

```
void CEg09_02Dlg::OnAddBUTTON()
{
    // TODO: Add your control notification handler code here
    UpdateData();                       //将数据由前台传到后台

    CString LiStr;
    //将所获得成绩添加到列表框中
    int i=LiList.GetItemCount();        //获取添加的记录位置

    LiStr.Format("%s",LiName);
    LiList.InsertItem(i,LiStr);         //插入姓名

    LiStr.Format("%4.1f",LiComputerScore);
    LiList.SetItemText(i,1,LiStr);      //插入计算机原理课程成绩

    LiStr.Format("%4.1f",LiCScore);
    LiList.SetItemText(i,2,LiStr);      //插入 C 程序设计课程成绩

    LiStr.Format("%4.1f",LiDSScore);
    LiList.SetItemText(i,3,LiStr);      //插入数据结构课程成绩

    LiStr.Format("%4.1f",(LiComputerScore+LiCScore+LiDSScore)/3.0);
```

```
        LiList.SetItemText(i,4,LiStr);              //插入总成绩

        UpdateData(FALSE);                          //将数据由后台传到前台
}
```

在编辑框录入数据后，单击"添加记录"按钮，所添加的记录便追加到列表的后面。
CListCtrl 类的成员函数 CListCtrl:: GetItemCount 返回列表控件中的记录数：

```
int GetItemCount( );
```

CListCtrl 类的成员函数 CListCtrl:: SetItemText 改变列表控件指定记录指定列的文本。

```
BOOL SetItemText( int nItem,              // 指定行
        int nSubItem,                     // 指定列
        LPTSTR lpszText );                // 新文本
```

9.2.6　添加单击列表记录的消息映射函数

按快捷键"Ctrl+w"打开"MFC ClassWizard"，单击"Message Maps"标签"Object Ids"
中的"IDC_LIST1"，双击"Messages"消息中的"NM_CLICK"，添加消息映射函数
"OnClickList1"，见图 9-23。

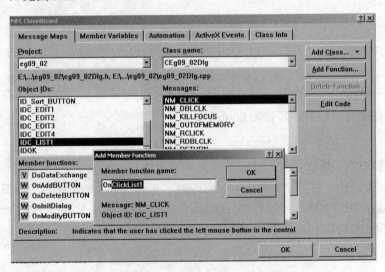

图 9-23　添加单击列表记录的消息映射函数

单击"Edit Code"按钮添加如下代码：

```
void CEg09_02Dlg::OnClickList1(NMHDR* pNMHDR, LRESULT* pResult)
{
    // TODO: Add your control notification handler code here
    //选中一行
    POSITION LiPos=LiList.GetFirstSelectedItemPosition();
    if(LiPos)
    {
        //获得所选行的相对位置
        int i=LiList.GetNextSelectedItem(LiPos);
        CString strUserinfo;

        //将所选内容传给后台变量
```

```
        LiName=LiList.GetItemText(i,0);
        LiComputerScore=atof(LiList.GetItemText(i,1));
        LiCScore=atof(LiList.GetItemText(i,2));
        LiDSScore=atof(LiList.GetItemText(i,3));

        UpdateData(FALSE);        //将数据由后台传到前台
    }

    *pResult = 0;
}
```

之所以添加此消息映射函数，是因为必须在列表中选择了相应记录后才能将该记录数据显示到编辑框进行修改，然后单击"修改记录"按钮，用修改后数据更新列表。

CListCtrl 类的成员函数 CListCtrl::GetFirstSelectedItemPosition 返回列表控件中第一个被选列表项的位置：

```
POSITION GetFirstSelectedItemPosition( ) ;
```

CListCtrl 类的成员函数 CListCtrl::GetNextSelectedItem 返回得到列表中所选列表项目的索引（记录号）：

```
int GetNextSelectedItem( POSITION& pos ) ;
```

CListCtrl 类的成员函数 CListCtrl::GetItemText 返回列表中指定行指定列的文本：

```
CString GetItemText( int nItem,        // 指定行
int nSubItem )                         // 指定列
```

函数 atof 把字符串型数字转化为 double 型数：

```
double atof( const char *string );
```

9.2.7 添加单击"修改记录"按钮的消息映射函数

按快捷键"Ctrl+w"打开"MFC ClassWizard"，单击"Message Maps"标签"Object Ids"中的"ID_Modify_BUTTON"，双击"Messages"消息中的"BN_CLICKED"，添加消息映射函数"OnModifyBUTTON"，单击"Edit Code"按钮添加如下代码：

```
void CEg09_02Dlg::OnModifyBUTTON()
{
    // TODO: Add your control notification handler code here
    UpdateData();        //将数据由前台传到后台

    //获得所选行的相对位置
    int i=0;
    POSITION LiPos=LiList.GetFirstSelectedItemPosition();
    if(LiPos)
        i=LiList.GetNextSelectedItem(LiPos);

    CString LiStr;

    LiStr.Format("%s",LiName);
    LiList.SetItemText(i,0,LiStr);
```

```
LiStr.Format("%4.1f",LiComputerScore);
LiList.SetItemText(i,1,LiStr);

LiStr.Format("%4.1f",LiCScore);
LiList.SetItemText(i,2,LiStr);

LiStr.Format("%4.1f",LiDSScore);
LiList.SetItemText(i,3,LiStr);

LiStr.Format("%4.1f",(LiComputerScore+LiCScore+LiDSScore)/3.0);
LiList.SetItemText(i,4,LiStr);

UpdateData(FALSE);        //将数据由后台传到前台
}
```

在编辑框修改数据后，单击"修改记录"按钮，用修改后数据更新列表。

9.2.8　添加单击"删除记录"按钮的消息映射函数

按快捷键"Ctrl+w"打开"MFC ClassWizard"，单击"Message Maps"标签"Object Ids"中的"ID_Delete_BUTTON"，双击"Messages"消息中的"BN_CLICKED"，添加消息映射函数"OnDeleteBUTTON"，单击"Edit Code"按钮添加如下代码：

```
void CEg09_02Dlg::OnDeleteBUTTON()
{
    // TODO: Add your control notification handler code here
    //选中一行
    POSITION LiPos=LiList.GetFirstSelectedItemPosition();

    if(LiPos)
    {
        //获得所选行的相对位置
        int i=LiList.GetNextSelectedItem(LiPos);
        //删除所选行
        LiList.DeleteItem(i);
    }

        //删除当前后台变量、更新编辑框
        LiName="";
        LiComputerScore=0;
        LiCScore=0;
        LiDSScore=0;
        UpdateData(FALSE);             //将数据由后台传到前台
    }
```

在列表中选择了相应记录后，单击"删除记录"按钮，列表中的相应记录就被删除了。CListCtrl 类的成员函数 CListCtrl:: DeleteItem 删除列表中的指定行记录：

```
BOOL DeleteItem( int nItem );          // 指定行
```

9.2.9　添加单击"按总平排序"按钮的消息映射函数

按快捷键"Ctrl+w"打开"MFC ClassWizard"，单击"Message Maps"标签"Object Ids"

中的"ID_Sort_BUTTON"，双击"Messages"消息中的"BN_CLICKED"，添加消息映射函数"OnSortBUTTON"，单击"Edit Code"按钮添加如下代码：

```
void CEg09_02Dlg::OnSortBUTTON()
{
    // TODO: Add your control notification handler code here
    int LiListNum=LiList.GetItemCount();//获取现有记录个数
    struct student
    {
        char Name[8];
        float ComputerScore;
        float CScore;
        float DSScore;
        float average;
    } *stu, temp;
    stu= new struct student[LiListNum];//动态申请内存

        //获取列表数据
        int i, j, k;
        for(i=0; i<LiListNum; i++)
    {
        strcpy(stu[i].Name, LiList.GetItemText(i,0));
        stu[i].ComputerScore=atof(LiList.GetItemText(i,1));
        stu[i].CScore=atof(LiList.GetItemText(i,2));
        stu[i].DSScore=atof(LiList.GetItemText(i,3));
        stu[i].average=(stu[i].ComputerScore+stu[i].CScore+
            stu[i].DSScore)/3.0;
    }

        //选择法排序
        for(i=0;i<LiListNum-1;i++)
    {
        k=i;
        for(j=i+1; j<LiListNum; j++)
            if(stu[j].average>stu[k].average)
                k=j;
            if(i!=k)
                temp=stu[i], stu[i]=stu[k], stu[k]=temp;
    }

        //将排列好的数据返回给列表
        CString LiStr;
        for(i=0; i<LiListNum; i++)
    {
        LiStr.Format("%s",stu[i].Name);
        LiList.SetItemText(i,0,LiStr);

        LiStr.Format("%4.1f",stu[i].ComputerScore);
        LiList.SetItemText(i,1,LiStr);

        LiStr.Format("%4.1f",stu[i].CScore);
```

```
            LiList.SetItemText(i,2,LiStr);
            LiStr.Format("%4.1f",stu[i].DSScore);
            LiList.SetItemText(i,3,LiStr);

            LiStr.Format("%4.1f",stu[i].average);
            LiList.SetItemText(i,4,LiStr);
      }

      delete [LiListNum]stu;           //释放所申请的内存
      UpdateData(FALSE);               //将数据由后台传到前台
}
```

单击"按总平排序"按钮后，首先要根据现有记录个数动态申请内存，获取列表数据，然后用选择法对其按从大到小顺序排序，最后将排列好的数据返回给列表。

new 则是 c++动态申请内存的运算符，动态分配指定大小的内存后将返回一个首地址：

```
int *Num1, *Num2
Num1=new int;                         // Num1 指向了 1 个 int 数的内存空间
Num2=new int[10];                     // Num2 指向了 10 个 int 数的内存空间
```

　注　意

必须使用 delete 释放 new 所申请到的内存，否则被分配的内存不再能被其他程序使用，也无法回收，即内存泄漏（memory leak）了。

```
delete Num1;                          // 释放了 1 个 int 数的内存空间
delete [10]Num2;                      // 释放了 10 个 int 数的内存空间
```

9.2.10　测试程序

完成以上步骤后就可以进行编译、连接、运行，在弹出的对话框中输入数据，单击"添加记录"按钮，出现如图 9-16 所示运行结果。读者可以继续测试其他按钮。

【想一想】

在学习了第 8 章文件知识之后，可以尝试给实例二添加记录保存、加载功能，实现功能完整的学生成绩管理。

　提　示

在响应 WM_INITDIALOG 消息的 OnInitDialog( )设置好栏目标题，可以打开存储记录的数据文件，每读入一位同学的信息，就在列表控件中插入一个对应的记录，完成数据的加载。同样可以在"返回"按钮的响应函数中添加记录保存功能。

9.3　实例三　数据压缩

初学者在设计 C 语言程序时总喜欢事必躬亲，所有程序都自己编，也常常为自己编的程序水平太差而垂头丧气。随便打开一个 Windows 系统文件夹，就能看到很多扩展名为 DLL 的文件，这些就是"动态链接库"，DLL 是 Dynamic Link Library（即"动态链接库"）的缩写，可以说动态链接库就是 Windows 操作系统的一块基石。例如，Kernel32.dll 提供了与内核相关的功能，主要包含了用于管理内存、进程和线程的函数；User32.dll 中包含了用于执行用户界面任务的函数，比如把鼠标单击操作传递给窗口，以便窗口根据鼠标的单击来执行预定的动作；图形设备接口 GDI32.dll(Graphical Device Interface)则包含了用于画图和显示文本的函数，比如要显示一个程序窗口，就调用了其中的函数来绘制这个窗口。之所以 Windows 系统大量使用 DLL，不仅是因为 DLL 能被应用程序动态载入内存，节省了宝贵的内存资源，更主要的是 DLL 文件提供了应用程序间共享程序资源的可能。有了 DLL 文件，我们不仅可以共享它的程序，甚至还可以共享它的程序对话框、字符串和图标、声音等资源。

下面就借助 DLL 技术共享 Windows 现有资源，让自己的程序轻松达到专业级的水平。ZLIB 是比较常见的一种 HTTP 压缩算法，压缩 HTML、JavaScript 或 CSS 文件，在 Web 服务器和浏览器间传输压缩文本内容，降低了网络传输的数据量，提高客户端浏览器的访问速度。很多网站都提供了基于 ZLIB 算法的 zlib.dll 及其使用说明的免费下载。实例三就是利用 zlib.dll 对系统随机生成数据的压缩与解压缩功能，结果如图 9-24 所示。

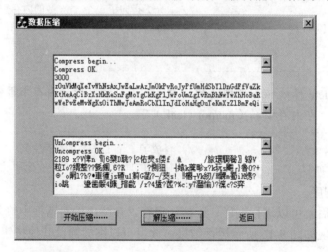

图 9-24　实例三的程序运行结果

9.3.1　创建一个基于对话框的数据压缩程序

进入 VC++ 开发环境，单击 File 下的 New 菜单项，在弹出的"New"对话框中选择 Projects 标签，选择 MFC AppWizard{exe}的项目类型，输入工程名 eg09-03，单击"OK"按钮；选择 Dialog based 程序类型，单击"Finish"按钮。

进入编辑界面后，改变对话框的大小。删除系统自带的取消按钮以及文字"TODO:在这里设置对话控制"，将确定按钮的标题修改为"返回"，将对话框标题修改为"数据压缩"，见图 9-25。

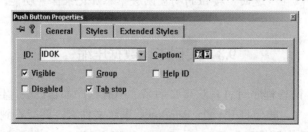

图 9-25　设置确定按钮标题

9.3.2　向对话框内添加控件

按照图 9-24 的控件布局，用上述方法为对话框添加如表 9-5 所示的控件。

表 9-5　　添　加　控　件

控　件	ID　号	标　题	属　性
编辑框	IDC_EDIT1	—	Multiline,Vertical scroll,Auto VScroll
编辑框	IDC_EDIT2	—	Multiline,Vertical scroll,Auto VScroll
按钮	ID_BUTTON1	开始压缩……	Default Button
按钮	ID_BUTTON2	解压缩……	默认
按钮	IDOK	返回	默认

添加编辑框时，单击 Styles 标签进入风格设置，选择属性“Multiline”（多行）、“Vertical scroll”（垂直滚动条）、“Auto VScroll”（在文本显示不下时自动出现垂直滑动条），见图 9-26。

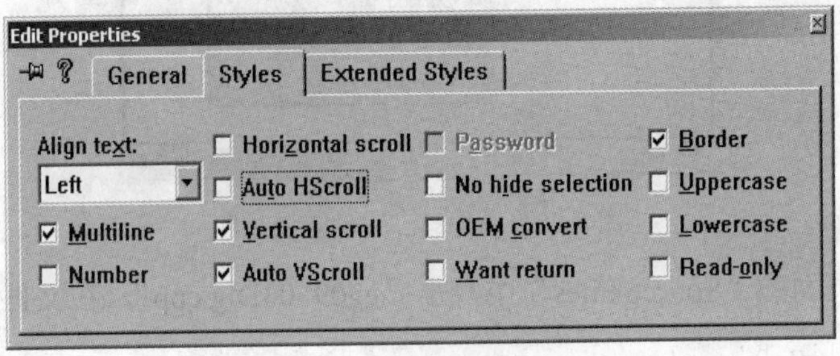

图 9-26　设置编辑框属性

用记事本查看 eg09_03.rc 的情况如图 9-27 所示（控件位置、尺寸仅供参考）。

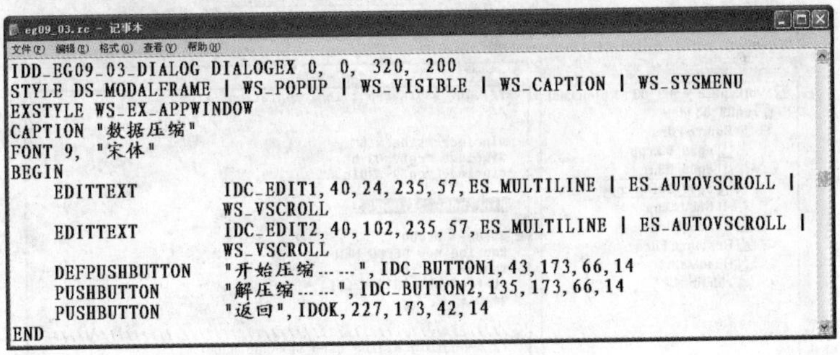

```
IDD_EG09_03_DIALOG DIALOGEX 0, 0, 320, 200
STYLE DS_MODALFRAME | WS_POPUP | WS_VISIBLE | WS_CAPTION | WS_SYSMENU
EXSTYLE WS_EX_APPWINDOW
CAPTION "数据压缩"
FONT 9, "宋体"
BEGIN
    EDITTEXT        IDC_EDIT1,40,24,235,57,ES_MULTILINE | ES_AUTOVSCROLL |
                    WS_VSCROLL
    EDITTEXT        IDC_EDIT2,40,102,235,57,ES_MULTILINE | ES_AUTOVSCROLL |
                    WS_VSCROLL
    DEFPUSHBUTTON   "开始压缩......",IDC_BUTTON1,43,173,66,14
    PUSHBUTTON      "解压缩......",IDC_BUTTON2,135,173,66,14
    PUSHBUTTON      "返回",IDOK,227,173,42,14
END
```

图 9-27　用记事本查看 eg09_03.rc 文件

9.3.3　使用 ClassWizard 为控件添加变量

单击 View 菜单下的 ClassWizard 菜单项（或按快捷键“Ctrl+w”）打开 MFC ClassWizard，依次添加如表 9-6 所示的成员变量。

表 9-6　　添　加　变　量

控 件 ID 号	变 量 类 型	变　量　名	数 值 范 围
IDC_EDIT1	CEdit	LiEdit1	—
IDC_EDIT2	CEdit	LiEdit2	—

9.3.4 添加第三方动态链接库

将基于 Gzip 算法的 zlib.dll 及其配套文件 zlib.h、zconf.h、zlib.lib 复制到工作文件夹。在 FileView 页面右键单击"eg09_03 files"，在快捷菜单中单击"Add Files to Project…"添加 zlib.h、zlib.lib，见图 9-28。

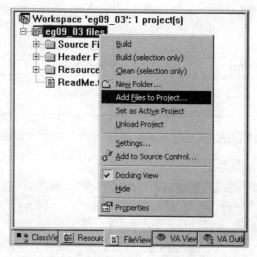

图 9-28　添加第三方动态链接库

在 FileView 页面的"Source Files"中双击"eg09_03Dlg.cpp"，在文件头嵌入 zlib.h：

```
#include "zlib.h"
```

添加第三方动态链接库的结果如图 9-29 所示。

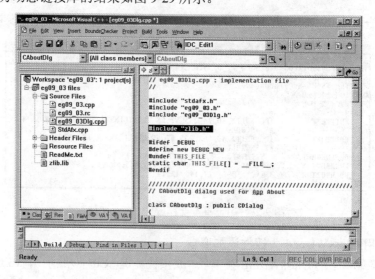

图 9-29　添加第三方动态链接库结果

9.3.5 定义对话框公有成员

在 FileView 页面的"Header Files"中双击"eg09_03Dlg.h"类，定义对话框公有成员变量：

```
unsigned char *LiTestData;                //定义待测试数据指针
unsigned char *LiCompressedData;          //定义已压缩数据指针
unsigned char *LiUnCompressedData;        //定义解压缩数据指针
```

```
unsigned long LiSourceDataLen;                    //定义测试数据长度
unsigned long LiCompressedDataLen;                //定义压缩数据长度
unsigned long LiUnCompressedDataLen;              //定义解压缩数据长度
```

添加情况如图 9-30 所示。

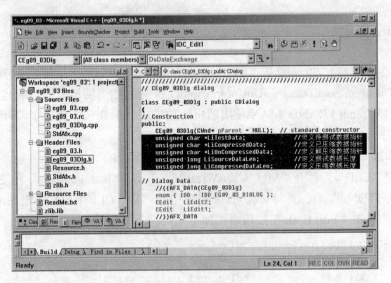

图 9-30 定义对话框公有成员

9.3.6 添加 WM_INITDIALOG 消息映射的初始化代码

在 ClassView 页面的"CEg09_03Dlg"中双击"OnInitDialog( )",输入:

```
BOOL CEg09_02Dlg::OnInitDialog()
{
    CDialog::OnInitDialog();
    ...
    // TODO: Add extra initialization here
    unsigned long i;
    LiSourceDataLen=3000;          //定义测试数据长度
    LiCompressedDataLen=3000;      //定义压缩数据长度

    // LiTestData 指向动态申请的测试数据空间首地址
    LiTestData=new unsigned char[LiSourceDataLen];

    // LiCompressedData 指向动态申请的压缩数据空间首地址
    LiCompressedData=new unsigned char[LiSourceDataLen];

    // LiUnCompressedData 指向动态申请的解压缩数据空间首地址
    LiUnCompressedData=new unsigned char[LiSourceDataLen];

    for( i=0; i< LiSourceDataLen; i++ )
    {
        if(i%2)
        {
            LiTestData[i]='A'+26*rand()/RAND_MAX;          //随机大写字母
        }
```

```
        else
        {
            LiTestData[i]='z'-26*rand()/RAND_MAX;            //随机小写字母
        }
    }

    return TRUE;  // return TRUE  unless you set the focus to a control
}
```

这里主要完成对话框一些基本数据的初始化工作：生成一批随机数据，指针变量
LiTestData，LiCompressedData，LiUnCompressedData 分别指向随机数据，压缩数据，解压缩
数据。其中，26*rand()/RAND_MAX 使用随机函数生成一个 0～25 的数字，确保测试数据的
字符在 26 个字母内，不会溢出。

9.3.7　添加单击"开始压缩……"按钮的消息映射函数

按快捷键 "Ctrl+w" 打开 "MFC ClassWizard"，单击 "Message Maps" 标签 "Object Ids"
中的 "ID_BUTTON1"，双击 "Messages" 消息中的 "BN_CLICKED"，添加消息映射函数
"OnButton1"，单击 "Edit Code" 按钮添加如下代码：

```
void CEg09_02Dlg::OnAddBUTTON()
{
    // TODO: Add your control notification handler code here
    CString LiWord;                    //定义一个存储字符串的 CString 对象
    int LiResult;                      //定义一个存储函数调用返回值的整型变量

    LiWord="Compress begin...\r\n";    //开始压缩提示
    if((LiResult=compress2 (LiCompressedData,  &LiCompressedDataLen,
            LiTestData, LiSourceDataLen, Z_BEST_COMPRESSION))==Z_OK)

    {
        CString LiWord1;
        LiWord1.Format("%ld %s\r\nCompressed word:\r\n%ld %s\r\n",
            LiSourceDataLen, LiTestData,
            LiCompressedDataLen, LiCompressedData);
        LiWord+="Compress OK.\r\n"+LiWord1;
        LiEdit1.SetWindowText(LiWord);
    }
    else
    {
        LiWord+="Compress fail.\r\n";
        LiEdit1.SetWindowText(LiWord);
    }

    UpdateData(FALSE);                 //将数据由后台传到前台
}
```

compress2 (LiCompressedData,&sourceLen, LiTestData, LiLen,Lilevel))==Z_OK)
的原型为：
```
    ZEXTERN int ZEXPORT compress2 OF((Bytef *dest,  uLongf *destLen,const Bytef
    *source, uLong sourceLen,int level));
```

函数功能说明：（文件在内存中存放的区域）源缓冲区压缩到目的地的缓冲区（压缩完的

数据内存中存放区域）。源长就是缓冲区字节长度。当压缩时，destLen 是目的地缓冲区总长度，目的地缓冲区必须比源长加 12 个字节后至少还大 0.1%。一旦退出，destLen 是压缩缓冲区的实际大小。如果成功，compress2 返回 Z_OK，如果没有足够的内存则返回 Z_MEM_ERROR，如果输出缓冲区没有足够的空间则返回 Z_BUF_ERROR，如果水平参数无效则返回 Z_STREAM_ERROR。

在编辑框录入数据后，单击"添加记录"按钮，所添加的记录便追加到列表的后面。CListCtrl 类的成员函数 CListCtrl:: GetItemCount 返回列表控件中的记录数：

```
int GetItemCount( );
```

CListCtrl 类的成员函数 CListCtrl:: SetItemText 改变列表控件指定记录指定列的文本。

```
BOOL SetItemText( int nItem,          // 指定行
int nSubItem,                          // 指定列
LPTSTR lpszText );                     // 新文本
```

9.3.8　添加单击"解压缩……"按钮的消息映射函数

按快捷键"Ctrl+w"打开"MFC ClassWizard"，单击"Message Maps"标签"Object Ids"中的"ID_Modify_BUTTON"，双击"Messages"消息中的"BN_CLICKED"，添加消息映射函数"OnModifyBUTTON"，单击"Edit Code"按钮添加如下代码：

```
void CEg09_02Dlg::OnModifyBUTTON()
{
    // TODO: Add your control notification handler code here
    CString LiWord;                    //定义一个存储字符串的 CString 对象
    int LiResult;                      //定义一个存储函数调用返回值的整型变量

    LiWord="UnCompress begin...\r\n"; //开始解压缩提示
    if((LiResult=uncompress (LiUnCompressedData,  &LiUnCompressedDataLen,
        LiCompressedData, LiCompressedDataLen))==Z_OK)
    {
        CString LiWord1;
        LiWord1.Format("%ld %s\r\nUncompressed word\r\n%ld %s\r\n",
            LiCompressedDataLen, LiCompressedData,
            LiUnCompressedDataLen, LiUnCompressedData);
        LiWord+="Uncompress OK.\r\n"+LiWord1;
        LiEdit2.SetWindowText(LiWord);
    }
    else
    {
        LiWord.Format("uncompress fail.\n");
        LiEdit2.SetWindowText(LiWord);
    }

    UpdateData(FALSE);                 //将数据由后台传到前台
//   2. …
}
```

　　之所以添加此消息映射函数，是因为必须在列表中选择了相应记录后才能将该记录数据显示到编辑框进行修改，然后单击"修改记录"按钮，用修改后数据更新列表。

　　CListCtrl 类的成员函数 CListCtrl::GetFirstSelectedItemPosition 返回列表控件中第一个被选列项的位置：

```
POSITION GetFirstSelectedItemPosition( ) ;
```

　　CListCtrl 类的成员函数 CListCtrl::GetNextSelectedItem 返回得到列表中所选列表项目的索引（记录号）：

```
int GetNextSelectedItem( POSITION& pos ) ;
```

　　CListCtrl 类的成员函数 CListCtrl::GetItemText 返回列表中指定行指定列的文本：

```
CString GetItemText( int nItem,            // 指定行
             int nSubItem )                // 指定列
```

　　函数 atof 把字符串型数字转化为 double 型数：

```
double atof( const char *string );
```

　　在编辑框修改数据后，单击"修改记录"按钮，用修改后数据更新列表。

9.3.9　测试程序

　　完成以上步骤后就可以进行编译、连接、运行，在弹出的对话框中单击"开始压缩……"和"解压缩……"按钮，出现图 9-24 所示运行结果。

　　这里简单介绍 ZLIB 压缩算法：ZLIB 压缩算法是一种无损压缩算法，是对 GZIP 压缩算法的一种改进，去掉了压缩文件时包含的一些冗余信息来提高对缓冲区数据的压缩速度，ZLIB 的核心算法和 GZIP 是相同的。GZIP 压缩算法对于要压缩的文件，首先使用 LZ77 算法进行压缩，对得到的结果再使用 huffman 编码的方法进行压缩。LZ77 算法使用高效又简便的"字典模型"来对数据进行压缩，在某种意义上又可以称为"滑动窗口压缩"，这是由于该算法将一个虚拟的，可以跟随压缩进程滑动的窗口作为术语字典，要压缩的字符串如果在该窗口中出现，则输出其出现位置和长度。随着压缩的进程滑动字典窗口，使其中总包含最近编码过的信息，这与早期基于对信息中单个字符出现频率的统计而设计的 Huffman 编码等算法有截然不同的思想。

　　当测试数据为：

```
for( i=0; i< LiSourceDataLen; i++ )
    LiTestData[i]='A'+i%26;
```

　　ZLIB 压缩算法压缩比等于 3000/58=51.72 倍，读者可以根据实例三程序运行公布的数据算算本例完全随机的数据压缩比。

　　本章借助 VC++强有力的 MFC 应用程序开发技术，结合前面章节介绍过的三个数找最大数、排序、动态内存申请、字符串处理等知识，详细讨论了三个基于对话框的 Windows 应用程序开发实例。

　　Windows 应用程序开发看起来很复杂，学有余力的读者在实例一步一步地引导下可以轻

松迈进这扇神秘的大门，细细体会 MFC 应用程序开发的基本概念，搞清楚之后便可以独立编程练习了。

　　学习 C 语言程序设计可能会很麻烦，因为它太灵活了。我们可以借助于 MSDN 来帮助理解，还可以借助一些辅助开发工具如 Visual Assist X 来减少程序出错的可能性。

　　读者还可以通过与本书配套的《C 语言程序设计习题解答与上机指导》第 12 章课程设计示范学习基于 Easy X、Open CV 的图形图像程序开发技术。

第10章　程序设计基本编程规范

　　良好的编程规范可以提高源程序的质量，提高软件开发效率，简化今后的软件维护工作。编者结合资料和经验尝试提出一套程序设计基本编程规范，内容涵盖了 C 语言程序设计的各个方面，包括注释、命名、排版、程序结构、函数等内容。这些规范可以作为 C 语言程序开发员进行程序设计时必须遵循的准则，也可作为程序开发团队制定实际开发规范的基础，使长期从事 C 语言程序或其他相近程序开发者从中受益。

　　1. 基本规则

　　（1）程序结构清晰，注释简明扼要，单个函数的程序行数不得过长（建议≤50 行）。

　　（2）命名规范简单易懂、风格始终如一，所有变量、常量在声明时必须加以注释，说明其物理含义。

　　（3）函数代码简单明了，功能准确实现，易读易维护，空间效率和时间效率高。

　　（4）不要随意定义全局变量，尽量使用局部变量。

　　（5）避免程序或运算出现二义性，避免过多玩弄程序设计技巧。

　　2. 注释

　　（1）基本原则。

　　1）一般情况下，源程序有效注释量必须在 20%以上。

　　2）注释语言必须准确、易懂、简洁。

　　3）注释主要解释代码的目的、功能和采用的方法，有助于对程序的阅读理解。

　　4）注释不宜太多也不能太少，该加的地方加，一目了然的地方就不要加注释。

　　5）边写代码边注释，修改代码要同步修订相应的注释，过期的注释要及时删除。

　　6）尽可能使用单行注释"//"，少用或不用多行注释"/*……*/"。

　　（2）文件注释。

　　1）每个源程序文件、头文件都应该有位于文件头的文件注释。

　　2）文件注释内容通常包括文件名、作者、版本号、完成日期、功能、修改日志等。

　　3）修改文件代码时，应在文件注释中记录修改日期、修改人员，并简要说明此次修改的目的。所有修改记录必须保持完整。

```
//////////////////////////////////////////////////////////
//  File name:        //文件名：
//  Author:           //作  者：
//  Version:          //版  本：
//  Date:             //完成日期：
//  Description:      //本文件完成的主要功能：
//  History:          //修改记录：
//    1. Date:        //修改日期：
//       Author:      //修改人：
//       Modification: //修改内容简述：
```

```
//    2. ...
//////////////////////////////////////////////////////////////////////
```

（3）函数注释。

每一个函数都应该在函数头部添加函数注释，内容应包括函数名称、函数功能、入口参数、出口参数等内容。其中函数名称可简写为函数名()，不加入口、出口参数信息。

```
//////////////////////////////////////////////////////////////////////
// Function:            //函数名称：
// Description:         //函数的功能描述：
// Input:               //入口参数说明，包括每个参数的作用、取值范围及参数间关系：
// Output:              //出口参数说明：
// Return:              //函数返回值的说明：
// Others:              //备注说明：
//////////////////////////////////////////////////////////////////////
```

（4）程序注释。

函数体内的每个程序模块、典型算法都要添加相关注释说明。

1）程序注释应与被注释的语句紧邻，放在其上方或右方，不可放在下面。如放于上方则需与前面的代码用空行隔开。

2）少量注释一般添加在被注释语句的行尾，一个函数内的多个行注释左对齐。

3）较多注释则应加在语句上方且注释行与被注释的语句左对齐。

```
printf("请输入两个整数:");                // 显示输入提示
scanf("%d,%d", &first, &second);        // 从键盘输入数据存入变量

// 求两个整数中的大数
if( first > second )
    big=first;
else
    big=second;

// 输出结果
printf("第一个数是 %d\n", first );
printf("第二个数是 %d\n", second );
printf("大数是 %d\n", big);
```

（5）变量、常量、数据结构的注释。

在声明上述对象时必须加以注释，说明其物理含义。注释文字应放在其上方紧邻位置或右方。

（6）全局变量的注释。

应尽可能避免定义全局变量。如果使用了全局变量，一定要有详细的注释，包括其功能、取值范围，哪些函数或过程存取它以及存取时的注意事项等。

3. 标识符命名

（1）命名基本原则。

1）标识符的命名要清晰、明了，含义明确，同时使用完整的单词或约定俗成的缩写，如 temp 缩写为 tmp，increment 缩写为 inc，message 缩写为 msg 等。

2）命名风格要自始至终保持一致。

3）命名中若使用特殊的约定或缩写，必须注释说明。

4）模块之间的接口参数标识符名称之前可加上模块标识。

（2）宏和常量命名一般用大写字母来命名，词与词之间可用下划线分隔。对程序中多处引用的常量均应用有意义的宏或枚举来代替。

```
#define LEN 10
#define PAI 3.1415926
#define STR_LEN 80
...
short Num[LEN];
```

（3）变量名用小写字母命名，推荐每个词的第一个字母大写。

1）全局变量可加一前缀以示区别，如"g_"。

2）局部变量应简明扼要，一般不使用单字符标识符。

3）局部循环体控制变量可使用 i、j、k 等单字符标识符。

4）局部长度变量可使用 len、num 等词。

5）临时中间变量可使用 temp、tmp 等词。

（4）函数名通常用小写字母命名，每个词的第一个字母大写，并将模块标识加在最前面。

（5）文件名称应清楚表明其功能或性质。每个.c 文件应该有一个同名的.h 文件作为头文件。

本书部分例题、习题为和计算机等级考试同步，援引了不规范的变量/函数名，敬请谅解。

4. 排版

推荐使用开发工具 Visual Assist X 辅助排版。

（1）利用缩进显示程序的逻辑结构，以 Tab 键为单位逐级累进缩进量。

函数体、分支、循环体分层缩进，可以帮助别人更容易理解你的程序，更快找到需要查看的程序段。

（2）适当插入空行分割各程序块，并加以必要的注释。

程序段是能完成一个具体功能的多行代码。各行代码之间依赖性较强。

（3）一般一条语句单独占一行。当一条语句太长时，可分成多行书写，划分出的新行要适当缩进，排版整齐，提高程序的可读性。例如：

```
printf("Each digit is %2d%2d%2d%2d%2d\n",
    a, b, c, d, e);
```

又如：

```
//获取 TD 曲线作图区域
if (!LiTDGetArea(pDC,           //绘画 DC
    LiTDRect,                   //绘图区域尺寸
    LiTDSubFlag,                //各视图绘制标志
    LiTDSubRect,                //各绘图子区域尺寸
    LiFontHeight ))             //标注文字尺寸
{
    ...
}
```

（4）在变量、表达式、函数中适当添加空格对它们进行分隔，增加程序的可读性。

```
* ptr += 2;
```

（5）花括号。

1）无论分支、循环体是一条语句还是多条语句都必须加花括号，且左右花括号各独占一行。

2）do～while 结构中，"do" 和 "{" 各占一行，"}while( );" 占一行。

```
printf("300 以内能被 9 整除的数有:\n");
do
{
    if( i%9==0 )
    {
        ...
    }
}while( ++i <= 300 );
```

3）分支和循环的嵌套层数越少越好，一般不超过 3 层。

（6）switch 语句。

1）每个 case 和其判据条件独占一行。

2）每个 case 分支缩进一个 Tab。

3）一般每个 case 分支均需用 break 结束，除非多个判断条件共用某一分支。

4）一般情况下都应该包含 default 分支提高程序的容错能力。

```
printf("请输入一个四则运算表达式(eg:1.5/2.5):");
scanf("%f%c%f", &num1, &op, &num2 );
switch(op)
{
    case '+':
        printf("%f + %f =%f\n",
                num1, num2, num1 + num2);
        break;
    case '-':
        printf("%f - %f =%f\n",
                num1, num2, num1 - num2);
        break;
    case '*':
        printf("%f * %f =%f\n",
                num1, num2, num1 * num2);
        break;
    case '/':
        if(num2)
            printf("%f / %f =%f\n",
                    num1, num2, num1 / num2);
        else
            printf("除数不能为 0\n");
        break;
    default:
        printf("错误的运算符! \n");
}
```

5）缺少 break 的分支将会不经判断就继续执行后继的分支，这时的 switch~case 结构不再是简单的等值分支，要慎用！

5. 程序结构

（1）明确用 void 声明无入口参数和无出口参数。

```
void main( void )
```

（2）禁止 GOTO 语句。

（3）主调函数一般定义在被调函数之后。

（4）每个函数只有一个出口。

（5）用括号明确表达式的运算顺序，避免因默认的优先级与设计思想不符而导致程序出错。

（6）不要使用晦涩难懂的技巧，例如：* ++ ptr += 1; 远远没有：

```
++ ptr;
* ptr += 1;
```

清晰易懂。

（7）对用户输入必须进行合法性检查，对各种输入的情况要尽可能考虑周全。

（8）由于浮点数为有效数字，存在误差，不能直接比较两个浮点数是否相等：

```
if( 10.0 * 0.3 == 3.0 )
```

6. 函数

（1）尽量将完成简单功能、关系非常密切的一条或几条语句编写为函数。

（2）一个函数只完成一个功能，单个函数的程序行数尽量限制在 30～100 行以内。

（3）如果一个函数没有入口参数或者返回值，应用 void 明确声明。

（4）函数体的花括号"{"、"}"各占一行。

（5）函数局部变量的数目一般不超过 5～10 个。

（6）同一行内不要定义过多变量。

（7）定义变量时不做比较复杂的初始化工作（变量赋初值）。

（8）尽量不要将函数的入口参数作为工作变量。

（9）尽量不要把与函数返回值类型不同的值默认或强制类型转换后返回。

（10）尽量不要递归调用函数。

附录一 基本 ASCII 码对照表

十进制	十六进制	字符	十进制	十六进制	字符	十进制	十六进制	字符	十进制	十六进制	字符
0	00	(NUL)	32	20	(空格)	64	40	@	96	60	、
1	01	☺	33	21	!	65	41	A	97	61	a
2	02	☻	34	22	"	66	42	B	98	62	b
3	03	♥	35	23	#	67	43	C	99	63	c
4	04	♦	36	24	$	68	44	D	100	64	d
5	05	♣	37	25	%	69	45	E	101	65	e
6	06	♠	38	26	&	70	46	F	102	66	f
7	07	●	39	27	'	71	47	G	103	67	g
8	08	◘	40	28	(	72	48	H	104	68	h
9	09	○	41	29	)	73	49	I	105	69	i
10	0A	◙	42	2A	*	74	4A	J	106	6A	j
11	0B	♂	43	2B	+	75	4B	K	107	6B	k
12	0C	♀	44	2C	,	76	4C	L	108	6C	l
13	0D	♪	45	2D	-	77	4D	M	109	6D	m
14	0E	♫	46	2E	.	78	4E	N	110	6E	n
15	0F	☼	47	2F	/	79	4F	O	111	6F	o
16	10	►	48	30	0	80	50	P	112	70	p
17	11	◄	49	31	1	81	51	Q	113	71	q
18	12	↕	50	32	2	82	52	R	114	72	r
19	13	‼	51	33	3	83	53	S	115	73	s
20	14	¶	52	34	4	84	54	T	116	74	t
21	15	§	53	35	5	85	55	U	117	75	u
22	16	■	54	36	6	86	56	V	118	76	v
23	17	↨	55	37	7	87	57	W	119	77	w
24	18	↑	56	38	8	88	58	X	120	78	x
25	19	↓	57	39	9	89	59	Y	121	79	y
26	1A	→	58	3A	:	90	5A	Z	122	7A	z
27	1B	←	59	3B	;	91	5B	[	123	7B	{
28	1C	∟	60	3C	<	92	5C	\	124	7C		
29	1D	↔	61	3D	=	93	5D	]	125	7D	}
30	1E	▲	62	3E	>	94	5E	^	126	7E	~
31	1F	▼	63	3F	?	95	5F	_	127	7F	∆

扩充 ASCII 码对照表

十进制	字符	十进制	字符	十进制	字符	十进制	字符	十进制	字符	十进制	字符	十进制	字符	十进制	字符
128	Ç	144	É	160	á	176	░	192	└	208	╨	224	α	240	≡
129	ü	145	æ	161	í	177	▒	193	┴	209	╤	225	ß	241	±
130	é	146	Æ	162	ó	178	▓	194	┬	210	╥	226	Γ	242	≥
131	â	147	ô	163	ú	179	│	195	├	211	╙	227	π	243	≤
132	ä	148	ö	164	ñ	180	┤	196	─	212	Ô	228	Σ	244	⌠
133	à	149	ò	165	Ñ	181	╡	197	┼	213	╒	229	σ	245	⌡
134	å	150	û	166	ª	182	╢	198	╞	214	╓	230	μ	246	÷
135	ç	151	ù	167	º	183	╖	199	╟	215	╫	231	τ	247	≈
136	ê	152	ÿ	168	¿	184	╕	200	╚	216	╪	232	Φ	248	°
137	ë	153	Ö	169	⌐	185	╣	201	╔	217	┘	233	Θ	249	∙
138	è	154	Ü	170	¬	186	║	202	╩	218	┌	234	Ω	250	·
139	ï	155	¢	171	½	187	╗	203	╦	219	█	235	δ	251	√
140	î	156	£	172	¼	188	╝	204	╠	220	▄	236	∞	252	ⁿ
141	ì	157	¥	173	¡	189	╜	205	═	221	▌	237	φ	253	²
142	Ä	158	₧	174	«	190	╛	206	╬	222	▐	238	ε	254	■
143	Å	159	ƒ	175	»	191	┐	207	╧	223	▀	239	∩	255	BLANK FF

部分常用非打印字符(控制字符)的含义如下：

十进制	十六进制	缩写	解释	十进制	十六进制	缩写	解释
0	00	NUL	空字符(Null)	11	0B	VT	垂直制表符
7	07	BEL	响铃	12	0C	FF	换页键
8	08	BS	退格	13	0D	CR	回车键
9	09	HT	水平制表符	32	20	SP	空格
10	0A	LF	换行键	127	7F	DEL	删除

附录二　C 语言运算符的优先级

优先级	运 算 符	功 　 能	适 用 范 围		结 合 方 向
1	() [] . ->	小括号运算 下标运算 成员运算 指向运算（通过指针存取成员）	表达式 参数表 数组 结构/联合		自左至右
2	! ~ ++ -- + - & * (type) sizeof	逻辑非 按位求反 自增（增 1） 自减（减 1） 取正、取负 取地址 取内容 强制类型转换 计算占用内存长度	逻辑运算 位运算 自增 自减 算术运算 指针 指针 类型转换 变量/数据类型	单目 运算	自右至左
3	* / %	乘 除 整数取模	算术运算	双目 运算	自左至右
4	+ −	加 减			自左至右
5	<< >>	位左移 位右移	位运算		自左至右
6	< <= > >=	小于 小于等于 大于 大于等于	关系运算		自左至右
7	== !=	等于 不等于			自左至右
8	&	按位与	位运算		自左至右
9	^	按位异或	位运算		自左至右
10	|	按位或			自左至右
11	&&	逻辑与	逻辑运算		自左至右
12	||	逻辑或			自左至右
13	?:	条件运算	三目条件运算		自右至左
14	= op=	双目赋值运算、双目复合赋值运算 op 可为下列运算符之一：* / % + − << >> & ^ |			自右至左
15	,	逗号运算（顺序求值）	表达式		自左至右

附录三　　C 语言常用库函数

库函数并不是 C 语言的一部分，它是由编译系统根据一般用户的需要编制并提供给用户使用的一组程序。不同的编译系统所提供的库函数的数目和函数名以及函数功能不完全相同。考虑到通用性，本附录列出 ANSI C 建议的常用库函数。读者在编写 C 语言程序时，可根据需要进一步查阅所用 C 编译系统的函数使用手册。

1. 数学函数

使用数学函数时，应该在源程序文件中包含头文件 "math.h"：

```
#include <math.h>
```

函数名	函数原型	功　　能	返回值
abs	int abs(int x);	计算整数 x 的绝对值	计算结果
acos	double acos(double x);	计算 arccos x 的值，$-1 \le x \le 1$	计算结果
asin	double asin(double x);	计算 arcsin x 的值，$-1 \le x \le 1$	计算结果
atan	double atan(double x);	计算 arctan x 的值	计算结果
atan2	double atan2(double x, double y);	计算 arctan(x/y) 的值	计算结果
cos	double cos(double x);	计算 cos x 的值，x 的单位为弧度	计算结果
cosh	double cosh(double x);	计算 x 的双曲余弦 cosh x 的值	计算结果
exp	double exp(double x);	求 e^x 的值	计算结果
fabs	double fabs(double x);	求 x 的绝对值	计算结果
floor	double floor(double x);	求出不大于 x 的最大整数	返回该整数的双精度实数
fmod	double fmod(double x, double y);	求整除 x/y 的余数	返回余数的双精度实数
frexp	double frexp(double val, int *eptr);	把双精度数 val 分解成数字部分(尾数) x 和以 2 为底的指数 n，即 val=x*2^n，n 存放在 eptr 指向的变量中	返回数字部分 x，$0.5 \le x < 1$
log	double log(double x);	求 lnx 的值	计算结果
log10	double log10(double x);	求 $\log_{10}x$ 的值	计算结果
modf	double modf(double val, int *iptr);	把双精度数 val 分解成整数部分和小数部分，把整数部分存放在 ptr 指向的变量中	val 的小数部分
pow	double pow(double x, double y);	求 x^y 的值	计算结果
sin	double sin(double x);	求 sin x 的值，x 的单位为弧度	计算结果
sinh	double sinh(double x);	计算 x 的双曲正弦函数 sinh x 的值	计算结果
sqrt	double sqrt (double x);	计算 x 的平方根，$x \ge 0$	计算结果
tan	double tan(double x);	计算 tan x 的值，x 的单位为弧度	计算结果
tanh	double tanh(double x);	计算 x 的双曲正切函数 tanh x 的值	计算结果

2. 字符函数

在使用字符函数时，应该在源程序文件中包含头文件 "ctype.h"：

```
#include  <ctype.h>
```

函数名	函数原型	功　　能	返回值
isalnum	int isalnum(int ch);	检查 ch 是否为字母或数字	是字母或数字返回 1，否则返回 0
isalpha	int isalpha(int ch);	检查 ch 是否为字母	是字母返回 1，否则返回 0
iscntrl	int iscntrl(int ch);	检查 ch 是否为控制字符 (ASCII 码在 0 和 0xlF 之间)	是控制字符返回 1，否则返回 0
isdigit	int isdigit(int ch);	检查 ch 是否是数字	是数字返回 1，否则返回 0
isgraph	int isgraph(int ch);	检查 ch 是否为可打印字符(ASCII 码在 0x21 和 0x7e 之间)，不包括空格	是可打印字符返回 1，否则返回 0
islower	int islower(int ch);	检查 ch 是否为小写字母(a~z)	是小字母返回 1，否则返回 0
isprint	int isprint(int ch);	检查 ch 是否为可打印字符(ASCII 码在 0x21 和 0x7e 之间)，不包括空格	是可打印字符返回 1，否则返回 0
ispunct	int ispunct(int ch);	检查 ch 是否为标点字符(不包括空格)即除字母、数字和空格以外的所有可打印字符	是标点返回 1，否则返回 0
isspace	int isspace(int ch);	检查 ch 是否为空格、制表符或换行符	是，返回 1，否则返回 0
isupper	int isupper(int ch);	检查 ch 是否大写字母(A~Z)	是大写字母返回 1，否则返回 0
isxdigit	int isxdigit(int ch);	检查 ch 是否为一个 16 进制数字 (即 0~9，或 A 到 F，a~f)	是，返回 1，否则返回 0
tolower	int tolower(int ch);	将 ch 转换为小写字母	返回 ch 对应的小写字母
toupper	int toupper(int ch);	将 ch 转换为大写字母	返回 ch 对应的大写字母

3. 字符串函数

使用字符串中函数时，应该在源程序文件中包含头文件"string.h"：

```
#include  <string.h>
```

函数名	函数原型	功　　能	返回值
memchr	void memchr(void *buf, char ch, unsigned count);	在 buf 的前 count 个字符里搜索字符 ch 首次出现的位置	返回指向 buf 中 ch 的第一次出现的位置指针。若没有找到 ch，返回 NULL
memcmp	int memcmp(void *buf1, void *buf2, unsigned count);	按字典顺序比较由 buf1 和 buf2 指向的数组的前 count 个字符	buf1<buf2，为负数 buf1=buf2，返回 0 buf1>buf2，为正数
memcpy	void *memcpy(void *to, void *from, unsigned count);	将 from 指向的数组中的前 count 个字符拷贝到 to 指向的数组中。From 和 to 指向的数组不允许重叠	返回指向 to 的指针
memove	void *memove(void *to, void *from, unsigned count);	将 from 指向的数组中的前 count 个字符拷贝到 to 指向的数组中。From 和 to 指向的数组不允许重叠	返回指向 to 的指针

函数名	函数原型	功　　能	返回值
memset	void *memset(void *buf, char ch, unsigned count);	将字符 ch 拷贝到 buf 指向的数组前 count 个字符中	返回 buf
strcat	char *strcat(char *str1, char *str2);	把字符串 str2 接到 str1 后面，取消原来 str1 最后面的串结束符 "\0"	返回 str1
strchr	char *strchr(char *str,int ch);	找出 str 指向的字符串中第一次出现字符 ch 的位置	返回指向该位置的指针，如找不到，则应返回 NULL
strcmp	int *strcmp(char *str1, char *str2);	比较字符串 str1 和 str2	若 str1<str2，返回负数 若 str1=str2，返回 0 若 str1>str2，返回正数
strcpy	char *strcpy(char *str1, char *str2);	把 str2 指向的字符串拷贝到 str1 中去	返回 str1
strlen	unsigned intstrlen(char *str);	统计字符串 str 中字符的个数(不包括终止符 "\0")	返回字符个数
strncat	char *strncat(char *str1, char *str2, unsigned count);	把字符串 str2 指向的字符串中最多 count 个字符连到串 str1 后面，并以 NULL 结尾	返回 str1
strncmp	int strncmp(char *str1,*str2, unsigned count);	比较字符串 str1 和 str2 中至多前 count 个字符	若 str1<str2，返回负数 若 str1=str2，返回 0 若 str1>str2，返回正数
strncpy	char *strncpy(char *str1,*str2, unsigned count);	把 str2 指向的字符串中最多前 count 个字符拷贝到串 str1 中去	返回 str1
strnset	void *setnset(char *buf, char ch, unsigned count);	将字符 ch 拷贝到 buf 指向的数组前 count 个字符中	返回 buf
strset	void *setset(void *buf, char ch);	将 buf 所指向的字符串中的全部字符都变为字符 ch	返回 buf
strstr	char *strstr(char *str1,*str2);	寻找 str2 指向的字符串在 str1 指向的字符串中首次出现的位置	返回 str2 指向的字符串首次出现的地址。否则返回 NULL

4．输入输出函数

在使用输入输出函数时，应该在源程序文件中包含头文件 "stdio.h"：

```
#include <stdio.h>
```

函数名	函数原型	功　　能	返回值
clearerr	void clearer(FILE *fp);	清除文件指针错误指示器	无
fclose	int fclose(FILE *fp);	关闭 fp 所指的文件，释放文件缓冲区	关闭成功返回 0，不成功返回非 0
feof	int feof(FILE *fp);	检查文件是否结束	文件结束返回非 0，否则返回 0
ferror	int ferror(FILE *fp);	测试 fp 所指的文件是否有错误	无错返回 0，否则返回非 0
fflush	int fflush(FILE *fp);	将 fp 所指的文件缓存数据存盘，清空缓存	存盘正确返回 0，否则返回非 0
fgetc	int fgetc(FILE *fp);	从 fp 所指的文件中取得下一个字符	返回所得到的字符。出错返回 EOF

续表

函数名	函数原型	功　　能	返回值
fgets	char *fgets(char *buf, int n, FILE *fp);	从 fp 所指的文件读取一个长度为(n-1)的字符串，存入起始地址为 buf 的空间	返回地址 buf。若遇文件结束或出错则返回 EOF
fopen	FILE *fopen(char *filename, char *mode);	以 mode 指定的方式打开名为 filename 的文件	成功，则返回一个文件指针，否则返回 0
fprintf	int fprintf(FILE *fp, char *format,args,…);	把 args 的值以 format 指定的格式输出到 fp 所指的文件中	实际输出的字符数
fputc	int fputc(char ch, FILE *fp);	将字符 ch 输出到 fp 所指的文件中	成功则返回该字符，出错返回 EOF
fputs	int fputs(char str, FILE *fp);	将 str 指定的字符串输出到 fp 所指的文件中	成功则返回 0，出错返回 EOF
fread	int fread(char *pt, unsigned size, unsigned n, FILE *fp);	从 fp 所指定文件中读取长度为 size 的 n 个数据项，存到 pt 所指向的内存区	返回所读的数据项个数，若文件结束或出错返回 0
fscanf	int fscanf(FILE *fp, char *format,args,…);	从 fp 指定的文件中按给定的 format 格式将读入的数据送到 args 所指向的内存变量中(args 是指针)	以输入的数据个数
fseek	int fseek(FILE *fp, long offset, int base);	将 fp 指定的文件的位置指针移到 base 所指出的位置为基准、以 offset 为位移量的位置	返回当前位置，否则返回 -1
ftell	long ftell(FILE *fp);	返回 fp 所指定的文件中的读写位置	返回文件中的读写位置，否则返回 0
fwrite	int fwrite(char *ptr, unsigned size, unsigned n, FILE *fp);	把 ptr 所指向的 n*size 个字节输出到 fp 所指向的文件中	写到 fp 文件中的数据项的个数
getc	int getc(FILE *fp);	从 fp 所指向的文件中的读出下一个字符	返回读出的字符，若文件出错或结束返回 EOF
getchar	int getchar( );	从标准输入设备中读取下一个字符	返回字符，若文件出错或结束返回-1
gets	char *gets(char *str);	从标准输入设备中读字符串存入 str 指向的数组	成功返回 str，否则返回 NULL
open	int open(char *filename, int mode);	以 mode 指定的方式打开已存在的名为 filename 的文件(非 ANSI 标准)	返回文件号(正数)，如打开失败返回-1
printf	int printf(char * format, args,…);	在 format 指定的字符串的控制下，将输出列表 args 的值输出到标准设备	输出字符的个数。若出错返回负数
putc	int putc(int ch, FILE *fp);	把一个字符 ch 输出到 fp 所值的文件中	输出字符 ch，若出错返回 EOF
putchar	int putchar(char ch);	把字符 ch 输出到 fp 标准输出设备	返回换行符，若失败返回 EOF
puts	int puts(char *str);	把 str 指向的字符串输出到标准输出设备，将"\0"转换为回车行	返回换行符，若失败返回 EOF
remove	int remove(char *fname);	删除以 fname 为文件名的文件	成功返回 0，出错返回-1
rename	int remove(char *oname, char *nname);	把 oname 所指的文件名改为由 nname 所指的文件名	成功返回 0，出错返回-1
rewind	void rewind(FILE *fp);	将 fp 指定的文件指针置于文件头，并清除文件结束标志和错误标志	无
scanf	int scanf(char *format,args,…);	从标准输入设备按 format 指示的格式字符串规定的格式，输入数据给 args 所指示的单元。args 为指针	读入并赋给 args 数据个数。如文件结束返回 EOF，若出错返回 0

5. 动态存储分配函数

在使用动态存储分配函数时，应该在源程序文件中包含头文件：

```
#include <stdlib.h>
#include <malloc.h>
```

函数名	函数原型	功　能	返回值
calloc	void *calloc(unsigned n, unsigned size);	分配 n 个数据项的内存连续空间，每个数据项的大小为 size	分配内存单元的起始地址。如不成功，返回 0
free	void free(void *p);	释放 p 所指内存区	无
malloc	void *malloc(unsigned size);	分配 size 字节的内存区	所分配的内存区地址，如内存不够，返回 0
realloc	void *realloc(void *p, unsigned size);	将 p 所指的以分配的内存区的大小改为 size。size 可以比原来分配的空间大或小	返回指向该内存区的指针。若重新分配失败，返回 NULL

6. 其他函数

有些函数由于不便归入某一类，所以单独列出。使用这些函数时，应该在源程序文件中包含头文件 "stdlib.h"：

```
#include <stdlib.h>
```

函数名	函数原型	功　能	返回值
atof	double atof(char *str);	将 str 指向的字符串转换为一个 double 型的值	返回双精度计算结果
atoi	int atoi(char *str);	将 str 指向的字符串转换为一个 int 型的值	返回转换结果
exit	void exit(int status);	中止程序运行。将 status 的值返回调用的过程	无
itoa	char *itoa(int n, char *str, int radix);	将整数 n 的值按照 radix 进制转换为等价的字符串，并将结果存入 str 指向的字符串中	返回一个指向 str 的指针
rand	int rand( );	产生 0 到 RAND_MAX 之间的伪随机数。RAND_MAX 在头文件中定义	返回一个伪随机(整)数
srand	void srand(unsigned int seed);	初始化随机数发生器。参数 seed 必须是个整数，通常用 time(0)的返回值来当做 seed。如果每次 seed 都不相同，rand( )产生的随机数序列就会不一样（使用 time(0)必须包括头文件 time.h）	无

附录四　常见语法错误信息

错　误　信　息	中　文　翻　译	解　决　方　法
Ambiguous call to overloaded function	函数重载发生歧义	修改重载函数参数表，避免歧义
Cannot open include file	无法打开包含文件	查找包含文件的正确路径
Conversion from 'double' to 'int',possible loss of data	从双精度转换为整型可能丢失数据	强制类型转换
Function does not take 0 parameters	函数参数表不匹配	正确地调用函数
Function should return a value	函数必须返回一个值	在函数原型中给出返回值类型
Local variable 'a' used without having been initialized	局部变量未初始化	初始化改变量
Missing ')'before	缺少括号	检查括号是否匹配
Missing ';'before	缺少分号	在语句尾加上分号
Redefinition	标识符重复定义	更改标志符号
Undeclared identifier	标识符未定义	1）定义改标识符 2）检查是否正确包含了头文件
Unexpected end of file found	文件异常结束	检查语句块括号是否匹配
Unreferenced local variable	未引用的局部变量	1）用该变量 2）如果是多余变量，则删去
Unresolved external symbol _main	找不到主函数	编写主函数

参 考 文 献

［1］ Brian W · Kernighan and Dennis M · Ritchie. The C Programming Language（Second Edition）. . Prentice-Hall, 1988.

［2］ Herbert Schild 著，王子恢，戴健鹏等译. C 语言大全（第四版）. 北京：电子工业出版社，2004.

［3］ 谭浩强. C 程序设计. 第四版. 北京：清华大学出版社，2010.

［4］ 姚宏坤，等. C 语言程序设计. 北京：中国电力出版社，2008.

［5］ 苏小红，等. C 语言大学实用教程. 北京：电子工业出版社，2007.

［6］ 姜桂洪，等. C 程序设计教程. 北京：清华大学出版社，2008.

［7］ 严蔚敏，等. 数据结构（C 语言版）. 北京：清华大学出版社，2002.

［8］ 郑阿奇. Visual C++实用教程. 北京：电子工业出版社，2000.

［9］ 迟成文. 全国计算机等级考试教材（二级）C 语言程序设计. 北京：电子工业出版社，2002.